全国高等职业学校电类专业教材

传感器及应用

（第三版）

王婕婷　主　编

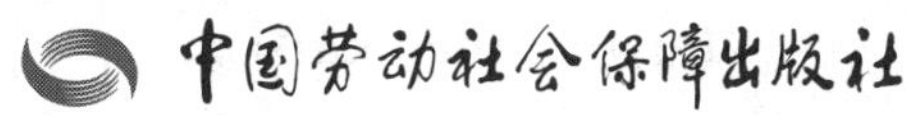

简　介

本书主要内容包括传感器的基本知识、温度的测量、力的测量、位移的测量、振动的测量、流量的测量、图像检测及现代测量技术共八个模块。

本书由王倢婷任主编，王鹏任副主编；屈安山审稿。

图书在版编目(CIP)数据

传感器及应用/王倢婷主编. --3 版. --北京：中国劳动社会保障出版社，2024
全国高等职业学校电类专业教材
ISBN 978-7-5167-6123-6

Ⅰ.①传…　Ⅱ.①王…　Ⅲ.①传感器-高等职业教育-教材　Ⅳ.①TP212

中国国家版本馆 CIP 数据核字(2024)第 043058 号

中国劳动社会保障出版社出版发行
（北京市惠新东街 1 号　邮政编码：100029）

*

北京谊兴印刷有限公司印刷装订　新华书店经销

787 毫米×1092 毫米　16 开本　14.75 印张　322 千字
2024 年 3 月第 3 版　2025 年11月第 5 次印刷
定价：31.00 元

营销中心电话：400-606-6496
出版社网址：http://www.class.com.cn
http://jg.class.com.cn

前言

为了更好地适应全国高等职业学校电类专业教学要求，全面提升教学质量，人力资源社会保障部教材办公室组织有关学校的一线教师和行业、企业专家，充分调研企业生产和学校教学情况，广泛听取各职业技术院校对教材使用情况的反馈意见，对全国高等职业学校电类专业基础课教材和电气自动化技术专业教材进行了修订，并做了适当的补充开发。

本次教材修订（新编）工作的重点主要体现在以下几个方面。

更新教材内容

以《电工（2018 年版）》等国家职业技能标准为依据，根据电类专业毕业生所从事职业的实际需要和教学实际情况的变化，合理确定学生应具备的能力与知识结构，适当调整部分教材的内容及其深度、难度；根据相关工种及专业领域的最新发展，在教材中充实“四新”内容，更新设备型号和软件版本；根据最新的国家标准、行业标准编写教材，保证教材的科学性和规范性。

创新教材形式

在专业课教材中融入工学一体化课改理念，以代表性工作任务为载体，按照工作过程设计和安排教学活动，实现理论与实践的统一，使学生在贴近生产实际的具体情境中学习，从而提高在工作过程中分析问题和解决问题的综合职业能力。

在部分专业课中，配套开发学生用书，按照“资讯、计划、决策、实施、检查、评价”六个步骤进行教学设计，通过引导问题和课堂活动设计体现，贯彻以学生为中心、以能力为本位的教学理念，引导学生自主学习。

增强表现效果

尽可能使用图片、实物照片和表格等形式将知识点生动地展示出来，达到提高学生学习兴趣、提升教学效果的目的，并在《机电工程制图（第三版）》等教材中采用双色印刷方式，在《机械基础（第二版）》教材中采用彩色印刷方式，使内容更加清晰明了，进一步增强表现效果。

提升教学服务

为方便教师教学和学生学习，在传统纸质资源基础上，充分利用信息技术，构建“1+

3”的教学资源体系，即 1 个学生用书或习题册，加上二维码资源、电子课件、习题册参考答案 3 种互联网资源。其中，二维码资源主要为针对重点、难点内容制作的微视频或电子阅读材料，使用移动设备扫描即可在线观看、阅读；电子课件依据教材内容制作，为教师教学提供帮助；习题册参考答案则针对教材配套习题册编写，为教师指导学生练习提供方便。

电子课件和习题册参考答案均可通过技工教育网（http://jg.class.com.cn）下载使用。

致谢

本次教材的修订（新编）工作得到了北京、江苏、山东、湖北、湖南、广东、广西等省（自治区、直辖市）人力资源社会保障厅（局）及有关学校的大力支持，在此我们表示诚挚的谢意。

人力资源社会保障部教材办公室

2022 年 9 月

目录

模块一　传感器的基本知识

传感器技术是当今迅猛发展起来的高新技术之一，是现代科技的开路先锋，也是当代科学技术发展的重要标志。如果说计算机是人类大脑的扩展，那么传感器就是人类五官的延伸。从20世纪80年代起，传感器开始受到人们的重视，逐步在世界范围内掀起了一股“传感器热”。

课题一　传感器的认识

学习目标

◇了解传感器的概念、组成和分类。

◇了解传感器的应用。

知识引入

在现代化的大都市中，高楼大厦鳞次栉比，大厦里的环境看似舒适，但由于空调系统的通风管道清洁不便，致使室内空气污浊，影响人们的身体健康。某公司设计的管道清扫机器人专门用于清洁和维护大厦中央空调系统的通风管道，其工作原理如图1-1所示。管道清扫机器人是由坦克状的车、各种传感器、显示器、录像机、控制系统及操纵杆等组成，外接交流电源，经变压整流得到24 V直流电压供给机器人。工作人员可以根据机器人感受到的外部信息用操纵杆控制机器人前进、倒退、转弯，清扫通风管道。机器人之所以能感受到外界环境的各种信息，正是因为在机器人的各部位安装了相应的传感器。

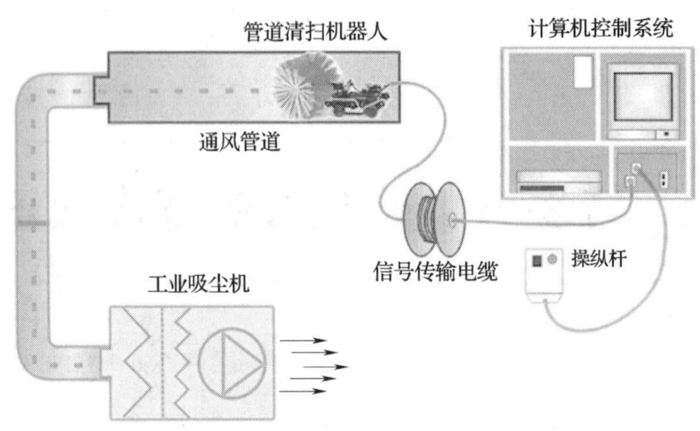

图 1-1　管道清扫机器人清扫空调通风管道原理图

知识讲解

一、传感器的概念

现代信息产业的三大支柱是传感器技术、通信技术和计算机技术，它们分别构成了信息系统的“感官”“神经”和“大脑”。管道清扫机器人应具备的基本功能包括在管道内自主越障、防倾覆、清扫管道，以及能够适应复杂的矩形管道或圆形管道环境。机器人要实现这些功能，首先应能“看”到障碍、“摸”到管壁、保持平衡，而这些感觉都是由传感器完成的。图像传感器使机器人能“看”到；位移传感器使机器人能“摸”到；倾角传感器可以预防机器人颠覆；速度传感器可以获取机器人的行走速度。传感器的信号传输到计算机中，经分析后发出信号控制机器人的各种行为。

电量一般是指物理学中的电学量，如电压、电流、电阻、电容、电感等；非电量则是指除电量之外的一些参数，如压力、流量、尺寸、位移量、质量、力、速度、加速度、转速、温度、浓度、酸碱度等。在实际测量中，大多数是对非电量的测量。

传感器是一种检测装置，能感受到被测对象的非电量信息，如温度、压力、流量、位移等，并将检测到的信息按一定规律转换成电信号或其他所需形式的信号输出，用以满足信息的传输、处理、存储、显示、记录或控制等要求，如图 1-2 所示是检测各种物理参数的传感器。传感器是自动化系统和机器人技术中的关键部件，是实现自动检测的首要环节，它为自动控制提供控制依据。传感器在机械电子、测量、控制、计量等领域应用广泛。

《传感器通用术语》（GB/T 7665—2005）对传感器的定义是：“能感受被测量并按照一定的规律转换成可用输出信号的器件或装置，通常由敏感元件和转换元件组成。”广义地说，传感器就是一种能把物理量或化学量转换成便于测量、便于利用的电信号的器件，可以用如图 1-3 所示的框图简单表示。

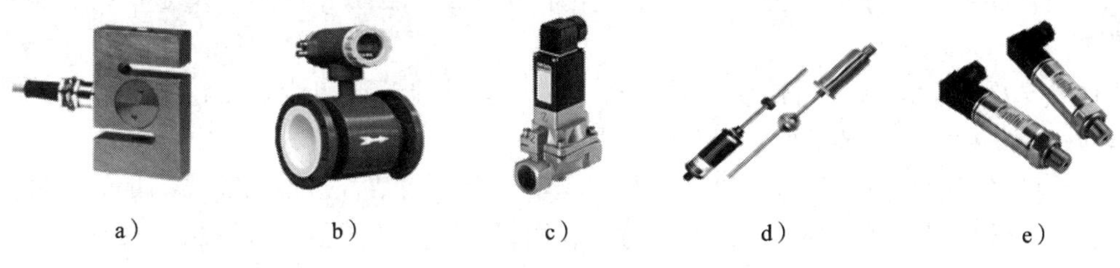

图 1-2　传感器

a）力传感器　b）流量传感器　c）视觉传感器　d）位移传感器　e）压力传感器

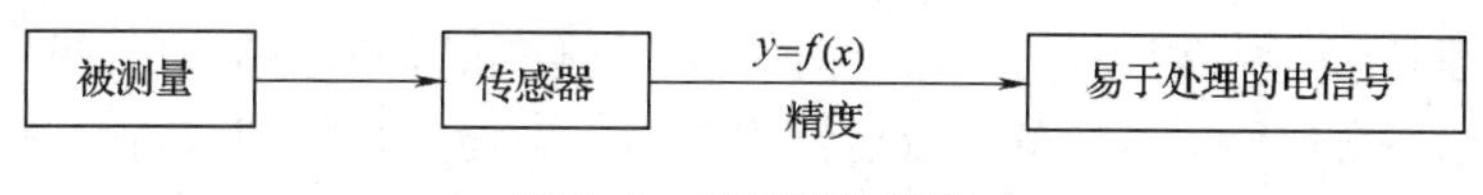

图 1-3　传感器的定义

二、传感器的组成

传感器一般由敏感元件、传感元件和测量转换电路组成，如图 1-4 所示。敏感元件直接与被测量接触，将被测量转换成与其有确定关系、更易于转换的非电量；传感元件再将这一非电量转换成电量。由于传感元件输出的信号幅度很小，而且混杂有干扰信号，为了方便后续设备的处理，要由测量转换电路将信号整理成具有最佳特性的波形，最好能够线性化，并放大成易于测量、处理的电信号，如电压、电流、频率等。

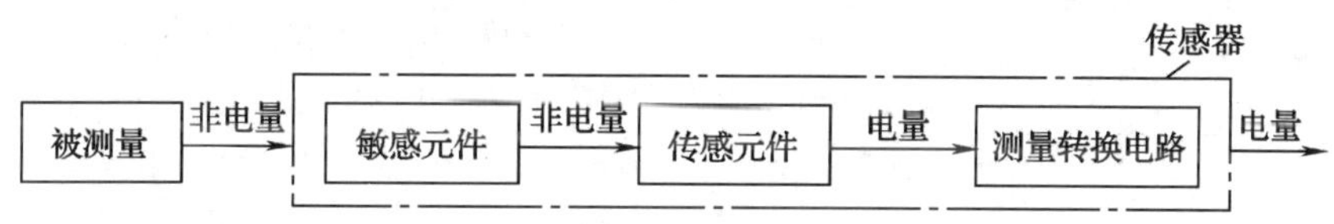

图 1-4　传感器的组成

值得注意的是，首先不是所有传感器都有敏感元件和传感元件之分，有些传感器的敏感元件可以直接将非电量转换成电信号，如铂电阻式温度传感器，当所测温度变化时，其敏感元件的阻值相应发生变化，经测量转换电路直接转换成电压信号或电流信号；其次也不是所有传感器都包含测量转换电路，有些传感器因测量环境恶劣，测量转换电路不能正常工作或转换过程中会产生较大的误差，这样的传感器就不能包含测量转换电路，如温度传感器，其测量转换电路电子元器件的工作温度最高为 125 ℃，当所测温度超过该值时，温度传感器就不能包含测量转换电路。

三、传感器的分类

传感器是利用各种物理效应和工作机理来达到测量目的的。传感器可以直接接触被测对象，也可以不接触。传感器的种类多种多样，目前对传感器尚无统一的分类方法，但比较常用的分类方法有以下三种。

1. 按传感器测量的物理量分类，可分为温度、压力、流量、速度、位移、力等传感器。

2. 按传感器的工作原理分类，可分为电阻、电容、电感、霍尔、光电、热电偶等传感器。

3. 按传感器输出信号的性质分类，输出为模拟量的模拟型传感器、输出为开关量的数字型传感器和输出为数据的数据型传感器。

本教材采用的是第一种分类方式，与工程实际应用相结合，根据需要测量的物理参数进行分类，包含了各种量程的不同测量方法，同时涵盖了传感器的各种测量原理。

四、传感器的应用

传感技术已经成为衡量一个国家信息化程度的重要标志。计算机和通信技术的发展，解决了信息处理和信息传输问题，传感技术致力于解决信息采集问题。如果没有传感器，云计算、大数据就会成为无米之炊，物联网将走向空心化，智能制造将会是空中楼阁。小到体温计、健康秤、PM2. 5 检测，大到汽车、家居、国防，都离不开传感器。随着物联网技术、智能制造技术的发展，传感技术的应用越来越广泛（表 1-1），自动化、智能化程度越高，系统对传感器的依赖性越大，传感器对系统功能的决定性作用越明显。

表 1-1 传感器的应用

应用场合	说明
日常生活	用于测量温度、质量以及红绿灯交通智能系统等
汽车	用于测量车速、胎压、碰撞、车厢舒适程度以及防盗抢等
家居	用于智能照明、智能安防、智能窗帘、智能门锁、智能扫地、智能炒菜等
医学	用于测量体温、血压、呼吸、脉搏、心率、血糖及血氧等
手机	用于指纹识别、人脸识别、自动转屏、高像素相机等
智能制造	用于测量流量、位移、压力以及智能限位开关、智能检测技术等
机器人	传感器是机器人的各种感觉器官，图像传感器是视觉，各种气敏传感器是嗅觉，力、压力传感器是触觉，陀螺传感器用于保持重心平衡

现以汽车传感器为例，说明传感器在汽车电控系统中发挥的重要作用，如图 1-5 所示。

传感器作为汽车电控系统中的关键部件，直接影响着汽车的技术性能。目前，普通汽车上装有几十到近百只传感器，高级豪华轿车则更多，这些传感器主要分布在发动机控制系统、底盘控制系统和车身控制系统中。

发动机控制用传感器有许多种。温度传感器主要检测发动机温度、吸入气体温度、冷却液温度、燃油温度、润滑油温度、催化温度等。压力传感器主要检测进气压力、发动机油压、制动器油压、轮胎压力等。流量传感器用于测定进气量和燃油流量以控制空燃比，按其被测对象的不同又分为空气流量传感器和燃料流量传感器。转速、角度和车速传感器主要用于检测发动机转速、曲轴转角、车速等。以上这些传感器是整个发动机的核心，利用它们可以提高发动机动力性，降低油耗，减少废气，反映故障等。

底盘控制用传感器分布在变速器控制系统、悬架控制系统和动力转向系统中。变速器

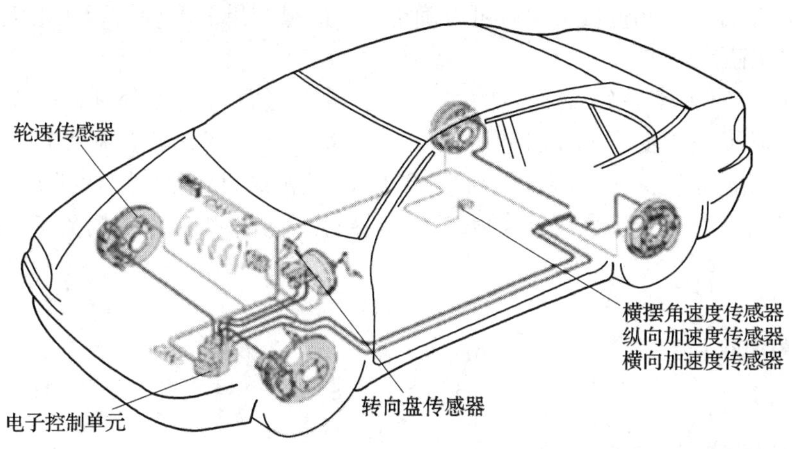

图 1-5 汽车传感器

控制系统传感器多用于自动变速器的控制。悬架控制系统传感器用于抑制车辆姿势的变化，实现对车辆舒适性、操纵稳定性和行车稳定性的控制。

在车身控制系统中，主要有自动空调系统中的多种温度传感器、风量传感器、日照传感器；安全气囊系统中的加速度传感器；亮度自动控制系统中的光传感器；死角报警系统中的超声波传感器、图像传感器等。采用这些传感器的主要目的是提高汽车的安全性、可靠性、舒适性等。

信息处理技术以及微处理器和计算机技术的高速发展，都需要在传感器的开发方面有相应的进展。微处理器现在已经在测量和控制系统中得到了广泛的应用，随着这些系统能力的增强，作为信息采集系统的前端单元，传感器的作用将越来越重要。

课题二 传感器的技术指标

学习目标

◇了解测量误差与仪表等级的概念。
◇掌握传感器各项技术指标的含义。
◇熟悉传感器的一般选择原则。
◇能进行传感器的误差计算并正确选用传感器。

知识引入

现代传感器在原理与结构上千差万别，如何根据具体的测量目的、测量对象以及测量环境合理地选用传感器，是在组成测量系统时首先要解决的问题。当传感器确定之后，与之相配套的测量方法和测量设备也就可以确定了。测量结果的准确与否在很大程度上取决于传感器的选用是否合理。

例如，现有三种带数字显示表的温度传感器，它们的量程分别是 0～500 ℃、0～300 ℃、0～100 ℃，精度等级分别是 0.2 级、0.5 级和 1.0 级，若要利用它们中的一个实时监测某高温箱的温度（测量温度大约为 80 ℃），检测结果的精度要达到 1 ℃，那么为了满足需要，应如何选择传感器呢？这时，就应参照各项技术指标，依据测量要求进行传感器的选择。

知识讲解

一、测量误差与仪表等级

在实际测量过程中，由于测量仪器的精度限制，测量原理和方法不完善，或测量者感官能力的限制，测量的结果不可能绝对精确，总会产生误差。误差就是测量值与真实值之间的差值。误差又分为绝对误差和相对误差。

1. 绝对误差 Δ

绝对误差反映测量值偏离真实值的大小，其计算公式为：

$$\Delta = A_x - A_0$$

式中 A_x——测量值；

A_0——理论真实值。

绝对误差 Δ 和测量值 A_x 具有相同的单位。

2. 相对误差 γ

由于绝对误差无法比较不同测量结果的可靠程度，于是人们又引入了测量值的绝对误差与理论真实值之比，即相对误差这一概念，其计算公式为：

$$\gamma = \frac{\Delta}{A_0} \times 100\% = \frac{A_x - A_0}{A_0} \times 100\%$$

式中 A_x——测量值；

A_0——理论真实值。

例如，用天平测得两个物体的质量分别是 100.0 g 和 1.0 g，两次测量的绝对误差都是 0.1 g，从绝对误差来看，两次测量结果偏离真实值的大小是相同的，但是前者的相对误差为 0.1%，后者则为 10%，后者的相对误差是前者的一百倍，可靠性较差。

3. 仪表的准确度 S

在正常的使用条件下，仪表测量结果的准确程度称为仪表的准确度，其计算公式为：

$$S = \frac{\Delta_m}{A_m} \times 100\%$$

式中 Δ_m——最大绝对误差；

A_m——仪表的满量程。

误差越小，仪表的准确度越高，而误差与仪表的量程范围有关，所以在使用同一准确度的仪表时，往往采取压缩量程范围的方法，以减小测量误差。根据仪表的准确度 S 可以确定测量系统的最大绝对误差 Δ_m。

准确度等级是衡量仪表质量优劣的重要指标之一。我国模拟量工业仪表的准确度等级分为 0.1、0.2、0.5、1.0、1.5、2.5、5.0 七个等级，对应的最大基本相对误差为 ±0.1%、±0.2%、±0.5%、±1.0%、±1.5%、±2.5%、±5.0%。仪表准确度习惯上称为精度，准确度等级习惯上称为精度等级。应当指出，误差与错误不能相提并论，误差不可能避免，而错误则可以避免。

二、传感器的技术指标

传感器能否将被测非电量不失真地转换成相应的电量，取决于传感器的输入-输出特性。传感器这一基本特性可用其静态特性和动态特性来描述。

1. 传感器的静态特性

传感器的静态特性是指传感器的输入信号不随时间变化或随时间缓慢变化时，传感器的输入与输出之间所对应的关系。表征传感器静态特性的技术指标主要有灵敏度、分辨力、线性度、迟滞和重复性等。

（1）灵敏度

灵敏度是指传感器在稳态工作情况下输出量变化 Δy 与输入量变化 Δx 的比值。它是输入-输出特性曲线的斜率。如果传感器的输出和输入之间成线性关系，则灵敏度是一个常数；否则，它将随输入量的变化而变化。

灵敏度的量纲是输出、输入量的量纲之比。例如，某温度传感器，在温度变化 1 ℃时，输出电压变化为 20 mV，则其灵敏度应表示为 20 mV/℃。当传感器的输出、输入量的量纲相同时，灵敏度可理解为放大倍数。

（2）分辨力

分辨力是指传感器可能感受到的被测量最小变化的能力。也就是说，当输入量的变化小于分辨力时，传感器的输出不会发生变化，即传感器对此输入量的变化是分辨不出来的。只有当输入量的变化超过分辨力时，其输出才会发生变化。通常传感器在满量程范围内各点的分辨力是不相同的。

在选用传感器时应特别关注该项指标，特别是在测量精度要求较高时（如果传感器的精度高但分辨力低，仍不能满足测量要求）。

（3）线性度 δ_L

人们总希望传感器的输入与输出成唯一的对应关系，而且最好成线性关系。但一般情况下，受各种外界环境的影响，传感器的输入与输出不会完全符合线性关系。线性度（非线性误差）表示传感器的输入-输出特性与一条直线的近似程度，如图 1-6 所示。其计算公式为：

$$\delta_L = \pm \frac{\Delta y_{max}}{y_{max} - y_{min}} \times 100\%$$

式中　Δy_{max}——实际测量曲线与理论直线（拟合直线）间的最大差值；

$y_{max}-y_{min}$——传感器最大输出范围。

理论直线（拟合直线）的获得方法有多种。如可将传感器特性曲线的零点和满量程点相连所成的直线作为理论直线，或用最小二乘法拟合直线作为理论直线。

（4）迟滞 δ_H

传感器正行程（输入量增大）和反行程（输入量减小）的输入-输出特性曲线通常不能完全重合。迟滞是指传感器在相同工作条件下全测量范围校准时，正、反行程校准曲线间的最大差值，如图 1-7 所示。其计算公式为：

$$\delta_H = \pm \frac{\Delta y_{max}}{y_{max} - y_{min}} \times 100\%$$

式中　Δy_{max}——正、反行程校准曲线间的最大差值；

$y_{max}-y_{min}$——传感器最大输出范围。

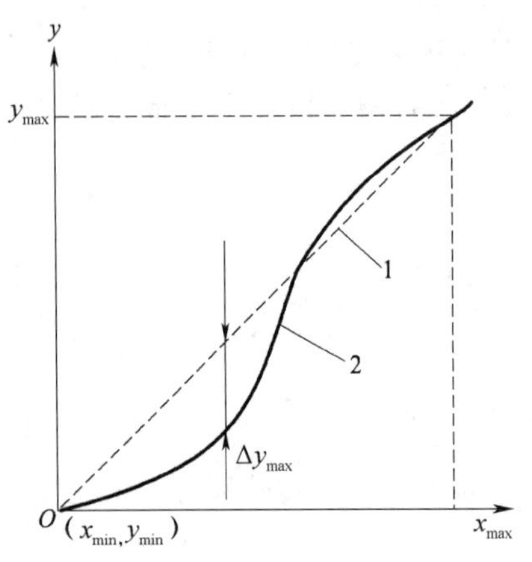

图 1-6　传感器线性度示意图

1—拟合直线　2—实际特性曲线

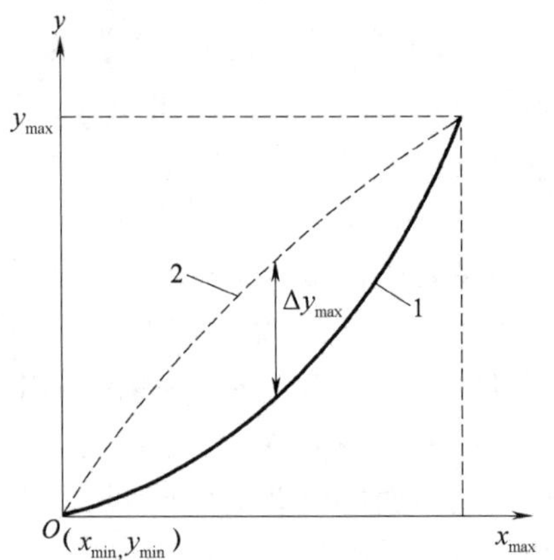

图 1-7　传感器迟滞示意图

1—正向特性　2—反向特性

迟滞会引起传感器的分辨力变差，或造成测量盲区。

（5）重复性 δ_R

重复性是指传感器在相同的工作条件下，输入按同一方向做全测量范围连续变动多次时（一般为 3 次），输入-输出特性曲线的不一致性。其计算公式为：

$$\delta_R = \pm \frac{\Delta y_{max}}{y_{max} - y_{min}} \times 100\%$$

式中　Δy_{max}——各校准点正、反行程平均值与测量数据间的最大差值；

$y_{max}-y_{min}$——传感器最大输出范围。

通常传感器的静态测量精度包含线性度、迟滞和重复性。

2. 传感器的动态特性

所谓动态特性，是指传感器在输入随时间变化时的输出特性。在实际测量中，主要考虑两项指标：动态响应时间和频率响应范围。

实际上传感器响应动态信号时总有一定的延迟，这种延迟即为传感器的动态响应时间。在测量时总希望动态响应时间越短越好。

传感器的频率响应范围是指传感器能够保持输出信号不失真的频率范围。传感器的频率响应范围决定了可测量的频率范围，传感器的频率响应范围越大，可测量的信号频率范围就越宽。传感器的频率响应范围主要受传感器结构特性的影响，固有频率低的传感器，其频率响应范围也较小。

在校验传感器的动态特性时，常用一些标准输入信号的响应来表示，如阶跃信号、正弦信号。向传感器输入标准动态信号，即可求得动态响应时间和频率响应范围。

三、传感器的一般选择原则

要进行一个具体的测量工作时，如何选择合适的传感器，需要分析多方面的因素之后才能确定。因为即使是测量同一物理量，也有多种原理的传感器可供选用，哪一种原理的传感器更为合适，则需要根据被测量的特点和传感器的使用条件具体分析，包括量程的大小；被测位置对传感器体积的要求；测量方式是接触式还是非接触式；信号的引出方法是有线还是非接触测量；传感器的来源是国产还是进口，或自行研制；价格能否承受等。概括起来，应从以下几方面进行考虑。

1. 与测量条件有关的因素

（1）测量目的。

（2）被测量的选择。

（3）测量范围。

（4）输入信号的幅值、频带宽度。

（5）精度要求。

（6）测量所需要的时间。

2. 与传感器有关的技术指标

（1）精度。

（2）稳定度。

（3）响应特性。

（4）模拟型、数字型、数据型。

（5）输出幅值。

（6）对被测物体产生的负载效应。

（7）校正周期。

（8）超标准过大的输入信号保护。

3. 与使用环境条件有关的因素

（1）安装现场条件及情况。

（2）环境条件（湿度、温度、振动情况等）。

（3）信号传输距离。

(4) 需要现场提供的功率容量。

(5) 安装现场的电磁环境。

4. 与购买和维修有关的因素

(1) 价格。

(2) 零配件的储备。

(3) 服务与维修制度，保修时间。

(4) 交货日期。

知识应用

高温箱温度传感器的选择

在本课题“知识引入”所举实例中，要实时监测一个高温箱的温度，在选择温度传感器时，主要从技术指标和成本两方面考虑。

技术指标方面精度是主要因素，分别计算它们的最大相对误差进行比较。

如果选用0~500 ℃、0.2级的温度传感器，它的最大示值相对误差为：

$$\gamma=\frac{\Delta}{A_0}\times 100\%=\pm\frac{500\times 0.2\%}{80}\times 100\%=\pm 1.25\%$$

如果选用0~300 ℃、0.5级的温度传感器，它的最大示值相对误差为：

$$\gamma=\frac{\Delta}{A_0}\times 100\%=\pm\frac{300\times 0.5\%}{80}\times 100\%=\pm 1.875\%$$

如果选用0~100 ℃、1.0级的温度传感器，它的最大示值相对误差为：

$$\gamma=\frac{\Delta}{A_0}\times 100\%=\pm\frac{100\times 1.0\%}{80}\times 100\%=\pm 1.25\%$$

计算结果表明，0~300 ℃、0.5级的温度传感器示值相对误差较大，0~500 ℃、0.2级的温度传感器与0~100 ℃、1.0级的温度传感器示值相对误差相同。

因为精度为0.2级的温度传感器价格较高，而且其量程为0~500 ℃，测量温度为80 ℃时，灵敏度较小，因此，选用0~100 ℃、1.0级的温度传感器比较合适。

由此可知，选用传感器时，除价格因素外，应兼顾精度、等级和量程，通常应用到满量程的2/3左右，以获得最大灵敏度。

模块二　温度的测量

温度是一个基本的物理量，温度传感器是开发较早、应用非常广泛的一类传感器。温度传感器广泛应用于日常生活与工业生产的温度控制中，如大家熟知的饮水机、电冰箱、冷柜、空调、微波炉等制冷、制热产品都需要进行温度测量，进而实现温度控制；汽车发动机、油箱、水箱的温度控制，化纤厂、化肥厂、炼油厂生产过程中的温度控制，冶炼厂、发电厂锅炉温度的控制等都需要温度传感器提供控制依据。

课题一　热敏电阻式温度传感器

学习目标

◇了解温度的基本概念。

◇掌握热敏电阻的分类、主要技术指标、特点和选用方法。

◇掌握用热敏电阻式温度传感器测量温度的方法。

知识引入

图 2-1 所示为日常生活中常见的饮水机及其电路原理图。水在加热到 100 ℃时，饮水机内的电加热器应自动停止加热，为实现此功能，饮水机中就需要安装一个温度控制器来控制电加热器，由温度传感器将温度这一物理量转换成电信号提供给温度控制器（一般为比较放大器），以实现温度的自动控制。其中热敏电阻式温度传感器是饮水机温度控制中经常使用的一种温度传感器。

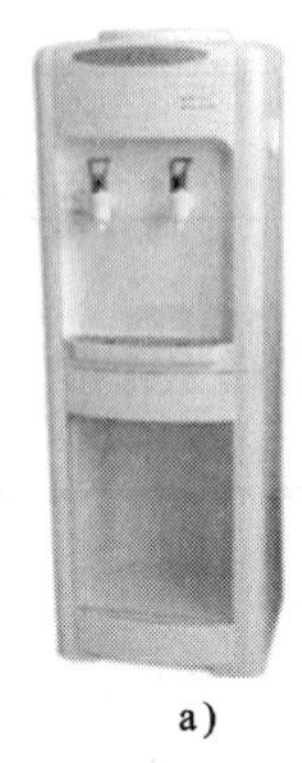
a)

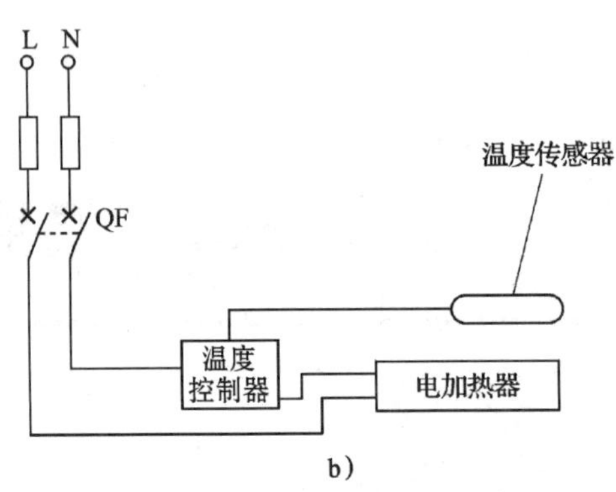

b)

图 2-1 饮水机的温度控制
a）饮水机外形 b）饮水机电路原理图

知识讲解

一、温度的基本概念

1. 温度

从宏观来讲，温度表示了物体的冷热程度，当两个冷热不同的物体相互接触时，热量会从热物体传向冷物体，使热物体变冷，冷物体变热，最终使两物体的冷热程度相同，此时称两物体达到热平衡。因此，物体温度的高低确定了热量传递的方向：热量总是从温度高的物体传递给温度低的物体。从微观来讲，温度表示物质内部分子运动的剧烈程度，温度越高，物质内部分子运动越剧烈。

工程上测量物体温度用的温度计或温度传感器，就是依据处于热平衡的物体都具有相同的温度这一原理。当温度计与被测物体达到热平衡时，温度计指示的温度就是被测物体的温度。

2. 温标

为了进行温度的测量，需建立温度的标尺，即温标。它规定了温度读数的起点（零点）以及温度的单位。国际上规定的温标有摄氏温标、华氏温标、热力学温标、国际实用温标。

（1）摄氏温标

摄氏温标把在标准大气压下冰的熔点定为 0 ℃，水的沸点定为 100 ℃，在这两个温度点间划分 100 等份，每一等份为 1 ℃，“ ℃”为国际摄氏温标的温度单位符号。国际摄氏温标的符号为“t”。

（2）华氏温标

华氏温标把一定浓度的盐水凝固时的温度定为 0 ℉，把纯水凝固时的温度定为 32 ℉，把标准大气压下水沸腾的温度定为 212 ℉，“℉” 为华氏温标的温度单位符号。华氏温标与摄氏温标的关系式为：

$$\theta_{℉}=1.8t_{℃}+32$$

（3）热力学温标

国际单位制（即 SI 制）中，以热力学温标（符号为“T”）作为基本温标。它所定义的温度称为热力学温度，单位为开尔文，温度单位符号为“K”。热力学温标以水的三相点，即水的固、液、气三态平衡共存时的温度为基本定点，并规定其温度为 273.16 K。热力学温度也常沿用“绝对温度”的名称。热力学温标与摄氏温标存在着下述的关系：

$$t_{℃}=T_{K}-273.15$$

（4）国际实用温标

国际实用温标是一个国际协议性温标，与热力学温标基本吻合。它不仅定义了一系列温度的固定点，还规定了不同温度段的标准测量仪器，因此复现精度高（世界各地用相同的方法测量温度，可以得到相同的温度值），使用方便。

国际计量委员会从 1990 年开始贯彻实施国际温标 ITS-90。我国自 1994 年 1 月 1 日起全面实施 ITS-90 国际温标。

二、热敏电阻式温度传感器

温度传感器的核心是温度敏感元件，它能将温度这一物理量转换成电信号，其中最典型、应用最广泛的敏感元件是热敏电阻，它具有体积小、价格低等显著特点。

1. 热敏电阻的分类

常见热敏电阻元件的外形如图 2-2 所示，将热敏电阻元件进行封装后，即可成为温度传感器，如图 2-3 所示。

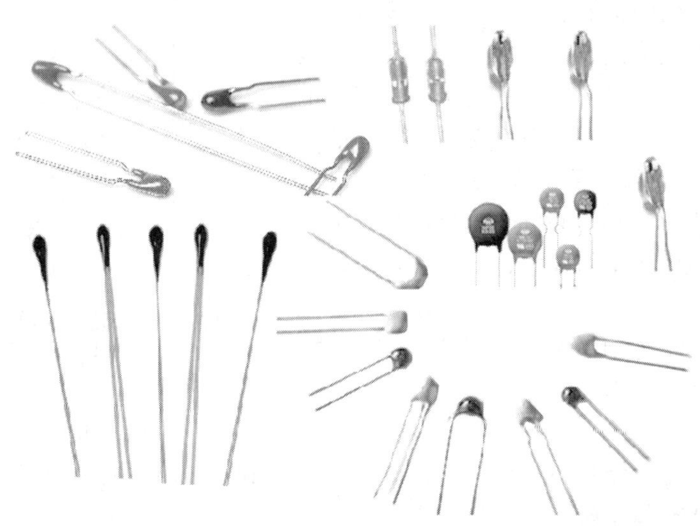

图 2-2 常见热敏电阻元件的外形

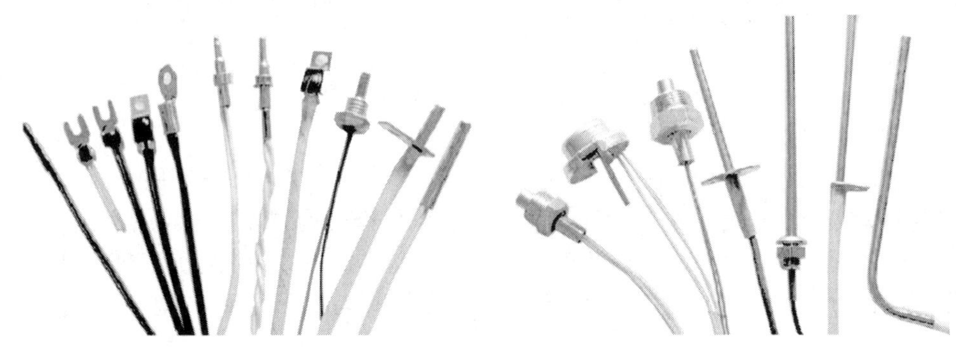

图 2-3　热敏电阻式温度传感器

热敏电阻是利用半导体材料的电阻率随温度变化而变化的性质制成的。它的阻值随温度变化而剧烈地变化，因此可以提供较高的灵敏度。

热敏电阻可按其温度特性分为三类，阻值随温度升高而升高的，称为正温度系数（PTC）热敏电阻；阻值随温度升高而降低的，称为负温度系数（NTC）热敏电阻；阻值在某一温度范围发生巨大变化的，称为突变型温度系数（CTR）热敏电阻。这三种热敏电阻适用于不同的使用场合，应根据实际需要进行选用。热敏电阻的电阻-温度特性曲线如图 2-4 所示。

正、负温度系数热敏电阻的温度特性曲线为非线性，当测量范围较小时，在某一温度范围内可近似为线性，也可以通过串、并联电阻进行非线性修正，常用于温度测量、温度补偿、温度控制。突变型温度系数热敏电阻的阻值在某个特定温度范围内随温度升高可升高或降低 3~4 个数量级，即具有很大的温度系数，一般在电子线路中用于抑制浪涌电流，起限流保护作用。例如，在大功率白炽灯的灯丝回路中串联一只负温度系数的突变型热敏电阻（图 2-4 中的曲线 4），加电瞬间，温度较低，突变型温度系数热敏电阻的阻值较大，可减小加电瞬间的冲击电流；温度升高后，突变型温度系数热敏电阻的阻值迅速减小，消耗在该电阻上的功耗很小，不影响白炽灯的正常工作。

图 2-4　热敏电阻的电阻-温度特性曲线

1—NTC 热敏电阻　2、3—PTC 热敏电阻　4—CTR 热敏电阻

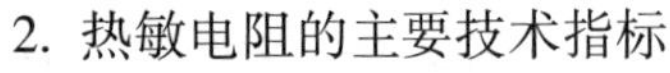

2. 热敏电阻的主要技术指标

热敏电阻的阻值、结构各不相同，在选用热敏电阻时，要根据测量使用要求，选择满足相应技术指标的热敏电阻。

（1）标称阻值，即热敏电阻在 25 ℃时的阻值。多数厂商在热敏电阻出厂时会给出热敏电阻在 25 ℃时的阻值。

（2）温度系数，即温度变化引起的热敏电阻阻值的相对变化。温度系数越大，热敏电阻对温度变化的反应越灵敏。

（3）时间常数，即温度变化时，热敏电阻的阻值变化到最终值的 63.2%时所需的时间。

（4）额定功率，即热敏电阻正常工作所允许的最大功率。

3. 热敏电阻的特点

热敏电阻的缺点主要是特性分散性很大，即使同一型号的产品，其特性参数也有较大差别，互换性差，热电特性的非线性也很严重，电阻与温度的关系不稳定，因而测量误差较大。但是，由于热敏电阻具有灵敏度高、便于远距离控制、成本低、适合批量生产等突出的优点，因此其应用范围越来越广泛。热敏电阻突出的优点在于：

（1）灵敏度高，其灵敏度比热电阻要高 1~2 个数量级，可大大降低对后面调理电路的要求。

（2）有标称阻值为几欧到十几兆欧的不同型号、规格，不但能很好地与各种电路匹配，而且远距离测量时几乎无须考虑连线电阻的影响。

（3）体积小（最小的珠状热敏电阻直径仅为 0.1~0.2 mm），可用来测量“点温”。

（4）热惯性小，响应速度快，适用于温度快速变化的测量场合。

（5）结构简单、坚固，能承受较大的冲击、振动；采用玻璃、陶瓷等材料密封包装后，可应用于有腐蚀性气体等恶劣环境。

（6）资源丰富，制作简单，可方便地制成各种形状（图 2-5），易于大批量生产，成本和价格都十分低廉。

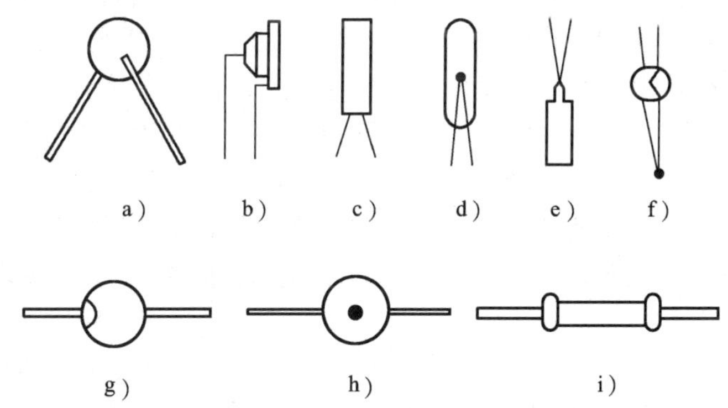

图 2-5　热敏电阻外形

a）圆片形　b）薄膜形　c）杆形　d）管形　e）平板形　f）珠形
g）扁圆形　h）垫圆形　i）杆形（金属帽引出）

4. 热敏电阻的选用方法

在选用热敏电阻时，一般根据测温控温的对象，从特性、稳定性、互换性、结构来选择适用于不同场合的热敏电阻。在选择时必须注意，除特殊高温热敏电阻外，绝大多数热敏电阻仅适用于 0～150 ℃范围。

随着科学技术的发展和生产工艺的成熟，热敏电阻的缺点正在逐渐得到改进，热敏电阻式温度传感器在温度传感器中占据了显著优势。目前家用空调、汽车空调、电冰箱、冷柜、热水器、饮水机、暖风机、洗碗机、消毒柜、洗衣机、烘干机以及中低温干燥箱、恒温箱等设备的温度测量与控制中所使用的温度传感器几乎都是采用热敏电阻作为测温元件。

三、用热敏电阻式温度传感器测量温度的方法

温度的测量方法分为接触式和非接触式。接触式是将温度传感器与被测物体接触，或将温度传感器置入被测物体中，当两个冷热不同的物体相互接触时，热量会从热物体传向冷物体，使热物体变冷，冷物体变热，最后两物体达到热平衡，此时温度传感器显示的温度就是被测物体的温度。非接触式是将被测物体作为热源，采用辐射式温度传感器接收被测物体的能量，根据接收能量的大小，即可测出被测物体的温度。

知识应用

饮水机温度传感器的选择

在进行温度控制、组成温度测量系统之前，首要任务是根据所测介质的温度范围、要求的精度及安装形式、价格来选择温度传感器的种类及结构。

对于饮水机的温度控制器（以下简称温控器），首先要明确温度控制范围及精度，以便确定温度传感器的工作范围、测量精度、工作环境及安装要求等因素。

传感器起到本地温度测量、温度控制的作用，温度测量范围为 0～100 ℃，且在 0～95 ℃时无须精确测量；当温度为（100±2）℃时，传感器要为温控器提供信号，切断电源；当温度低于 95 ℃时，传感器要为温控器提供信号，接通电源；随着电加热器加热，水温缓慢上升，温度信号属于缓变信号，对传感器的测量精度要求不高；饮水机内空间较大，对温度传感器的尺寸没有特殊要求；产品的价格要求低，能适合批量生产，但要求使用寿命长，不易损坏。

根据以上分析，可以选择热敏电阻作为温度敏感元件来进行温度测量。在该课题中，价格因素至关重要，因为目前小家电市场竞争激烈，除了质量以外，价格的高低在竞争中起到非常重要的作用，而热敏电阻最突出的优点就是价格低廉，适合批量生产。

饮水机温度控制电路由温度检测部分、比较器及驱动电路部分组成。根据任务要求，当温度低于 95 ℃时，自动开启电加热器；当温度高于 100 ℃时，自动断开电加热器，设计的饮水机温度控制电路如图 2-6 所示。R_t 是热敏电阻，R1、R2 是固定阻值电阻，RP 是可调电位器。通过调节 RP，可以调节参考电压 U_b，设置温度控制点。A1 为电压比较器，V1 为中功率三极管，K 为继电器，VD 为续流二极管。电压比较器 A1 输出为高电平时，继电器得电，加热丝回路开关闭合，启动电加热器。

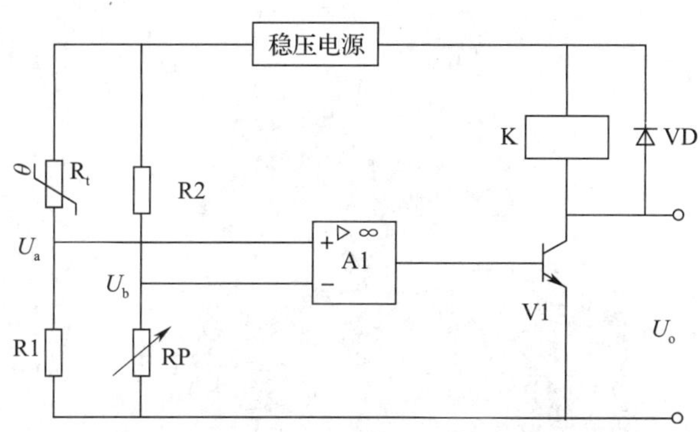

图 2-6　饮水机温度控制电路

课题二　金属热电阻式温度传感器

学习目标

◇了解金属热电阻的功能特点。

◇掌握金属热电阻典型测量电路的工作原理和接线方法。

◇掌握金属热电阻式温度传感器的类型和结构，并能合理选用。

◇掌握金属热电阻式温度传感器的安装、校验方法。

◇掌握金属热电阻式温度传感器的常见故障及其处理方法。

知识引入

图 2-7 所示为炼油、化工行业常用的气化炉。它是以煤为燃烧原料的巨大的压力容器，炉内正常温度在 1 300 ℃左右，有时可高达 1 500 ℃。炉内所衬炉砖在高温时会被熔蚀，受热气体和熔渣的冲刷，炉砖不断变薄甚至脱落，使炽热气体通过砖缝侵入气化炉炉壁，导致其表面温度升高，金属外壳强度降低，造成设备的安全隐患，因此，要求检测气化炉表面温度并给出报警，以便及时确定更换炉砖的时间。图中所示气化炉的耐压为 6. 5 MPa（G）*，炉表面温度为 400~450 ℃，正常值为 425 ℃左右。对于以上使用要求，根据传感器温度测量范围，一般可以选择金属热电阻式温度传感器作为测温元件，组成温度报警系统。

* G 代表表压。

图 2-7　气化炉

知识讲解

电阻式温度传感器就是以一定方式将温度变化值这一物理量转换为敏感元件的电阻变化，进而通过电路变成电压或电流信号输出。它的结构简单，性能稳定，成本低廉，在许多行业得到了广泛应用。若按其制造材料进行分类，有金属热电阻（铂、铜、镍）式温度传感器和半导体热电阻（热敏电阻）式温度传感器。

一、金属热电阻

金属热电阻是中低温区最常用的一种温度敏感元件。它的主要特点是精度高，性能稳定。

金属热电阻的阻值随温度的升高而增大，且与温度变化成一定的函数关系，因此，通过检测金属热电阻的阻值即可测出相应的温度。常用的金属热电阻主要有铂电阻和铜电阻。铂电阻用铂丝绕在云母片制成的片形支架上，绕组的两面用云母片夹住绝缘，外形有片状、圆柱状，如图 2-8 所示。铜电阻由铜漆包线绕在圆形骨架上。为了使热电阻能够具有较长的使用寿命，一般铜电阻外加有金属保护套管，如图 2-9 所示。金属热电阻可以直接加绝缘套管贴在被测物体表面进行温度测量，也可以外加金属防护套插入各种介质环境进行温度测量，如图 2-10 所示。

铂电阻制成的温度传感器测量精度最高，它不仅广泛应用于工业测温，还被制成标准的测温仪。

1. 铂电阻

铂易于提纯，物理、化学性质稳定，电阻率较大，能耐较高的温度，是制造标准热电阻和工业用热电阻的最好材料。但铂是贵重金属，价格较高。

目前我国全面实施“1990 国际温标”（ITS-90）。按照 ITS-90 标准，国内统一设计的最常用的工业用铂电阻为 Pt100 和 Pt1 000，即在 0 ℃时铂电阻阻值 R_0 为 100 Ω 和 1 000 Ω。

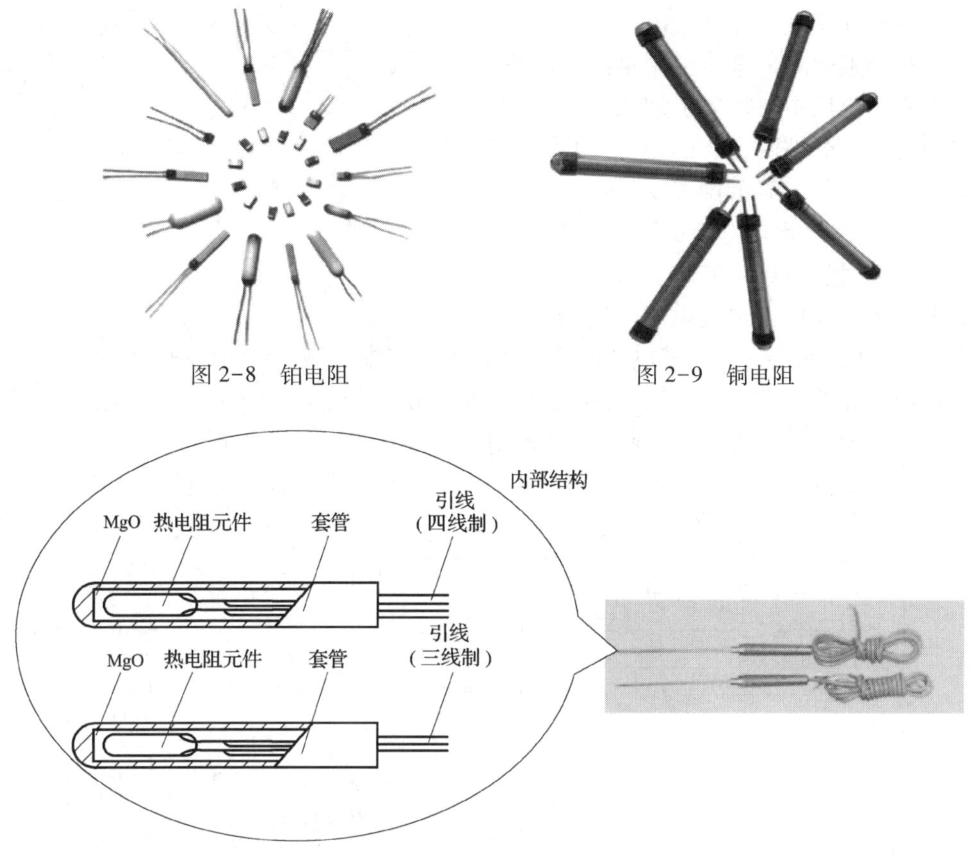

图 2-8　铂电阻

图 2-9　铜电阻

图 2-10　带金属防护套热电阻式温度传感器

铂电阻的阻值与温度之间的关系可以查热电阻分度表 Pt100 或 Pt1 000（热电阻分度表即阻值与温度的对应关系表）来确定，也可用下式表示。

$-200\ ℃<t\leqslant 0\ ℃$时，$R_t=R_0[1+At+Bt^2+C(t-100)t^3]$。

$0\ ℃<t\leqslant 850\ ℃$时，$R_t=R_0(1+At+Bt^2)$。

式中　R_t——温度为 t 时的阻值；

R_0——温度为 0 ℃时的阻值；

A、B、C——常数。

在精度要求不高的场合，可以忽略式中的高次项，近似认为 R_t 与 t 成正比关系，可以近似记作：每摄氏度变化 0. 385 Ω。

2. 铜电阻

铜材料容易提纯，具有较大的电阻温度系数，阻值与温度之间接近线性关系，且铜的价格比较便宜。铜电阻的缺点是电阻率较小，所以体积较大，稳定性也较差，容易氧化。在一些测量精度要求不高、测温范围较小（-50~150 ℃）的场合，普遍采用铜电阻。

我国常用的铜电阻为 Cu50 和 Cu100，即在 0 ℃时其阻值 R_0 为 50 Ω 和 100 Ω，铜电阻的阻值与温度之间的关系可以查热电阻分度表 Cu50 或 Cu100 来确定。

3. 金属热电阻的典型测量电路

金属热电阻的测量电路常用惠斯通电桥电路。在实际应用中，热电阻敏感元件安装在生产现场，感受被测介质的温度变化，而测量电路则随测量、显示仪表安装在远离现场的控制室内，因此热电阻的引出线较长，引出线的电阻对测量结果有较大影响，造成测量误差。为了克服引出线电阻的影响，常采用如图 2-11 所示的三线单臂电桥电路。在这种电路中，热电阻的两根引出线长度相同，引出线的阻值相等（即 $R_1'=R_2'$），并被分配在两个相邻的桥臂中，这样由引出线长度变化以及环境温度变化引起的引出线阻值变化所造成的误差可以相互抵消。

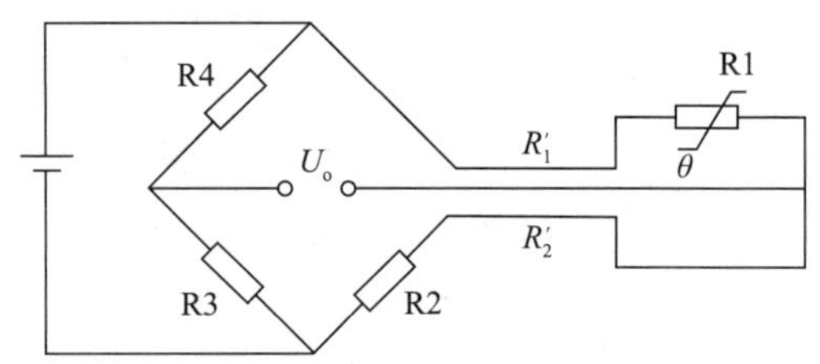

图 2-11　三线单臂电桥电路

热电阻典型测量电路的实际接线图如图 2-12 所示。桥路的供电电源可采用恒流源或

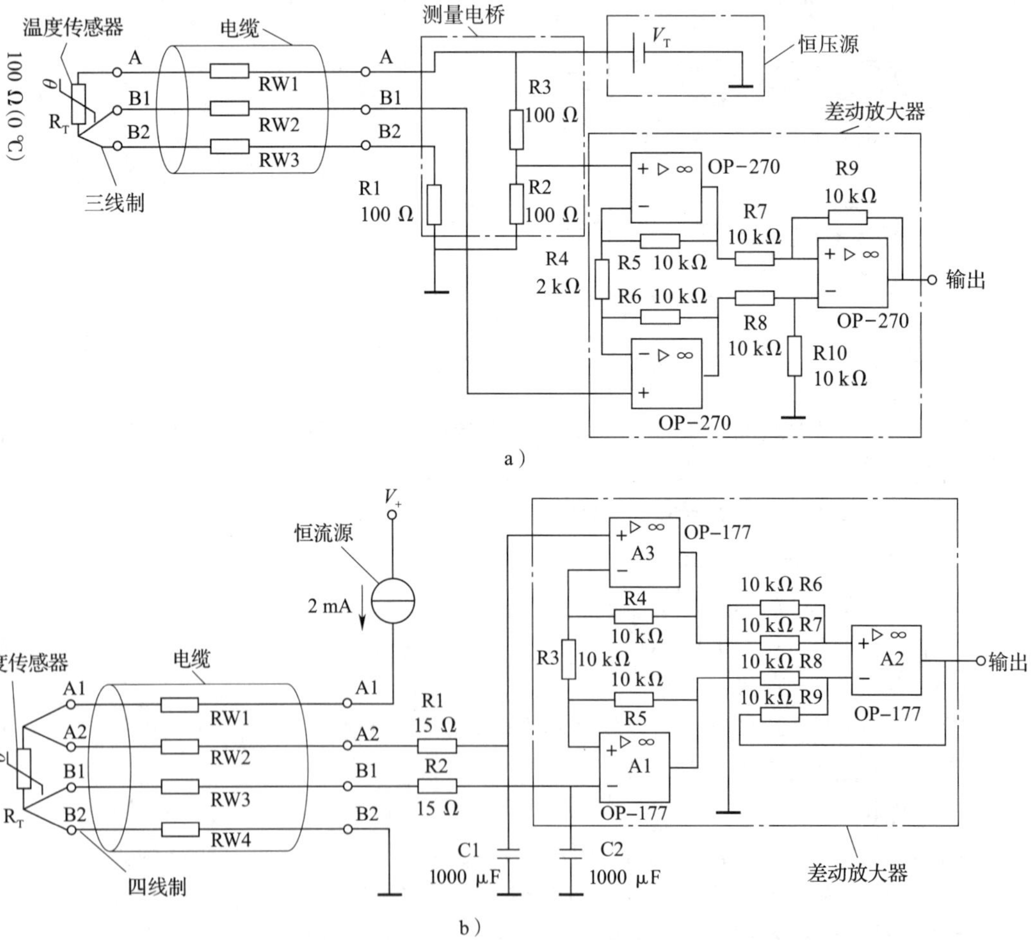

a）

b）

图 2-12　热电阻典型测量电路的实际接线图

a）三线制接线图　b）四线制接线图

恒压源，桥路的输出电压较小，一般采用差动放大器予以放大，呈单端输出，供显示、采集或控制。

图 2-13 所示是常见的与金属热电阻式温度传感器配套的仪表（变送器）外部接线端子。温度敏感元件通过较长的引出线接到接线端子上。在接线时应注意，采用三线制时，应将另两个接线端子短接。

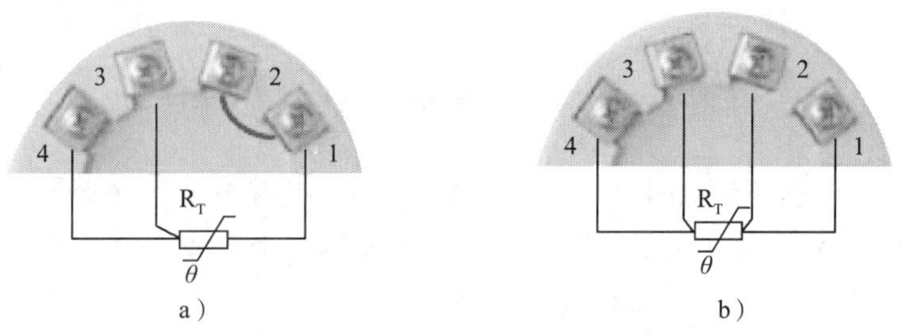

图 2-13　金属热电阻式温度传感器配套仪表外部接线端子
a）三线制测量接线　b）四线制测量接线

二、金属热电阻式温度传感器的类型和结构

在测量无腐蚀性的气体或固体表面温度时，如环境良好，可直接使用金属热电阻式温度敏感元件，如图 2-14 所示为吸尘器电动机温控传感器。但在测量液体或测量环境比较恶劣时无法直接使用金属热电阻式温度敏感元件，需要在其外部加防护罩进行保护。

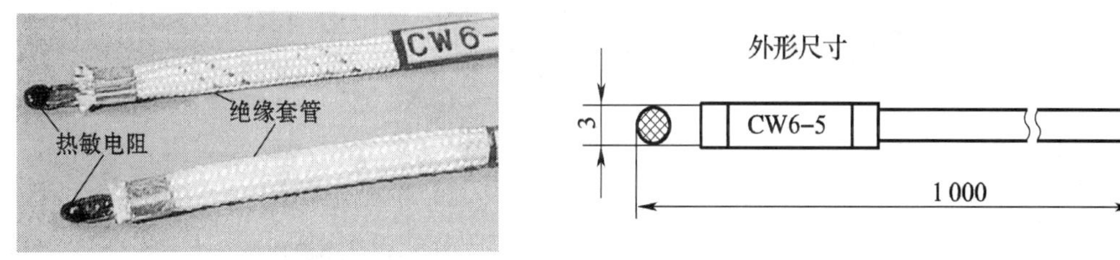

图 2-14　吸尘器电动机温控传感器

在工业测量过程中，为了防腐蚀，抗冲击，延长使用寿命，方便安装、接线，常采用以下结构形式。

1. 普通型金属热电阻式温度传感器

普通型金属热电阻式温度传感器由热电阻元件、绝缘套管、保护套管及接线盒等组成，如图 2-15 所示。保护套管不仅用来保护热电阻元件免受被测介质的化学腐蚀和机械损伤，还具有导热功能，可将被测介质的温度快速传导至热电阻元件。

2. 铠装金属热电阻式温度传感器

铠装金属热电阻式温度传感器由敏感元件（电阻体）、引出线、高绝缘氧化镁、1Cr18Ni9Ti 不锈钢套管组成。1Cr18Ni9Ti 不锈钢套管是经多次一体拉制而成的坚实体，在

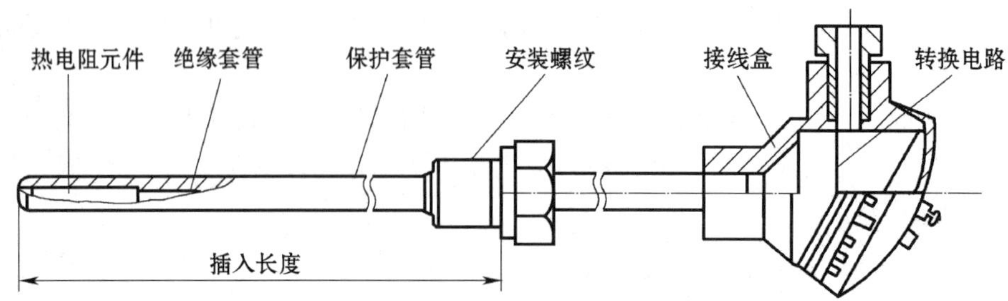

图 2-15　普通型金属热电阻式温度传感器

安装、弯曲时，不会损坏热电阻元件。与普通型金属热电阻式温度传感器相比，它有下列优点：①体积小，内部无空气隙，热惯性小，测量滞后小。②力学性能好，耐振、抗冲击。③能弯曲，便于安装。④耐腐蚀，使用寿命长。

3. 端面金属热电阻式温度传感器

端面金属热电阻式温度传感器的温度敏感元件由特殊处理过的电阻丝材绕制，紧贴在温度计端面，其外形如图 2-16 所示。它与一般轴向热电阻式温度传感器相比，能更准确和快速地反映被测端面的实际温度，适用于测量轴瓦和其他机件的端面温度。

4. 隔爆型热电阻式温度传感器

隔爆型热电阻式温度传感器通过具有隔爆外壳的接线盒，把其外壳内部可能产生爆炸的混合气体、因受到火花或电弧等影响而可能发生的爆炸局限在接线盒内，阻止向周围的生产现场传爆，其外形如图 2-17 所示。隔爆型热电阻式温度传感器一般用于有爆炸危险场所的温度测量。

图 2-16　端面金属热电阻式温度传感器

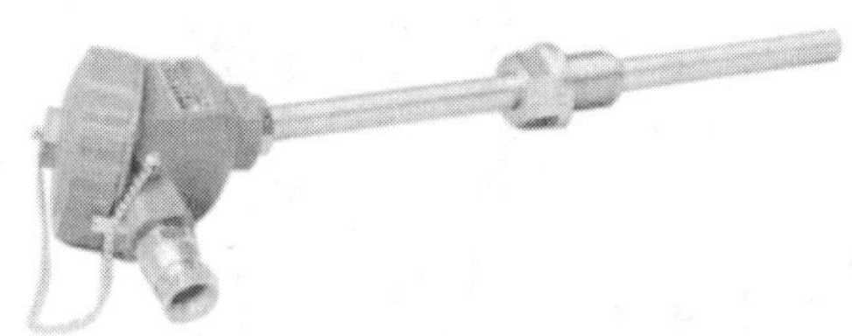

图 2-17　隔爆型热电阻式温度传感器

三、金属热电阻式温度传感器的安装方法

金属热电阻式温度传感器在安装时，会因为安装场所、测量精度、力学强度、密封等因素对安装提出各种具体要求，应根据实际情况具体分析，采取相应的措施加以解决。金属热电阻式温度传感器安装的基本要求如下。

1. 金属热电阻式温度传感器的安装地点应选择在便于安装、维护且不易受到外界损坏的位置。

2. 金属热电阻式温度传感器的插入方向应与被测介质流向相逆，或者垂直，尽量避免与被测介质流向一致，如图 2-18 所示。

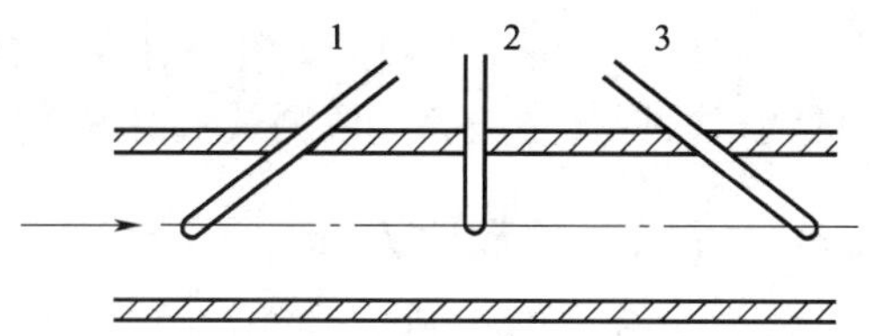

图 2-18 金属热电阻式温度传感器的插入方向
1—与流向相逆 2—与流向垂直 3—与流向一致

3. 在管道上安装金属热电阻式温度传感器时，应使金属热电阻式温度传感器温度敏感元件的端头处于流速最大的管道中心线，插入深度应不小于300 mm，或应大于管道直径的 1/3。

4. 金属热电阻式温度传感器插入部分越长，测量误差越小。因此，在满足前两项要求的基础上，应争取较大的插入深度。常用的增加插入深度的措施如图 2-19 所示。

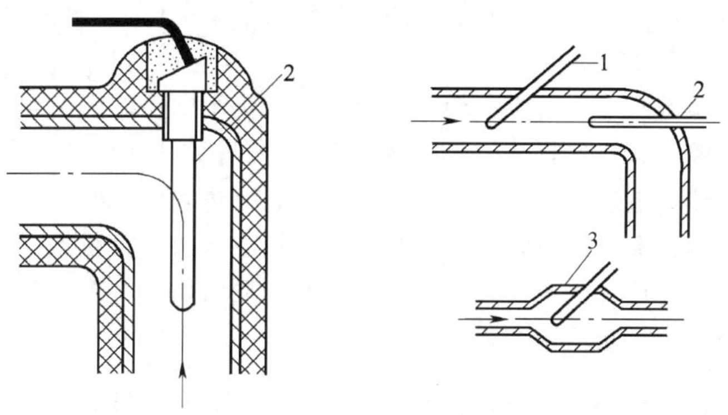

图 2-19 增加插入深度的措施
1—斜向插入 2—弯头插入 3—加装扩容管

5. 为了防止热量损耗，金属热电阻式温度传感器暴露在设备外面的部分要尽量短，而且应在露出部分加保温层。

6. 金属热电阻式温度传感器安装在负压管道或容器中时，要保证安装的密封性良好。对于密封要求较高的腔体温度的测量，金属热电阻式温度传感器安装完成后，应进行气密性检查。

7. 金属热电阻式温度传感器装在具有固体颗粒和流速很高的介质中时，为防止金属热电阻式温度传感器长期受到冲刷而损坏，可在金属热电阻式温度传感器之前加装保护板，如图 2-20 所示。

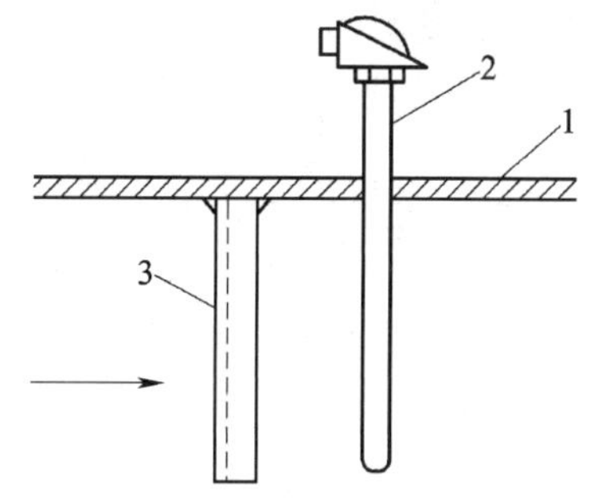

图 2-20 加装保护板
1—壁 2—金属热电阻式温度传感器
3—三角铁保护板

实际应用中应注意，直接使用感温元件或金属热电阻式温度传感器测温时，应避免超过测温量程，虽然短时间内不会损坏传感器，但会影响产品的使用寿命和精度；另外，必须保证点固材料或灌封材料的高度绝缘性，否则会导致产品的电气绝缘性能降低，影响传感器的测试数据（一般会导致测试阻值偏低）。

四、金属热电阻式温度传感器的校验方法

金属热电阻式温度传感器在使用前、修理后或使用过一段时间后，要进行校验，以保证测量精度。

标准金属热电阻式温度传感器的校验要求较高，方法也比较复杂。工业用金属热电阻式温度传感器的校验方法比较简单，通常只要校验 R_{100}/R_0 的值即可（R_{100} 为 100 ℃时传感器的阻值，R_0 为 0 ℃时传感器的阻值）。通常采用放有冰水混合物的冰槽作为 0 ℃温度场，将试管埋入冰水混合物中，将温度传感器放入试管中，用棉花将试管开口封严，放置 30 min 即可测量。用高精度温控油槽设置 100 ℃温度场，测量方法相同。

在测试时，铂电阻元件的测试电流不应超过允许值，过大的电流会使铂电阻元件产生自热，导致温度升高。如一铂电阻元件，当测试电流为 1 mA 时，温升为 0.05 ℃；当测试电流为 5 mA 时，温升为 2.2 ℃。

热敏电阻的校验方法与上述方法相同，只是由于热敏电阻的阻值与温度的关系为非线性，需要选择多点校验，一般将热敏电阻放在高精度温控油槽内进行各温度点恒温测量。

在检验和选择热敏电阻时应注意，数字欧姆表和万用表测量时的工作电流很大，较大的电流流经热敏电阻，会导致电阻温度升高。而热敏电阻对温度很敏感，所以不能用这两种表测量它的阻值，而应使用电桥法测量。测量时需要将热敏电阻安装在专用的测量夹具上，并放在恒温槽中保持阻值不变。

五、金属热电阻式温度传感器常见故障及其处理方法

金属热电阻式温度传感器常见的故障是电阻断路和短路，其中以断路居多，这是由于电阻丝很细所致。断路和短路都是比较容易判断的，用万用表的×1 欧姆挡测量电阻，如测得阻值比 R_0 小，则可能有短路情况；如测得阻值为无穷大，则可确定电阻断路。

通常情况下，温度传感器无论是短路还是断路，都应采取更换相同厂家和相同牌号热电阻的方法进行维修，更换后应进行零点校验。金属热电阻式温度传感器的常见故障、故障原因和处理方法见表 2-1。

表 2-1　金属热电阻式温度传感器的常见故障、故障原因和处理方法

常见故障	可能的故障原因	处理方法
测量数据比实际值低，或示值不稳定	（1）保护管内有金属屑、灰尘 （2）接线柱绝缘性能下降 （3）电阻短路	（1）清除金属屑、灰尘 （2）清洗接线柱 （3）去掉短路处，做好绝缘
显示仪表指示无穷大	（1）电阻断路 （2）仪表接线断路	（1）更换电阻元件 （2）更换仪表
测量数据为负值	（1）测试仪表接线错误 （2）电阻短路	（1）改正接线方法 （2）去掉短路处，做好绝缘
阻值与温度关系改变	电阻材料受蚀变质	更换电阻元件

知识应用

气化炉温度传感器的选择

金属热电阻式温度传感器的结构、安装形式和种类较多，分析气化炉的使用及安装要求和温度测量范围，可以确定选择何种金属热电阻式温度传感器。

方案一：选择端面金属热电阻式温度传感器为测温元件。这种传感器（图 2-16）紧贴在被测端面，能更准确和快速地反映被测端面的实际温度，适用于炉体表面温度的测量。在炉体表面安装一固定支架，再将传感器安装在支架上，使传感器端面紧贴炉体表面，即可测得炉体表面温度。该类传感器测量精度高，使用寿命长，但价格偏高。

方案二：选择金属热电阻元件直接贴在炉体表面。将薄膜式铂电阻（图 2-21）直接贴在炉体表面，用高温环氧胶点固，元件引出线与延长线焊接后用高温套管做好绝缘并点固，采用三线制或四线制接线方法（图 2-12）与放大电路和报警电路进行连接，即可实现所需功能。该测量方法测量精度高，价格便宜，但使用寿命短，为保证系统的可靠性，热电阻元件需定期更换。

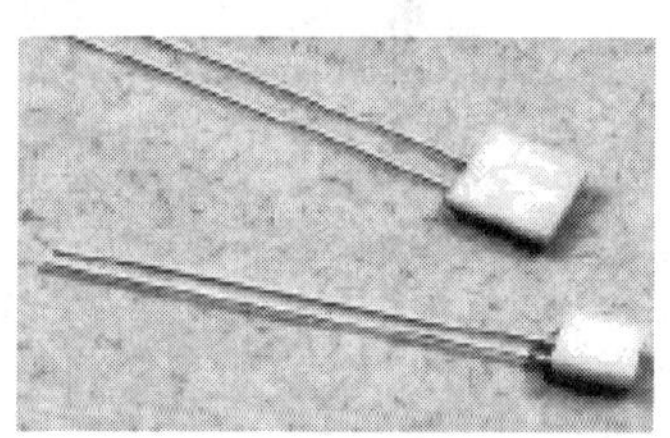

温度范围：−100～540 ℃
封装材料：99%氧化铝支承，
电阻部分耐热、全包覆
接线端子：径向芯片

图 2-21　薄膜式铂电阻

课题三　热电偶式温度传感器

学习目标

◇了解热电偶的工作原理。
◇了解热电偶式温度传感器的结构、特点及应用，并能合理选用。
◇掌握热电偶式温度传感器的使用与安装方法。
◇掌握热电偶式温度传感器的常见故障及其处理方法。

知识引入

在轧钢过程中，钢坯的轧制温度是关键的工艺参数，钢坯温度控制的准确与否，将直接影响产品的质量。因此，在轧钢过程中（图 2-22），必须精确测量、控制精炼炉的温度。

一般来说，轧钢温度较高（800 ℃以上），根据该温度测量范围，对于钢坯温度的控制，可以选择热电偶式温度传感器。热电偶式温度传感器广泛用于温度的测量与控制，其优点是精度高，输出稳定可靠，结构简单，使用方便，最高测量温度可达 2 800 ℃。

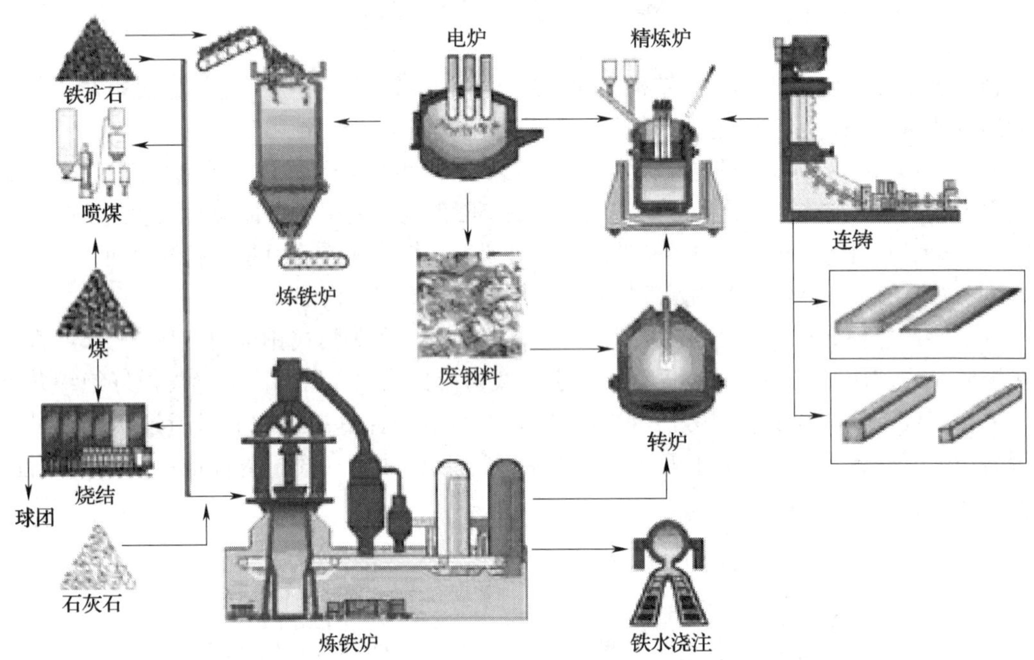

图 2-22　轧钢工艺过程

知识讲解

一、热电偶的工作原理

热电偶由两种不同材料的金属导体丝或半导体组成。将两根金属丝的一端焊接在一起，作为热电偶的测量端，另一端与测量仪表相连，通过测量热电偶的输出电动势，即可推算出所测温度值，如图 2-23 所示。图 2-24 所示为一种热电偶式温度传感器的实物图。

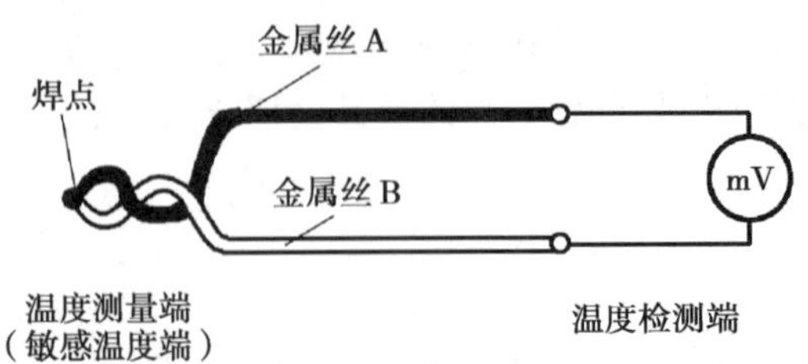

图 2 23　热电偶的工作原理

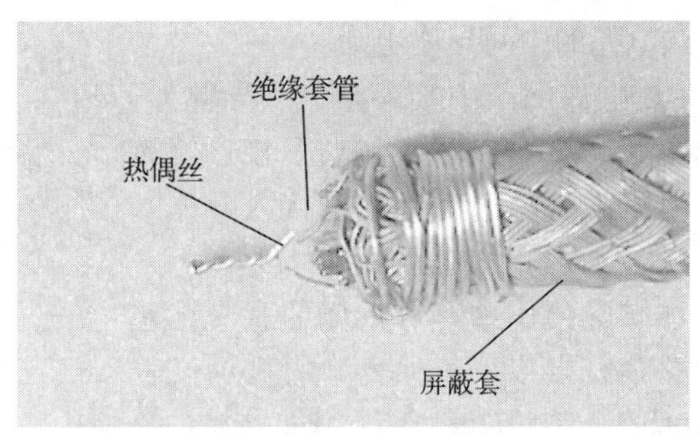

图 2-24　热电偶式温度传感器实物图

热电偶的工作原理建立在导体的热电效应上。当有两种不同材质的导体或半导体 A 和 B 组成一个回路时，其两端相互连接（图 2-25），只要两接点处的温度不同，回路中将产生一个电动势，该电动势的方向和大小与导体的材料及两接点的温度有关，这种现象称为“热电效应”。一端温度为 t，称为工作端或热端；另一端温度为 t_0，称为自由端（也称参考端）或冷端。两种导体组成的回路称为热电偶，这两种导体称为热电极，产生的电动势则称为热电动势。

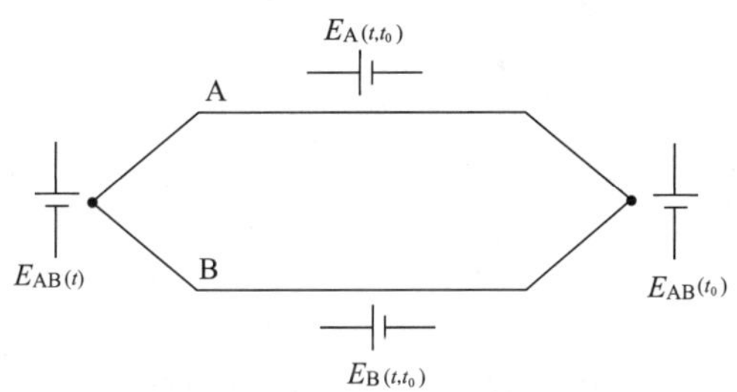

图 2-25　热电偶

根据理论推导和实践经验，可以得出如下结论：热电偶中热电动势的大小，只与组成热电偶的导体材料和两接点的温度有关，而与热电偶的形状、尺寸无关。当热电偶两电极材料选定后，热电动势只与两接点的温度有关。当冷端温度恒定时，热电偶产生的热电动势只随热端（测量端）温度的变化而变化，即一定的热电动势对应着一定的温度。因此，只要测量热电动势就可以达到测温的目的。

同时，热电偶还遵循以下几个基本定则。

1. 均质导体定则

如果热电偶回路中的两个热电极材料相同，无论两接点的温度如何，热电动势均为零，称为热电偶的均质导体定则。

根据这个定则，可以检验两个热电极材料成分是否相同（称为同名极检验法），也可以检查热电极材料的均匀性。

2. 中间导体定则

在热电偶回路中接入第三种导体，只要第三种导体两接点的温度相同，则回路中总的热电动势不变，这就是热电偶的中间导体定则。

如图 2-26 所示，在热电偶回路中接入第三种导体 C。导体 A 与 B 接点处的温度为 t，A 与 C、B 与 C 两接点处的温度相同，都为 t_0，则回路中的总电动势与未接入导体 C 时相比是不变的。

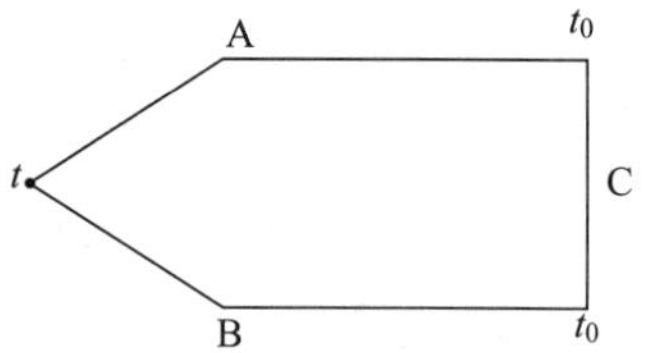

图 2-26　热电偶中间导体定则

热电偶的这种性质在实际使用中有着重要的意义，它使我们可以方便地在回路中直接接入各种类型的显示仪表或调节器，也可以将热电偶的两端不焊接而直接插入液态金属中或直接焊在金属表面进行温度测量。

3. 标准电极定则

如果两种导体分别与第三种导体组成的热电偶所产生的热电动势已知，则由这两种导体组成的热电偶所产生的热电动势也可知，这就是热电偶的标准电极定则。

如图 2-27 所示，导体 A、B 分别与标准电极 C 组成热电偶，若它们所产生的热电动势已知，那么导体 A 与 B 组成的热电偶，其热电动势可由下式求得：

$$E_{AB}(t,\ t_0)=E_{AC}(t,\ t_0)-E_{BC}(t,\ t_0)$$

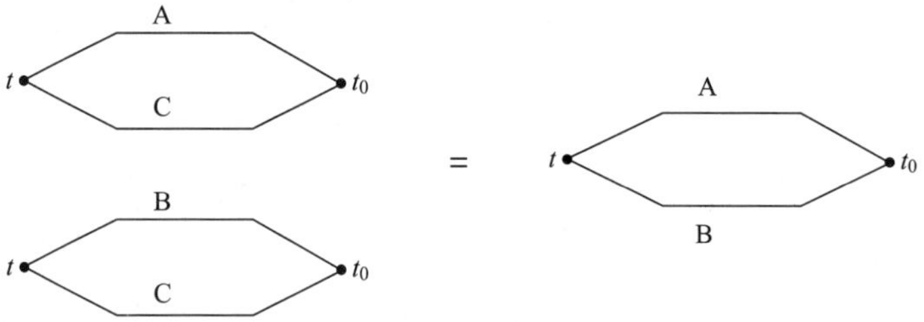

图 2-27　热电偶标准电极定则

标准电极定则是一个极为实用的定则。纯金属的种类很多，而合金类型更多，因此，要得出这些金属之间组合而成的热电偶的热电动势，其工作量是极大的。选择一些金属作为标准电极，并应用该定则进行计算，则可以大大降低工作量。由于铂的物理、化学性质稳定，熔点高，易提纯，所以通常选用高纯铂丝作为标准电极，只要测得各种金属与纯铂组成的热电偶的热电动势，则各种金属之间相互组合而成的热电偶的热电动势就可以直接计算出来。

例如，热端为 100 ℃，冷端为 0 ℃时，镍铬合金与纯铂组成的热电偶的热电动势为 2.95 mV，而考铜与纯铂组成的热电偶的热电动势为-4.0 mV，则镍铬合金和考铜组成的热电偶所产生的热电动势应为 2.95 mV-（-4.0 mV）= 6.95 mV。在使用时要特别注意热电偶输出的正负号。

4. 中间温度定则

热电偶在两接点温度为 t、t_0时的热电动势等于该热电偶在接点温度为 t、t_n和 t_n、t_0时的相应热电动势的代数和，如图 2-28 所示，这就是热电偶的中间温度定则。

中间温度定则可以用下式表示：

$$E_{AB}(t,\ t_0)=E_{AB}(t,\ t_n)+E_{AB}(t_n,\ t_0)$$

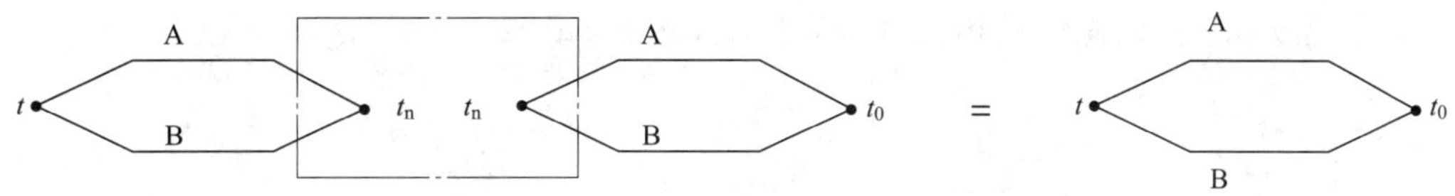

图 2-28 热电偶中间温度定则

中间温度定则为补偿导线的使用提供了理论依据。它表明，若热电偶的热电极被导体延长，只要接入导体的热电特性与被延长热电偶的热电特性相同，且它们之间连接点的温度相同，则总回路的热电动势与连接点温度无关，只与延长以后的热电偶两端的温度有关。

二、热电偶式温度传感器的结构

热电偶式温度传感器的结构与热电阻式温度传感器类似，可以直接使用，也可以外加金属防护层。在工业测量过程中，为了防腐蚀，抗冲击，延长使用寿命，方便安装、接线，常采用以下结构形式。

1. 普通型热电偶

在工业生产控制中用普通型热电偶作为测量温度的传感器，通常和显示仪表、记录仪表和一些控制仪表配套使用。普通型热电偶式温度传感器通常由热电偶、绝缘套、保护套管、法兰、接线盒等部分组成，如图 2-29 所示。

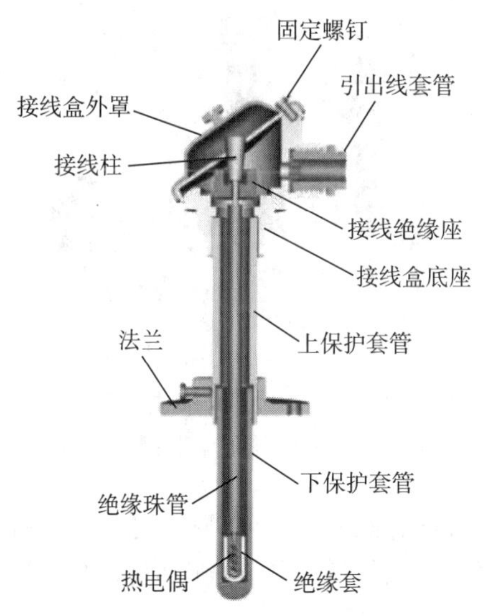

图 2-29 普通型热电偶式温度传感器的内部结构

热电极（偶丝）的长度由使用情况、安装条件，特别是工作端在被测介质中插入的深度来决定，通常为 300~2 000 mm，最长可达 10 m，其价格随长度增加而增加。一般热电偶式温度传感器热电极的长度为 350 mm。保护套管由不锈钢制成，一方面起到耐高温、耐腐蚀，保护热电偶免受机械损伤的作用；另一方面起到热传导作用。

从安装、固定方式来看，常见普通型热电偶式温度传感器有固定法兰式、活动法兰式、固定螺纹式、活动螺纹式和无固定装置式几种，如图 2-30 所示。

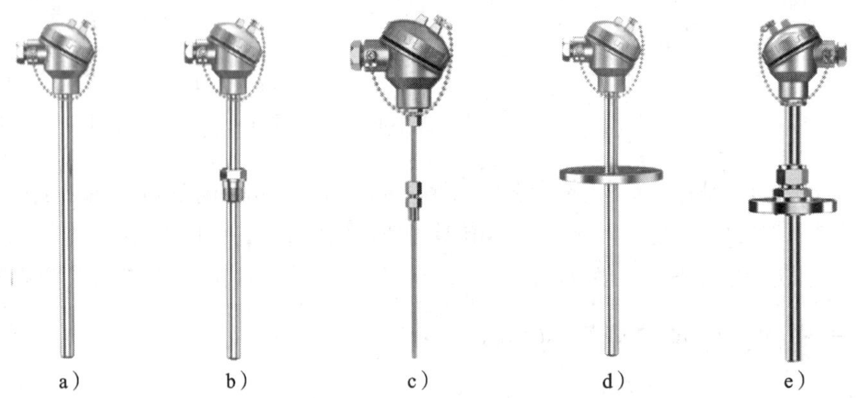

图 2-30　常见普通型热电偶式温度传感器的外形结构

a）无固定装置式　b）固定螺纹式　c）活动螺纹式　d）固定法兰式　e）活动法兰式

2. 铠装型热电偶

铠装热电偶式温度传感器的结构与铠装热电阻式温度传感器的结构基本相同，是由热电极、绝缘材料、不锈钢套管经多次一体拉制而成。由于使用环境及安装形式不同，铠装热电偶式温度传感器的外形结构多种多样，如图 2-31 所示。

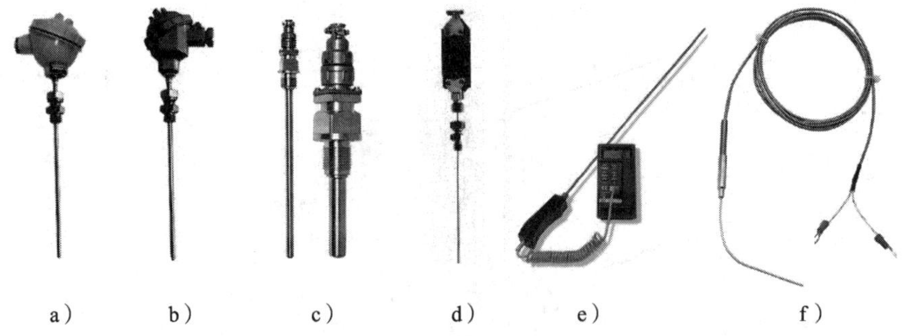

图 2-31　各种铠装热电偶式温度传感器

a）防喷式　b）防水式　c）圆接插式　d）扁接插式　e）手柄式　f）补偿导线式

铠装热电偶式温度传感器具有能弯曲、耐高压、热响应时间快和坚固耐用等优点，尤其适宜安装在管道之间狭窄、弯曲的环境和要求响应快速等特殊测温场合。

3. 薄膜型热电偶

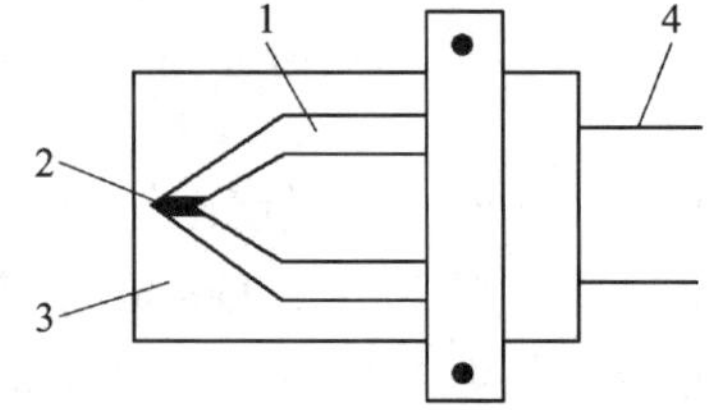

图 2-32　薄膜型热电偶

1—热电极　2—热接点　3—绝缘基板　4—引出线

薄膜型热电偶是由两种薄膜热电极材料，用真空蒸镀、化学涂层等方法蒸镀或涂敷到绝缘基板上面制成的一种特殊热电偶，如图 2-32 所示。薄膜型热电偶的热接点可以做得很小（可薄到 0. 01～0. 1 μm），具有热容量小、反应速度快等特点，热响应时间达到微秒级，适用于微小面积上的表面温度以及快速变化的动态温度的测量。

三、热电偶式温度传感器的特点及应用

在温度测量中，热电偶式温度传感器的应用极为广泛，它具有结构简单、制造方便、测量范围广、精度高、热惯性小和输出信号便于远距离传输等优点。由于热电偶式温度传感器是一种有源传感器，测量时不需要外加电源，使用十分方便，所以常被用于测量炉子、管道内的气体或液体的温度及固体的表面温度。由于热电偶式温度传感器的灵敏度与材料的粗细无关，因此，用非常细的材料也能做成温度传感器，这种细微的测温元件有极高的响应速度，可以测量快速变化的过程，如燃烧和爆炸过程等。

热电偶式温度传感器也有缺陷，那就是它的灵敏度比较低，容易受到干扰信号的影响，也容易受到前置放大器温度漂移的影响，因此不适合测量微小的温度变化。

热电偶的种类很多。1994 年，我国开始采用国际计量委员会规定的“1990 国际温标”(简称 ITS-90)，按此标准，共有八种标准化了的通用热电偶，见表 2-2。表中所列热电偶，写在前面的热电极为正极，写在后面的热电极为负极。

表 2-2 常用热电偶的使用温度、适用环境及特点

热电偶名称	分度号	使用温度/℃		适用环境	特点
		长期	短期		
铂铑$_{30}$-铂铑$_{6}$	B	0~1 600	0~1 800	可以在氧化性及中性气体环境中长期使用，不能在还原性及含有金属或非金属蒸气的环境中使用	热电动势比较小，当冷端温度低于 50 ℃时，所产生的热电动势很小，可不考虑冷端误差
铂铑$_{13}$-铂	R	0~1 400	0~1 600	可以在氧化性及中性气体环境中长期使用，不能在还原性及含有金属或非金属蒸气的环境中使用	精度高，性能稳定，复现性好，热电动势较小，高温下连续使用特性会变坏，价格高昂，多用于高温高精度测量
铂铑$_{10}$-铂	S	0~1 400	0~1 600	可以在氧化性及中性气体环境中长期使用，不能在还原性及含有金属或非金属蒸气的环境中使用	热电性能稳定，测温精度高，宜制作标准热电偶。测温范围大，热电动势小，价格较贵
镍铬-镍硅	K	0~1 000	0~1 300	适用于氧化性环境，耐金属蒸气，不耐还原性环境	热电动势大，热电特性近似为线性，性能稳定，复现性好，价格便宜，精度次于铂铑$_{10}$-铂，作测量和二级标准热电偶用
镍铬-镍铜	E	0~600	0~800	适用于氧化性环境，耐金属蒸气，不耐还原性环境	热电动势大，特性近似为线性，价格便宜，测温范围较小，作测量用
铁-康铜	J	-200~600	-200~800	适用于还原性气体环境(对氢、 氧化碳也稳定)	价廉，热电动势大，线性好，均匀性差，易生锈，用于测低温
铜-康铜	T	-200~300	-200~350	适用于还原性气体环境(对氢、一氧化碳也稳定)	价廉，低温性能好，均匀性好
镍铬硅-镍硅	N	-200~1 300	-200~1 400	适用于在氧化性或中性介质中使用，是工业测温中最常用的一种热电偶	高温抗氧化能力强，热电动势的长期稳定性及短期热循环的复现性好，耐核辐射，耐低温性能好，价格便宜

四、热电偶式温度传感器的使用与安装方法

热电偶式温度传感器的使用方法与一般温度传感器有所不同，在使用热电偶式温度传感器时，应特别注意其使用方法，否则会带来很大的测量误差。

1. 热电偶分度表

在使用热电偶式温度传感器时，要根据传感器输出的热电动势来推算相应的温度值。首先要确定热电偶式温度传感器所使用的热电偶材料，然后根据表 2-2 查出热电偶相应的分度号，再查相应的分度表，即可根据热电偶输出的热电动势查出温度值。一般厂家也会随产品附给相应的分度表。

2. 热电偶的冷端补偿

根据热电偶输出的热电动势，可以通过分度表快速查出温度值。但热电偶的分度表都是以t_0=0 ℃作为基准进行分度的（即热电偶的冷端为 0 ℃）。在实际使用过程中，热电偶冷端所处环境的温度往往不为 0 ℃，这样的测量结果会带来较大误差，所以在使用热电偶时，必须消除环境温度对测量带来的影响，即需要进行热电偶的冷端补偿。

根据热电偶中间温度定律公式 $E_{AB}(t, t_0) = E_{AB}(t, t_n) + E_{AB}(t_n, t_0)$，可以得到 $E_{AB}(t, 0\ ℃) = E_{AB}(t, t_n) + E_{AB}(t_n, 0\ ℃)$。

上式中 $E_{AB}(t, t_n)$ 为热电偶在环境温度为 t_n时的测量值。只需测出热电偶冷端所处的环境温度 t_n，然后根据分度表查出 $E_{AB}(t_n, 0\ ℃)$ 的值，即可求出 $E_{AB}(t, 0\ ℃)$ 比较精确的温度值。

例： 已知利用镍铬-镍硅（K）热电偶式温度传感器测炉温时，其冷端温度 t_0 = 30 ℃，现测得热电动势 $E(t, t_0)$ = 38.505 mV，求炉内温度 t。

解：

镍铬-镍硅的分度号为 K，查 K 型热电偶分度表（附录 2），可知 $E_{AB}(30\ ℃, 0\ ℃)$ = 1.203 mV，则有：

$$E_{AB}(t, 0\ ℃) = E_{AB}(t, t_0) + E_{AB}(t_0, 0\ ℃) = 38.505\ \text{mV} + 1.203\ \text{mV} = 39.708\ \text{mV}$$

再查 K 型热电偶分度表，求得 $t \approx 960$ ℃。

热电偶冷端补偿方法很多，常用的补偿方法有以下几种。

（1）冰浴法

将热电偶的冷端置于装有冰水混合物的恒温容器中，使冷端的温度保持在 0 ℃不变。该方法只适用于实验室的温度测量。

（2）计算机修正法

先测出冷端温度 t_0，然后从该热电偶分度表中查出 $E_{AB}(t_0, 0\ ℃)$，由计算机自动与所测得到的 $E_{AB}(t, t_0)$ 相加，便可测出 $E_{AB}(t, 0\ ℃)$，根据此值再在分度表中查出相应的温度值。

（3）补偿电桥法

将带有铜热电阻的补偿电桥与被补偿的热电偶串联，铜热电阻与热电偶的冷端置于同一温度场。0 ℃时，电桥输出为零，当冷端温度变化时，铜热电阻阻值变化造成电桥不平

衡输出。此不平衡输出电压等于热电偶冷端输出 E_{AB}（t_0，0 ℃），因此可以起到抵消作用，如图 2-33所示。

（4）选择冷端温度不需要补偿的热电偶

有些热电偶在一定温度范围内不产生热电动势或热电动势很小。例如，镍钴-镍铝热电偶在 0~200 ℃时的热电动势极小，在 300 ℃时也只有 0. 38 mV；镍铁-镍铜热电偶在 -50 ℃以下的热电动势几乎为零；铂铑$_{30}$-铂铑$_6$热电偶在 0~50 ℃时，只有-2 ~3 μV 的热电动势，如果参考温度在这一温度范围内变化，将基本不会改变热电偶输出的热电动势，所以就不需要对冷端进行温度补偿。

3. 热电偶的冷端延长

实际测温时，由于热电偶长度有限，冷端温度将直接受到被测物温度和周围环境温度的影响。例如，热电偶安装在炼钢炉壁上，而冷端在接线盒内，若接线盒周围的温度不稳定，则冷端的温度就会受到影响，造成测量误差。虽然热电偶可以做得很长，但这将增加测量系统的成本。目前工业生产中，一般采用补偿导线来延长热电偶的冷端，使之远离高温测量区，如图 2-34 所示。根据热电偶型号不同，厂家会相应提供一系列补偿导线，见表 2-3。

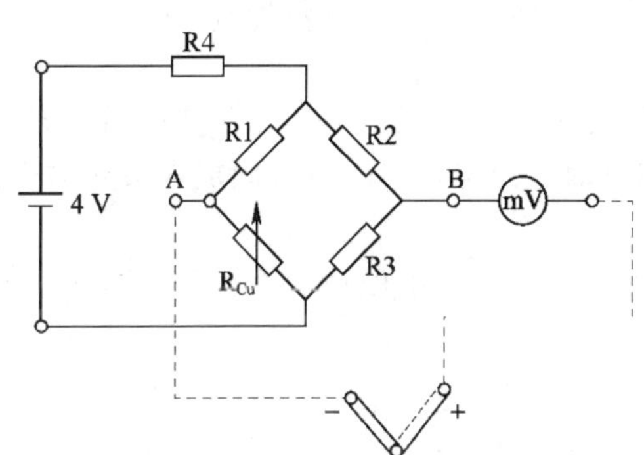

图 2-33　热电偶补偿电桥法

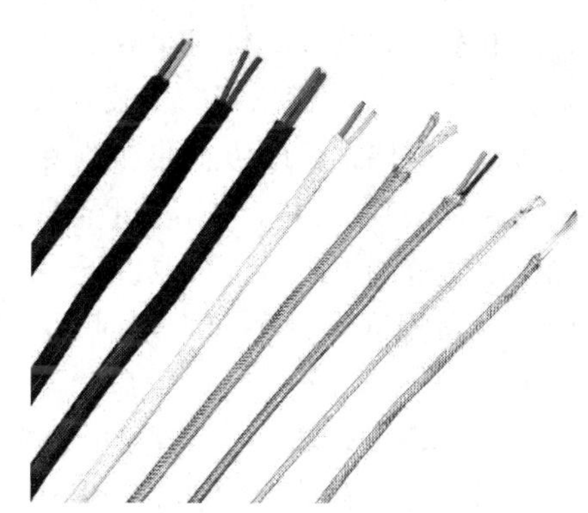

图 2-34　热电偶补偿导线

表 2-3　热电偶补偿导线列表

补偿导线型号	配用热电偶分度号	补偿导线材料		绝缘层颜色	
		正极	负极	正极	负极
SC	S（铂铑$_{10}$-铂）	SPC（铜）	SNC（铜镍）	红	绿
NC	N（镍铬硅-镍硅）	NPC（铁）	NNC（铜镍）	红	黄
KC	T（铜-康铜）	KPC（铜）	KNC（铜镍）	红	蓝
KX	K（镍铬-镍硅）	KPX（镍铬）	KNX（铜镍）	红	黑
EX	E（镍铬-镍铜）	EPX（镍铬）	ENX（铜镍）	红	棕
JX	J（铁-康铜）	JPX（铁）	JNX（铜镍）	红	紫

补偿导线（图 2-35 中 A′、B′）由两种不同的金属材料组成，是价格相对比较低廉的

金属导体，它们的自由电子密度比与所配热电偶的自由电子密度比相等。

使用补偿导线时必须注意以下事项。

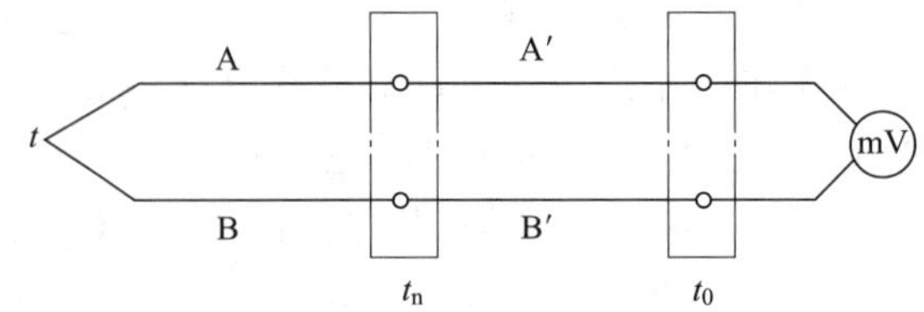

图 2-35　补偿导线测温电路

（1）补偿导线只能与相应型号的热电偶配用，不能互换。

（2）补偿导线与热电极连接时，应当正极接正极，负极接负极，极性不能接反，否则会造成更大的误差。

（3）补偿导线与热电偶连接的两个接点必须靠近，使其温度相同，否则会增加温度误差。

（4）补偿导线必须在规定的温度范围内使用。

使用补偿导线不仅可以延长热电偶的参考端，节省大量的贵金属，还可以通过选用直径粗、导电系数大的金属材料，减小导线单位长度的直流电阻，以减小测量误差。

4. 热电偶式温度传感器的安装方法

普通型热电偶式温度传感器和铠装热电偶式温度传感器的安装方法与热电阻式温度传感器的安装方法基本相同。当测量金属表面温度时，热电极可以直接固定在被测物表面。根据测量温度范围不同可以采取以下形式安装。

（1）测量温度为 200～300 ℃时，可用高温环氧胶将热电偶点固在金属壁表面，工艺比较简单。

（2）测量温度较高时，为了提高可靠性，常采用焊接的方法，将热电偶头部焊在金属壁表面。焊接方式有 V 形焊、平行焊和交叉焊，如图 2-36 所示。但需特别注意，此时热电偶的接点被接地，所以在检测电路中必须采用差动放大器。

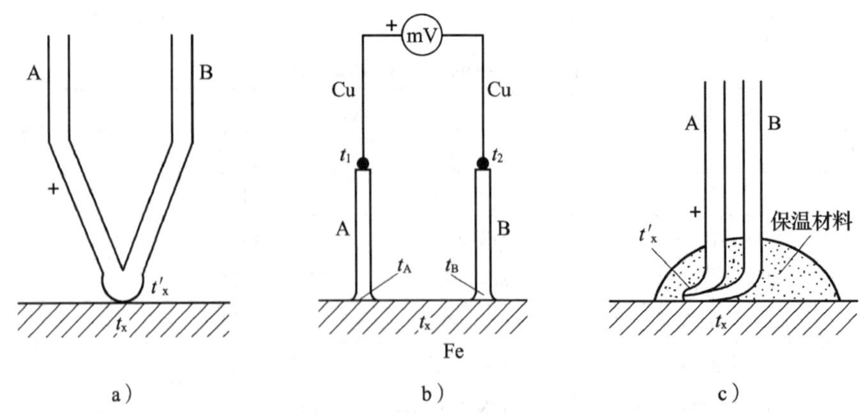

图 2-36　热电偶在金属壁表面的焊接、安装方法

a）V 形焊　b）平行焊　c）交叉焊

五、热电偶式温度传感器的常见故障及其处理方法

热电偶式温度传感器在校验期内，如果测量误差超出了允许误差范围，则说明发生了故障。热电偶式温度传感器的常见故障、故障原因和处理方法见表 2-4。

表 2-4 热电偶式温度传感器的常见故障、故障原因和处理方法

常见故障	可能的故障原因	处理方法
热电动势比实际值低	（1）热电极短路 （2）热电偶接线柱处短路 （3）补偿导线间短路 （4）热电极受损 （5）补偿导线与热电偶不匹配 （6）补偿导线与热电偶极性接反 （7）热电偶安装位置与插入深度不合理 （8）热电偶冷端补偿过度 （9）热电偶与显示仪表不匹配	（1）检查热电极的绝缘性能，若受潮，则烘干；若受污，则清除灰尘 （2）清洗接线柱 （3）加强绝缘，或更换补偿导线 （4）剪去少许热电极，重新焊接或更换热电偶 （5）更换补偿导线 （6）重新接线 （7）重新按规定安装 （8）重新调试冷端补偿 （9）更换显示仪表或热电偶
热电动势比实际值高	（1）热电偶与显示仪表不匹配 （2）补偿导线与热电偶不匹配	（1）更换显示仪表或热电偶 （2）更换补偿导线或热电偶
热电偶的输出误差大	（1）热电偶电极受损 （2）热电偶安装位置不当 （3）热电偶保护管受污	（1）更换热电偶 （2）改变安装位置 （3）清洗热电偶保护管
在首次使用时热电动势偏低或偏高	热电极焊接后，未进行热处理	高温老化或使用一段时间后可稳定

知识应用

轧钢温度监测传感器的选择

从轧钢炉温度测量范围、温度传感器的安装要求、高温的测量方法等方面考虑，确定选用热电偶式温度传感器进行温度测量，根据表 2-2 可以确定选用镍铬-镍硅（K 型）热电偶作为温度敏感元件。测温装置示意图如图 2-37 所示。

方案一：选择不加防护层的热电偶式温度传感器。这种传感器体积小，价格低，响应时间快，便于维修更换，但不耐腐蚀，使用寿命短。

方案二：选择铠装热电偶式温度传感器。这种传感器可以根据需要任意弯曲，便于测量炉内的各温度点，测量精度较高，使用寿命长，但价格较高。

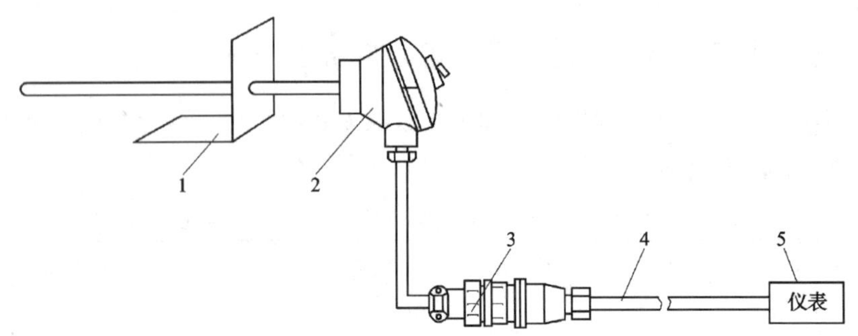

图 2-37　轧钢炉测温装置示意图

1—定位钢板　2—热电偶式温度传感器　3—接插件　4—补偿导线　5—测量显示仪表

课题四　红外温度传感器

学习目标

◇了解红外线测温的工作原理。

◇掌握常见红外探测器的类型、特点，了解其工作原理。

◇掌握红外温度传感器的特点、选用原则和使用注意事项，并能正确选用。

知识引入

如图 2-38 所示，电厂的锅炉炉膛区温度高达 1 300 ℃，是需要监测的关键参数。炉膛和后炉膛区的温度不仅可以直接反映其内部燃料的燃烧强度，燃烧过程中的效率优劣，

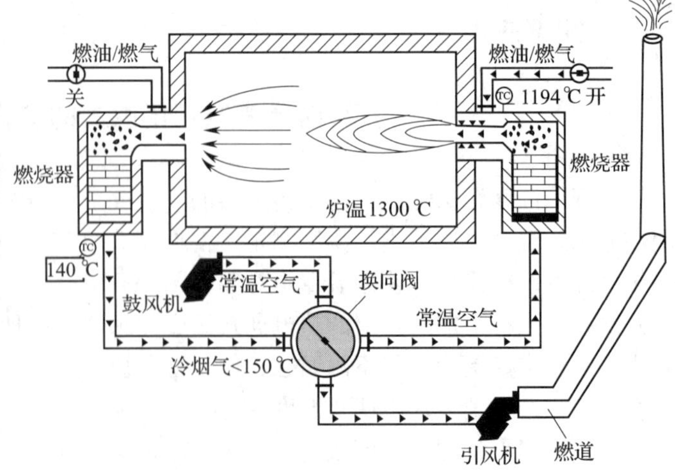

图 2-38　电厂锅炉炉膛温度测量

还能间接影响锅炉的受热面以及后续流程（如脱硝、灰分的控制等）的正常运行。多数电厂或锅炉的制造商采用红外光学高温计来测量大型锅炉炉膛断面的烟气温度，并借此实现锅炉全炉膛的火焰检测和炉膛灭火的保护功能。

知识讲解

任何物体只要温度超过绝对零度（-273 ℃）就能产生红外辐射，同可见光一样，这种辐射能够进行折射和反射，红外探测即是用仪器接收被测物发出或反射的红外线，从而掌握被测物状态的技术。这种技术以其独有的优越性，在军事和民用领域得到了广泛的应用，如多用于医学热诊断、工业设备监控、火控跟踪、目标侦察、安全监视、制导等场合。作为红外探测系统的核心器件，红外传感器（也称为红外探测器）的研究也成为了热点。

一、红外线测温的工作原理

自然界中任何高于绝对零度的物体都将产生红外辐射。红外辐射俗称红外线，是波长范围在 0.76~1 000 μm 内的不可见光。物体产生红外辐射能力的大小与其表面温度密切相关，物体的温度越高，辐射出来的红外线越多，红外辐射的能量就越强。通过对物体红外辐射能量的探测，便可准确地确定它的表面温度，红外温度传感器就是通过这一原理来检测温度的。红外测量是一种不接触、不停工、快速响应的测量方法，因此被越来越广泛地用于各领域，成为快速、安全检测的首选方法。红外温度传感器有便携式、固定式、红外热像仪等，常见红外温度传感器的外形如图 2-39 所示。

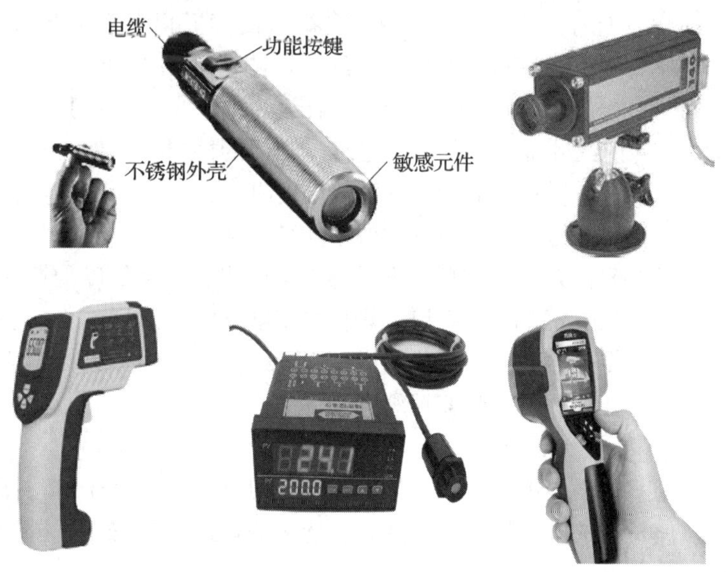

图 2-39　红外温度传感器

红外温度传感器一般由光学系统、红外探测器、信号调理电路及显示单元等组成。红外线检测的方法很多，有热电偶检测、光导纤维检测、量子器件检测等。

二、红外探测器

红外探测器是红外温度传感器的核心，是一种辐射能转换器，主要用于将接收到的红外辐射能转换为便于测量或观察的电能、热能等其他形式的能量。红外探测器的种类很多，按照探测原理的不同，分为热探测器和光子探测器两大类。

1. 热探测器

热探测器又通称为能量探测器，其原理是利用辐射的热效应，通过热电变换来探测辐射。入射到探测器光敏平面的辐射被吸收后，引起敏感元件的温度变化，进而使其相关的物理参数发生相应的变化，通过测量该变化即可确定探测器所吸收的红外辐射。热探测器的主要优点是响应波段宽，响应波段范围可扩展到整个红外线区域，可以在常温下工作，使用方便，因此应用相当广泛。利用不同物理效应可设计出不同类型的热探测器，其中常利用电阻温度效应（热敏电阻）、温差电效应（热电偶、热电堆）和热释电效应来设计热探测器。目前国内一般采用热释电型，其外形图如图 2－40 所示。

图 2-40　热释电型红外探测器

热释电型红外探测器是根据热释电效应制成的，热释电效应是指当电石、水晶等晶体受热产生温度变化时，其原子排列将发生变化，晶体自然极化，在其表面产生电荷的现象。根据此效应制成的“铁电体”表面的电荷量与其温度有关，当红外辐射照射到已经极化的“铁电体”薄片表面时，会引起薄片温度升高，使其极化强度降低，表面电荷减少，相当于释放了一部分电荷，因此叫作热释电型红外探测器。如果将负载电阻与“铁电体”薄片相连，则负载电阻上将产生电信号输出，输出信号的强弱取决于薄片温度变化的快慢，从而可以反映出入射红外辐射的强弱。这种探测器的性能主要取决于热释电材料的性能，对热释电材料的要求包括吸收能量后可以使温度迅速升高，而温度变化引起的自发极化变化大；吸收红外光的能力极强；介电常数小并且损耗小。

热探测器的时间常数较大。热探测器不适合用于快速、高灵敏度的探测。但热探测器的最大优点是光谱响应范围较宽且较平坦。热释电型红外线传感器的性能稳定，并且很容易改变中心波长。这种传感器适合于人体感应，因此，常用于根据人体感应实现的自动电灯开关、自动洗手龙头开关、防火防盗报警开关等。

2. 光子探测器

光子探测器利用某些半导体材料在红外辐射的照射下，入射光子流与探测材料相互作用产生光电效应，使材料的电学性质发生变化，通过测量该变化确定红外辐射的强弱，其外形图如图 2-41 所示。

光具有波粒二象性，既能像波一样传播，又能像粒子那样进行能量的传递。光照射在某一物体上，可以看作物体受到一连串具有能量的光子的轰击，被照射物体吸收了光子的能量会发生电效应。

图 2-41　光子探测器

光电效应是指当光照射到某些物质上时，使该物质的电效应发生变化的一种物理现象，可分为外光电效应、内光电效应和光生伏特效应三类。外光电效应是指在光线作用下物体内的电子逸出物体表面向外发射的物理现象，如光电管（当没有入射光时，光电管不产生光电流；当有光照射时，光电管产生光电流）、光电倍增管等。内光电效应是指被光激发所产生的载流子（自由电子或空穴）在物质内部运动，使物质的电导率发生变化的现象，基于内光电效应制成的电子元件有光敏电阻、光敏二极管、光敏三极管等。光生伏特效应是指在光线作用下，物质在一定方向会产生电动势，如光电池。

按照所依据原理的不同，光子探测器一般可分为内光电探测器和外光电探测器两种。内光电探测器又可分为光电导探测器、光电伏探测器和光磁电探测器，它们分别基于光电导效应、光生伏特效应和光磁电效应制备而成。光子探测器的工作机理是光子与探测器材料直接作用，产生内光电效应，入射光子流使探测器敏感元件的载流子（即自由电子或空穴）的数目产生变化，而变化大小正比于吸收的光子数。

光子探测器的探测率一般比热探测器要大 1~2 个数量级，其响应速度大，响应时间为微秒或纳秒级。光子探测器的光谱响应特性与热探测器完全不同，通常需要制冷至较低温度才能正常工作。

三、红外温度传感器的特点

红外温度传感器测温与接触测温相比，在性能特点和测温要求上都有显著的区别，见表 2-5。

表 2-5　红外温度传感器测温与接触测温性能对照表

红外温度传感器测温	接触测温
（1）非接触测温，对被测物体无影响 （2）检测物体表面温度 （3）响应速度快，可测瞬态温度和运动中的物体 （4）测温范围宽 （5）测温精度高，分辨率为 0.01 ℃或更小，但受外界因素影响较大 （6）可对小面积测温，可同时对点、线、面测温	（1）接触测温，对被测物体温度场有影响 （2）探头可以接触到的位置都可以测量 （3）响应速度慢，不适合测瞬态温度和运动中的物体 （4）测温范围不够宽 （5）测温精度较高，受外界因素影响较小 （6）不便于同时测量多个目标

与热电偶式、热电阻式等常规温度传感器相比，红外温度传感器具有测温范围宽、使

用寿命长、性能可靠、响应速度快和非接触性等诸多优点。另外，红外温度传感器还特别适合测量腐蚀性介质和运动物体的温度，而且不会破坏被测对象的温度场。近年来，随着微处理器和红外测温传感技术的迅速发展，红外温度传感器的性能得到不断提高，其适用范围已经覆盖到低、中、高温的不同区段。

四、红外温度传感器的选用原则

随着红外技术的不断发展，红外温度传感器的种类越来越多。选用红外温度传感器时主要从性能指标、使用环境和工作条件等方面加以考虑，其中性能指标包括测温范围、光学分辨率、工作波长、测量精度、响应时间等；使用环境和工作条件则包括环境温度、窗口、显示和输出、保护附件等；另外还要结合使用是否方便、维修和校准是否便捷以及价格等各方面因素进行综合比较。

1. 确定测温范围

测温范围是传感器最重要的一个性能指标，红外温度传感器的测温范围为 -40 ~ 3 000 ℃，每种型号的传感器都有自己特定的测温范围。确定被测温度范围时一定要考虑准确、周全，不要过窄，也不要过宽。

2. 确定光学分辨率

光学分辨率由传感器到目标之间的距离 D 与测量光敏元件直径 S 之比确定。如果传感器由于环境条件限制必须安装在远离目标之处，而测量目标又较小，就应选择光学分辨率高的传感器。光学分辨率越高，D 与 S 比值越大，温度传感器的成本也就越高。

3. 确定响应时间

响应时间表示红外温度传感器对被测温度变化的反应速度，即为到达最后读数的 95% 所需要的时间。响应时间的大小与光电探测器、信号处理电路及显示系统的时间常数有关。新型红外温度传感器响应时间可达 1 ms，这要比接触式测温方法快得多。如果测量运动速度很快或快速加热的目标，应选用快速响应红外温度传感器，否则会降低测量精度。当然，并不是所有应用都要求使用快速响应的红外温度传感器，对于静止的检测目标或当目标加热过程存在热惯性时，可以放宽对传感器响应时间的要求。因此，红外温度传感器响应时间的选择要和被测目标的情况相适应。

4. 环境条件

红外温度传感器所处的环境条件对测量结果有很大影响，应加以考虑，否则会影响测温精度甚至引起传感器的损坏。当环境温度过高，或存在灰尘、烟雾和蒸汽时，可选用厂商提供的保护套，水冷却、空气冷却系统，空气吹扫器等附件。这些附件可有效地降低环境的影响并保护传感器，实现准确测温。在选用附件时，应尽可能要求标准化配件，以降低安装成本。

五、红外温度传感器的使用注意事项

1. 红外温度传感器在使用时，需要在其表面安装滤光片

为了防止可见光对热释电元件的干扰，必须在其表面安装一块红外滤光片。滤光片是

在硅基板上镀多层滤光膜制成的，滤光片带通范围应选取位于 7.5~14 μm 波段的，因为人体体表温度为 36 ℃时，辐射的红外线在 9.4 μm 处最强。光子探测器在进行红外摄影时同样要加装红外滤镜。

2. 注意安装要求

应根据测量要求确定安装高度，探测器的安装高度会直接影响探测器的灵敏度；安装时要避免强光的干扰，以免影响测量精度；不宜正对冷热通风口或冷热源，冷热通风口和冷热源均有可能干扰探测器。

3. 对信号处理电路的要求

随着人体运动速度的不同，传感器输出信号的频率也是不同的。在正常行走速度下，其频率约为 6 Hz，当人体快速奔跑经过传感器时，频率则可能高达 20 Hz，再考虑到日光灯的脉动频闪（人眼不易觉察）为 100 Hz，所以信号处理电路中的放大器带宽不应太大，应为 0.1~20 Hz。放大器的带宽对传感器的灵敏度和可靠性有重要影响。带宽小，则干扰小，误判率低；带宽大，噪声电压大，可能引起误报警，但对快速和极慢速移动的响应好。

知识应用

锅炉温度监测传感器的选择

从电厂的安全控制和生产效率角度来看，锅炉炉膛区的温度十分重要，是需要监测的关键参数。锅炉炉膛区温度高达 1 300 ℃，因为该测量温度较高，可以选用红外温度传感器进行非接触测量。红外线通过光学成像系统聚焦到探测元件上进行光电转换，输出信号经放大与数字化后，交由指示器进行显示或交由其他设备据此进行温度控制，如图 2-42 所示。

根据温度测量范围及安装形式，选择型号为 HS-S11 的红外温度传感器，其外形如图 2-43所示，厂家提供的技术参数表见表 2-6。

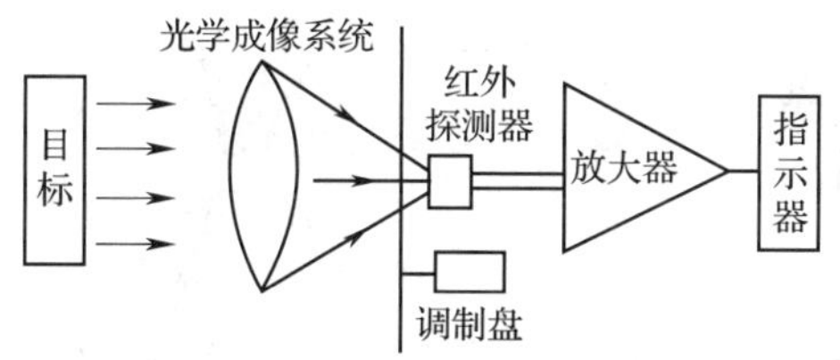

图 2-42 红外温度传感器测温过程

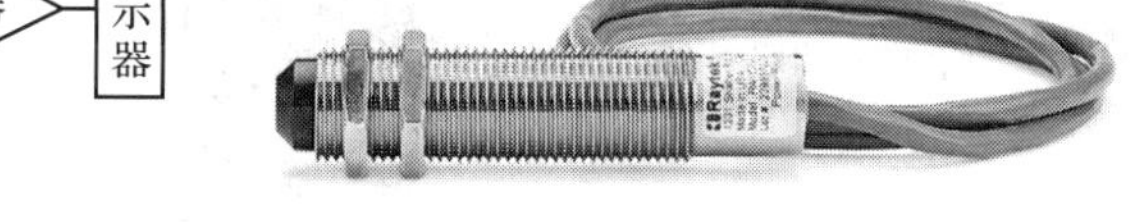

图 2-43 HS-S11 型红外温度传感器

表 2-6 HS-S11 型红外温度传感器技术参数表

型号	HS-S11
测量范围	0~1 300 ℃
精度	±1%或±1.5 ℃
响应波长	8~14 μm
距离系数	15 : 1

续表

响应时间	150 ms
输出	0~5 V
探头尺寸	ϕ20 mm×90 mm
工作温度	0~50 ℃

红外温度传感器广泛应用于锅炉、钢铁生产过程中，可对生产过程中的温度进行监测，这对于提高生产率和产品质量至关重要。生产过程中的温度是否在工艺所要求的范围之内；加热炉温度是否太低或太高；锅炉炉膛区温度是否需要调整，或者要冷却到何种程度，红外温度传感器都可以精确地监测到。

知识链接

温度传感器的分类和选用原则

一、温度传感器的分类

温度传感器多种多样（表2-7），分类方法也很多。按用途可分为标准温度传感器和工业温度传感器；按测量方法可分为接触式温度传感器和非接触式温度传感器；按工作原理可分为膨胀式、电阻式、热电式、辐射式温度传感器等；按输出方式可分为自发电型温度传感器和非电测型温度传感器。总之，测量温度的方法很多，迄今为止，人们仍在不断研发性能更出色的温度传感器。

表 2-7　温度传感器的分类

测温方式	物理效应	温度传感器种类			
非接触式	光辐射 热辐射	光学高温计		红外温度传感器	
接触式	体积热膨胀	气体温度传感器		压力式温度传感器	

续表

测温方式	物理效应	温度传感器种类	
接触式	体积热膨胀	双金属温度传感器	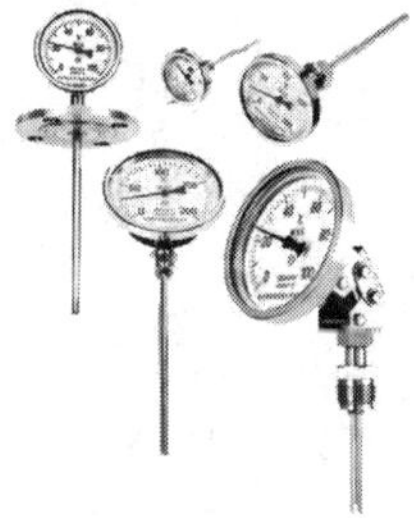 普通玻璃温度传感器 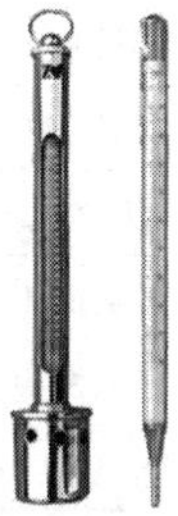
	电阻变化	铂电阻式温度传感器	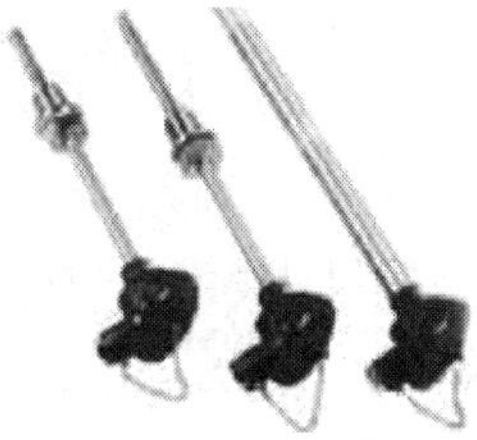 铜电阻式温度传感器 
	热电效应	铠装热电偶式温度传感器	 普通型热电偶式温度传感器 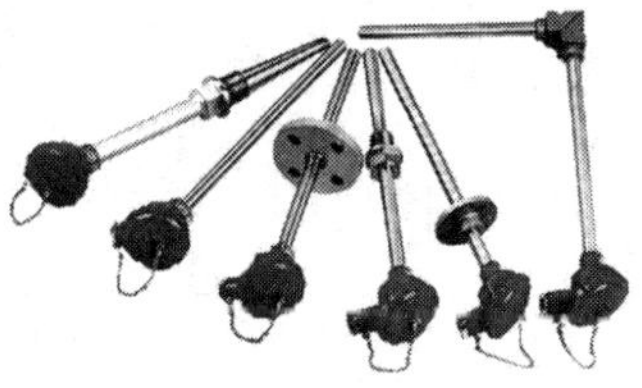
	PN结结电压	半导体集成电路温度传感器	

温度传感器的种类很多，每一种传感器都有自己的特点、测温范围及适用场所。在组建温度测量系统时，可以根据测量范围、被测对象、测量精度及传感器的结构、功能、价格等，选择相应的温度传感器进行温度检测。工业中常用的温度传感器见表2-8，表中列出了各种温度传感器的工作原理、测温范围、精度和特点。

表 2-8 工业中常用的温度传感器

<table>
<tr><th>工作原理</th><th colspan="2">温度传感器种类</th><th>常用测温范围/℃</th><th>精度等级</th><th>分度值/℃</th><th>优点</th><th>缺点</th></tr>
<tr><td rowspan="6">光辐射
热辐射</td><td rowspan="3">辐射式</td><td>一般辐射式</td><td>800～3 500</td><td>1.5</td><td>5～20</td><td rowspan="3">测温时，不破坏被测温度场，适合超高温度的测量</td><td rowspan="3">低温段测量不准，环境条件会影响测温准确度，价格高</td></tr>
<tr><td>光学式</td><td>700～3 200</td><td>1～1.5</td><td>5～20</td></tr>
<tr><td>比色式</td><td>900～1 700</td><td>1～1.5</td><td>5～20</td></tr>
<tr><td rowspan="3">红外线</td><td>热敏探测</td><td>-50～3 200</td><td>1～1.5</td><td>1～20</td><td rowspan="3">测温时，不破坏被测温度场，响应快，测温范围大，适于测温度分布</td><td rowspan="3">易受外界干扰，标定困难，价格高</td></tr>
<tr><td>光电探测</td><td>0～3 500</td><td>1～1.5</td><td>1～20</td></tr>
<tr><td>热电探测</td><td>200～2 000</td><td>1～1.5</td><td>1～20</td></tr>
<tr><td rowspan="2">体积热
膨胀</td><td rowspan="2">膨胀式</td><td>玻璃水银</td><td>-50～350</td><td>0.5～2.5</td><td>0.1～10</td><td>不需要外接电源，结构简单，使用方便，测量准确，价格低廉，耐用，适合低温测量</td><td>测温范围小，精度低，玻璃易碎，有汞污染，不能记录和远传</td></tr>
<tr><td>双金属</td><td>-80～600</td><td>1，1.5，2.5</td><td>0.5～20</td><td>不需要外接电源，结构紧凑，牢固可靠，耐用，适合低温开关信号的测量</td><td>精度低，量程和使用范围有限</td></tr>
<tr><td rowspan="3">电阻
变化</td><td rowspan="3">热电阻</td><td>铂电阻</td><td>-200～500</td><td>0.1～1</td><td>1～10</td><td rowspan="2">测温精度高，便于远距离、多点、集中测量和自动控制。铂电阻一致性好，适合中温测量</td><td rowspan="2">需要接入桥路才能得到电压输出，需注意环境温度的影响。铜电阻测温范围小</td></tr>
<tr><td>铜电阻</td><td>-50～150</td><td>0.3～1.5</td><td>1～10</td></tr>
<tr><td>热敏电阻</td><td>-50～300</td><td>0.5～3</td><td>1～10</td><td>体积小，价格低，适合批量生产，适用于小温度范围或固定点温度测量</td><td>精度低，温度性能分散性大，温度线性范围小</td></tr>
<tr><td rowspan="4">热电
效应</td><td rowspan="4">热电偶</td><td>铂铑-铂</td><td>0～1 600</td><td>0.2～0.5</td><td>5～20</td><td rowspan="4">自发电型，标准化程度高，品种多，测温范围大，便于远距离、多点、集中测量和自动控制，适合高温测量</td><td rowspan="4">需冷端温度补偿，在低温段测量精度较低。需将热电偶延长时，必须使用相配的补偿导线</td></tr>
<tr><td>镍铬-镍硅</td><td>0～1 000</td><td>0.5～1</td><td>5～20</td></tr>
<tr><td>镍铬-考铜</td><td>0～600</td><td>0.5～1</td><td>5～20</td></tr>
<tr><td>钨铼</td><td>1 000～2 100</td><td>0.5～1</td><td>5～20</td></tr>
<tr><td>PN 结
结电压</td><td colspan="2">二极管、三极管的PN 结</td><td>-50～150</td><td>0.5～1</td><td>1～10</td><td>体积小，线性好，灵敏度高，时间常数小（0.2～2 s），适用于温度补偿</td><td>测温范围小，互换性差</td></tr>
<tr><td rowspan="2">温度-
颜色</td><td colspan="2">示温涂料</td><td>-50～1 300</td><td rowspan="2">0.5～1</td><td rowspan="2">5～20</td><td rowspan="2">适用于一般温度传感器无法或难以测量的场合，如连续运转的部件、复杂异形面物体、非等温表面物体等的温度测量</td><td rowspan="2">易失效，分辨率低</td></tr>
<tr><td colspan="2">液晶</td><td>0～100</td></tr>
</table>

通常来说接触式温度传感器比较简单、可靠，测量精度较高，但因测温元件与被测介质需要进行充分的热交换，需要一定的时间才能达到热平衡，所以存在测温的延迟现象；同时受耐高温材料的限制，不能应用于很高温度的测量。非接触式温度传感器是通过热辐

射原理来测量温度的，测温元件不需要与被测介质接触，测温范围广，不受测温上限的限制，也不会破坏被测对象的温度场，反应速度一般也比较快，但受到物体的辐射率、测量距离、烟尘和水汽等外界环境因素的影响，测量误差较大。

二、温度传感器的选用原则

在进行测量工作时首先要解决的问题是如何根据具体的测量目标以及测量环境合理地选用温度传感器。系统测量精度的高低，在很大程度上取决于传感器的选用是否合理。选用温度传感器比选择其他类型传感器所需考虑的问题要多一些，大多数情况下，应主要考虑以下几个方面。

1. 被测对象的温度是否需记录、报警和自动控制，是否需要远距离测量和传送

要根据被测对象及其所要求的测量功能来选定传感器的类型。因为测量系统的功用不同，要求传感器提供的信号也不同，如温度报警仪要求传感器在设定温度点具有较高灵敏度，温度测量则要求传感器输出信号在测量范围内线性变化，这样两者选择使用的温度敏感元件将完全不同。因此，需要根据被测对象的特点和传感器的功能，初步确定采用何种原理的温度传感器。

2. 测温范围的大小和精度要求

选择温度传感器的重要依据是温度测量范围和测量精度。不同的测温敏感元件敏感的温度范围不同，合理选择温度敏感元件，可以提高传感器的灵敏度，使测量系统获得较高的信噪比，提高测量精度，使测量示值稳定、可靠。一般情况下，为提高传感器的测量精度，便于信号处理，在测量范围相同的情况下，应尽量选择灵敏度较高的测温敏感元件。

3. 测量环境对传感器结构、大小和安装条件是否有要求及限制

为了确保合理的测量精度，必须在规定的测量时间内使温度敏感元件达到所测介质或被测表面的温度，而且要与环境中的各种热源隔离，因此，必须利用温度传感器适当的结构设计与安装，使被测介质对敏感元件的热传导达到最佳状态。在选择温度传感器时，要根据温度传感器的安装位置及安装环境来确定温度传感器的类型与结构。例如，铠装热电偶式温度传感器（图 2-31），它的测温端可以随意弯曲而不会损坏内部温度敏感元件，特别适宜安装在管道之间狭窄、弯曲的环境和要求响应迅速的测温场合；而在空调出风口的温度传感器就可以选择体积特别小的热敏电阻作为测温敏感元件。

4. 在被测对象温度随时间变化较大的场合，温度传感器的动态响应时间能否适应测量要求

动态响应时间是选择温度传感器的另一个基本依据。当要监测某一环境温度的瞬间变化时，时间常数就成为选择温度传感器的决定因素。一般情况下，珠状热敏电阻和铠装露头型热电偶的时间常数相当小，而浸入式探头，特别是带有保护套的测温敏感元件，时间常数则比较大。

5. 被测对象的环境条件对测量元件是否有损害

在某些生产现场常伴有各种易燃、易爆等化学气体、蒸气，在这种恶劣的使用环境

下，或被测介质对测温敏感元件有腐蚀作用时，应考虑温度传感器的防爆性和耐腐蚀性。铠装式温度传感器外保护管一般采用不锈钢，内部则充满高密度氧化物质绝缘体，具有很强的抗污染性和优良的力学强度，适合安装在与不锈钢兼容的恶劣环境中。

6. 价格如何，使用是否方便

价格因素是选择温度传感器的一个重要依据，特别是在批量生产中，价格因素至关重要。一般情况下，温度传感器的精度越高，价格就越昂贵，考虑到测量目的，应从实际出发来选择温度传感器的类型，做到够用即可。

总之，在选用温度传感器时应尽可能兼顾结构简单、体积小、质量轻、价格便宜、易于维修、易于更换等条件。

模块三　力的测量

在工业自动化测量中，力的测量包括“力”和“压力”。这里的“力”是指物体所受的拉力、推力、重力等。测量中所称的压力就是物理中的压强，是指垂直均匀地作用于单位面积上的力。力和压力是自动化生产过程中的重要工艺参数。

课题一　电阻应变式力传感器

学习目标

◇了解力传感器的分类和功能特点。
◇了解电阻应变式力传感器的工作原理。
◇掌握电阻应变式力传感器的使用方法，熟悉其应用。
◇熟悉电阻应变式力传感器测量电路的常见形式。
◇掌握应变片的粘贴方法。

知识引入

在港口码头、造船厂、矿山及建筑安装工地，广泛使用着各种各样的起重机械，如固定式起重机、可移动旋转起重机、臂架式起重机、汽车起重机等都是常见的起重设备。为了提高生产效率，需要充分发挥起重设备的能力，最大限度地吊运货物，同时又要防止超载，因此需要严格监控吊运货物的质量。

一般可以在起重机钢丝绳上或吊钩上安装测力传感器（其外形如图 3-1 所示，其结构如图 3-2 所示）来检测钢丝绳的受力情况，测量起吊质量，以便及时进行超载报警，防止事故的发生。

图 3-1　钢丝绳测力传感器外形

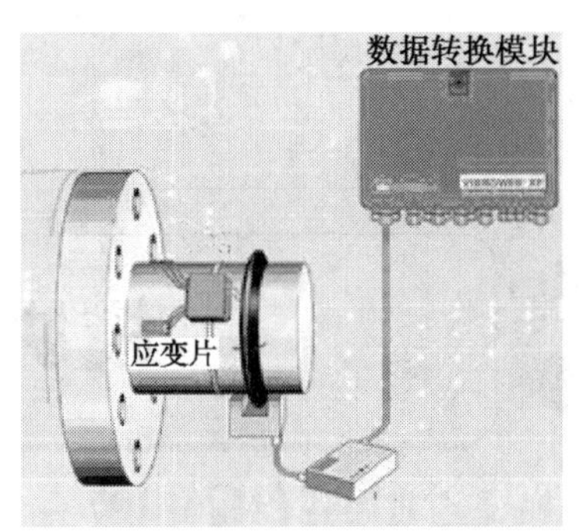

图 3-2　钢丝绳测力传感器结构示意图

知识讲解

一、力传感器的基本知识

力传感器根据制造原理不同可分为电阻应变式、电容式、振弦式、压电式等。在测量静态力（力的大小与方向不随时间变化而变化或随时间缓慢变化）时，最常用的是电阻应变式力传感器。本课题重点学习电阻应变式力传感器。

电阻应变式力传感器的核心是电阻应变片，如图 3-3 所示，为了测量金属棒在工作过程中所承受的力，通常将电阻应变片贴在金属棒上。电阻应变式力传感器的工作过程如图 3-4 所示，金属棒受到外力后，产生应变，并传递给电阻应变片，电阻应变片检测到应变后产生阻值变化，经测量电路转换成与外力成正比的电信号，并交由显示仪表进行显示，实现力的测量。

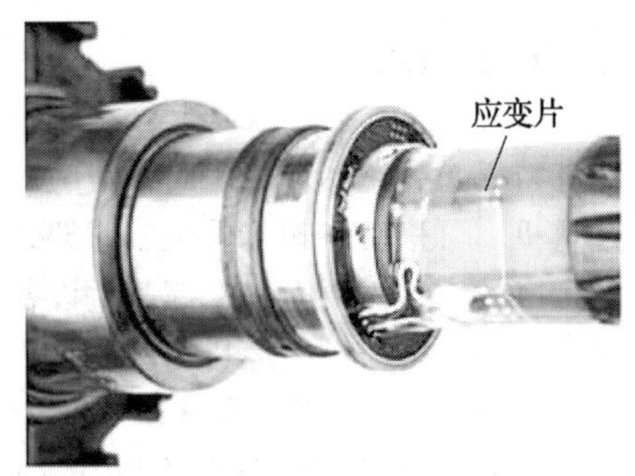

图 3-3　电阻应变片的外形

图 3-4　电阻应变式力传感器的工作过程

电阻应变式力传感器在测量完成后，不会对被测物体造成任何影响，拆除也很容易，因此，在汽车、建筑、桥梁工程、航天等各种领域中都有着广泛的应用。

电阻应变式力传感器最突出的优点是结构简单，价格便宜。与其他类型的力传感器相比，电阻应变式力传感器具有测量范围宽、输出线性好、性能稳定、工作可靠并能在恶劣环境条件下工作的特点。

电阻应变式力传感器还可用于压力、加速度等力学量的测量，这一特点使其广泛应用于化工、冶金、机械、交通及国防等多个领域。

二、电阻应变式力传感器的工作原理

导体或半导体材料在外力作用下伸长或缩短时，它的阻值会相应地发生变化，这一物理现象称为电阻应变效应。将应变片贴在被测物体上，应变片里面的材料就随着被测物体所受的外力产生应变（伸长或缩短），其阻值也会相应地变化，应变片就是利用该效应，通过测量电阻的变化测量使物体产生应变的力。

电阻应变片分为金属电阻应变片和半导体应变片两大类。在力传感器中大多使用的是金属电阻应变片，其结构如图 3-5 所示。将电阻丝排成栅网状，粘贴在厚度为 15~16 μm 的绝缘基底上，电阻丝两端焊接引出线，最后用覆盖层进行保护，即成为应变片。使用时只要将应变片贴于被测物体上就可构成电阻应变式力传感器。

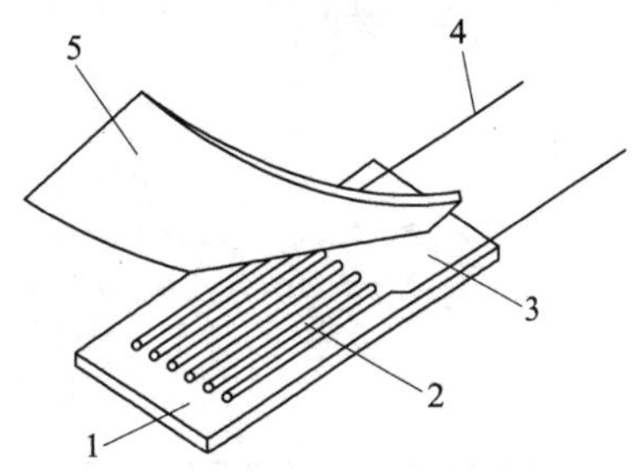

图 3-5　金属电阻应变片结构示意图
1—绝缘基底　2—电阻丝　3—粘贴胶
4—引出线　5—覆盖层

一般金属电阻应变片的阻值变化率为常数，即应变片的阻值变化与应变成正比例关系，其表达式为：

$$\frac{\Delta R}{R} = K\varepsilon$$

式中　R——应变片原阻值，Ω；

ΔR——伸长或压缩所引起的阻值变化，Ω；

K——比例常数（应变片常数）；

ε——应变，即单位长度内的形变，应变分为拉伸和压缩两种，可用正、负号加以区别，拉伸为正（+），压缩为负（-）。

不同的金属材料有不同的比例常数 K，如铜铬合金的 K 值约为 2。应变的测量通过应变片转换为对阻值变化量的测量。由于应变是相当微小的变化，所以产生的阻值变化也是极其微小的。金属电阻应变片按结构形式的不同可分为丝式、箔式和薄膜式三种，其特点及适用环境见表 3-1。

表 3-1　各种金属电阻应变片的特点及适用环境

种类	外形	结构	特点	适用环境
丝式		将金属丝按一定形状弯曲后用黏合剂贴在基底上，再用覆盖层保护，形成应变片	丝式应变片结构简单，价格低，强度高，阻值较小，一般为 120~360 Ω，允许通过的电流较小，测量精度较低	适用于测量要求不高的场合
箔式		将厚度为 0.003~0.01 mm 的箔材通过光刻、腐蚀等工艺制成敏感栅，形成应变片	箔式应变片与丝式应变片相比，面积大，散热性好，允许通过较大的电流。而且由于它的厚度薄，因此具有较好的可绕性，其灵敏度系数较高	箔式应变片可以根据需要制成任意形状，适合批量生产
薄膜式		采用真空蒸镀或溅射式阴极扩散的方法，在薄的绝缘基底材料上制成一层金属薄膜，通过光刻、腐蚀等工艺，形成应变片	薄膜式应变片具有较大的灵敏度系数，阻值较大，一般为 1~1.8 kΩ，允许通过的电流较大，工作温度范围较广，测量精度高	薄膜式应变片的电阻丝长度较长，应变电阻阻值较大，适合批量生产

三、电阻应变式力传感器的使用方法

根据测量环境、测量对象不同，电阻应变片也有多种形式，如图 3-6 所示，可依据不同使用情况选择不同类型的应变片。

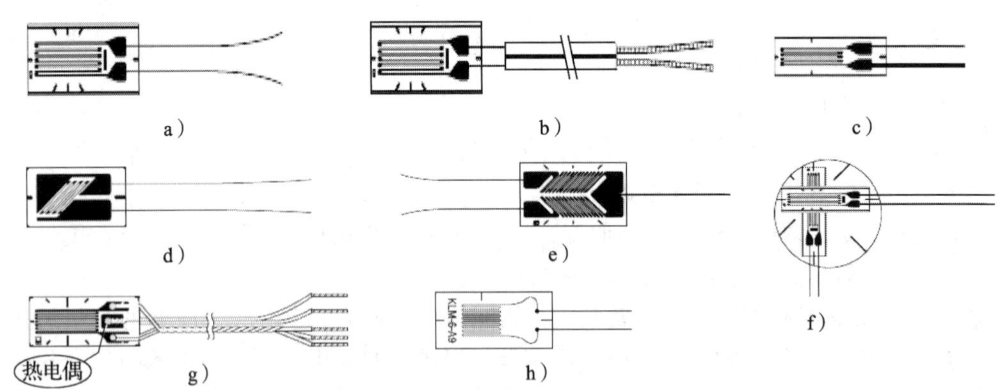

图 3-6　各种类型的应变片

a）单轴应变片　b）单轴、带双线导线应变片　c）单轴、细线用应变片

d）单轴、剪切应力用应变片　e）双轴、扭矩用应变片　f）双轴 0°/90°应变片

g）带温度传感器的应变片　h）测量塑料用应变片

电阻应变式力传感器的使用方法有两种。第一种是将应变片直接粘贴在被测构件上，用来测定构件的应变或应力。例如，为了测量或验证机械、桥梁、建筑中某些构件在工作状态下的应力、变形等情况，将形状不同的应变片粘贴在构件的预测部位，测得构件的拉、压应力，扭矩或弯矩等，为结构设计、应力校核或构件破坏的预测等提供可靠的实验数据。第二种是将应变片贴于弹性元件上，与弹性元件一起构成应变式力传感器，在这种情况下，弹性元件将被测物理量转换为与其成正比变化的应变，再通过应变片转换为阻值变化输出。这种传感器可以用来测量力、位移、加速度等物理参数。

四、电阻应变式力传感器的测量电路

电阻应变式力传感器应变电阻阻值的变化是极其微弱的，阻值相对变化率仅为0.2%左右。要精确地测量这么微小的阻值变化是非常困难的，一般的电阻测量仪表无法满足要求。通常采用惠斯通电桥电路进行测量，将阻值的相对变化 $\Delta R/R$ 转换为电压或电流的变化，再用测量仪表或电阻应变式力传感器专用测量电路便可以方便地进行测量。

惠斯通电桥电路如图3-7所示。R1、R2、R3、R4为四个桥臂的电阻，电桥的供电电压为 U，电桥的输出电压为 U_0。在被测物体未施加作用力时，应变为零，应变电阻阻值没有变化，四个桥臂的初始电阻阻值满足 $R_1/R_2=R_3/R_4$，桥路输出电压 U_0 为零，即桥路平衡。

如果电桥电压 U 保持不变，电桥的输出电压 U_0 可以用下式近似表示：

$$U_0 \approx \frac{R_1 R_2}{(R_1+R_2)^2}\left(\frac{\Delta R_1}{R_1}-\frac{\Delta R_2}{R_2}-\frac{\Delta R_3}{R_3}+\frac{\Delta R_4}{R_4}\right)U$$

如果四个桥臂的初始电阻阻值满足 $R_1=R_2=R_3=R_4$，则上式可转化为：

$$U_0 \approx \frac{U}{4}\left(\frac{\Delta R_1}{R_1}-\frac{\Delta R_2}{R_2}-\frac{\Delta R_3}{R_3}+\frac{\Delta R_4}{R_4}\right)$$

即
$$U_0 \approx \frac{U}{4}K(\varepsilon_1-\varepsilon_2-\varepsilon_3+\varepsilon_4)$$

式中　ε——应变；

K——比例常数（应变片常数），不同的金属材料有不同的比例常数。

在测量电路中，应变片接入电桥可以有以下几种形式。

1. 单臂半桥电桥电路

如图3-8所示，R1为应变片，其余各桥臂电阻为固定电阻，称为单臂半桥电桥电路，其输出为：

$$U_0 \approx \frac{U\Delta R_1}{4R_1}=\frac{U}{4}K\varepsilon$$

上式中除了 ε 均为已知量，则测出电桥的输出电压就可以计算出应变的大小，进而推算出力的大小：

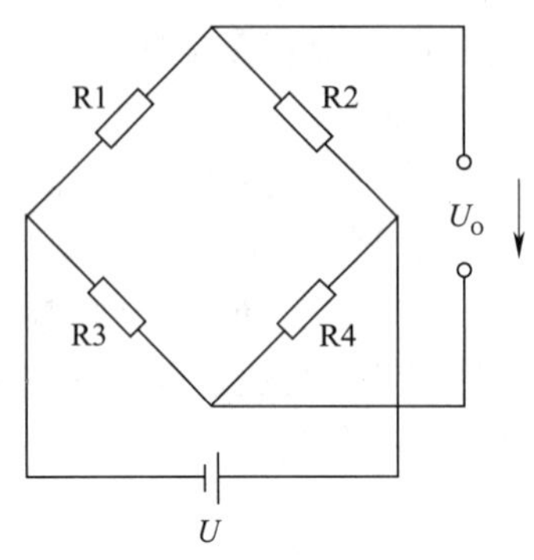

图 3-7　惠斯通电桥电路

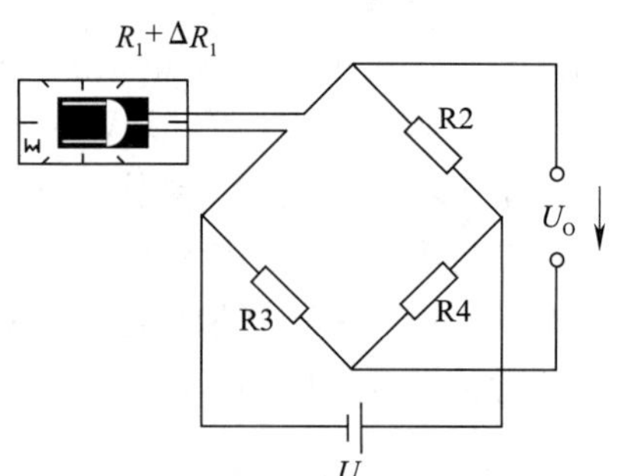

图 3-8　单臂半桥电桥电路

$$\sigma = E\varepsilon$$

式中　σ——应力，N；

E——弹性系数或杨氏模量，不同的材料有各自固定的杨氏模量。

2. 双臂半桥电桥电路

如图 3-9 所示，在电桥中接入了两片应变片，其余桥臂为固定电阻，称为双臂半桥电桥电路。这种电路可以有两种接入方式。

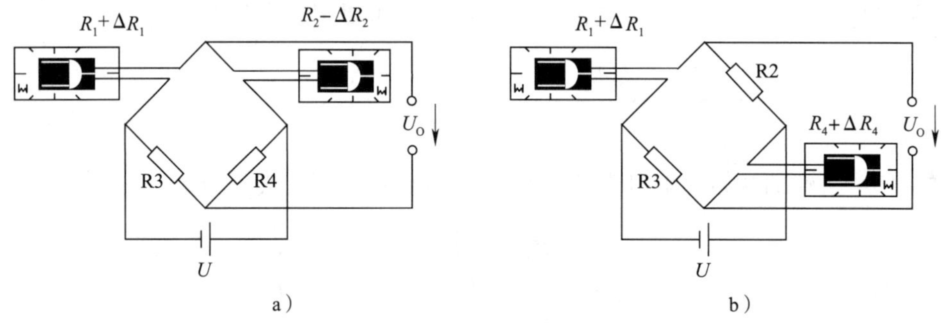

图 3-9　双臂半桥电桥电路

a）接入方式一　b）接入方式二

当接入方式如图 3-9a 所示时，其输出为：

$$U_O \approx \frac{U}{4}\left(\frac{\Delta R_1}{R_1} - \frac{\Delta R_2}{R_2}\right) = \frac{U}{4}K(\varepsilon_1 - \varepsilon_2)$$

当接入方式如图 3-9b 所示时，其输出为：

$$U_O \approx \frac{U}{4}\left(\frac{\Delta R_1}{R_1} + \frac{\Delta R_4}{R_4}\right) = \frac{U}{4}K(\varepsilon_1 + \varepsilon_4)$$

也就是说，当接入两片应变片时，根据接入方式的不同，两片应变片上产生的应变或加或减。

例如，有一圆柱形拉力传感器，如图 3-10 所示。R1、R2、R3、R4 为四片完全相同的应变片，阻值均为 R，其中 R1、R4 竖粘，为轴向贴片，感应正应变；R2、R3 横粘，为径向贴片，感应负应变。如果用 R1、R2 组成双臂半桥电桥电路，应按图 3-9a 所示进行连接，其输出为两应变相减，但 R2 为负应变，则输出为：

$$U_O \approx \frac{U\Delta R}{2R} = \frac{U}{2}K\varepsilon$$

如此可获得较大灵敏度，便于测量。如果用 R1、R4 组成双臂半桥电路，应按图 3-9b 所示进行连接，其输出为两应变相加，也可获得较大灵敏度。

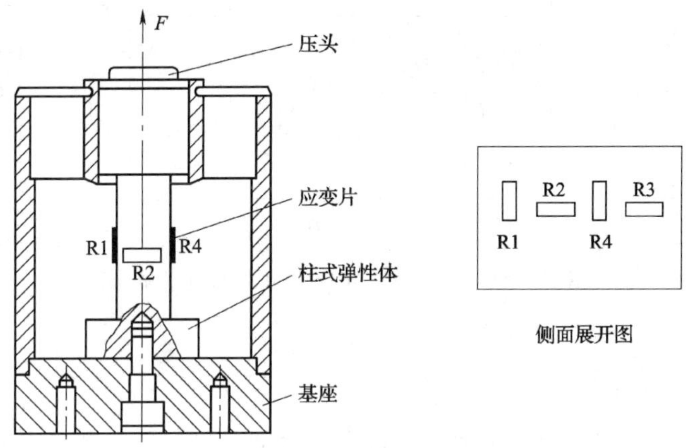

图 3-10 圆柱形拉力传感器

在实际工程中更多采用图 3-9a 所示的连接方式，其输出为相邻两桥臂应变相减，R1 为正应变，R2 为负应变，在灵敏度提高的同时，可以将应变片的温度误差和非线性误差相互抵消，提高测量精度。

3. 全桥电桥电路

电桥的四臂全部接入应变片称为全桥电桥电路，如图 3-11 所示。若四片应变片完全相同，R1、R4 感应正应变，R2、R3 感应负应变，则其输出为：

$$U_O \approx U\frac{\Delta R}{R} = UK\varepsilon$$

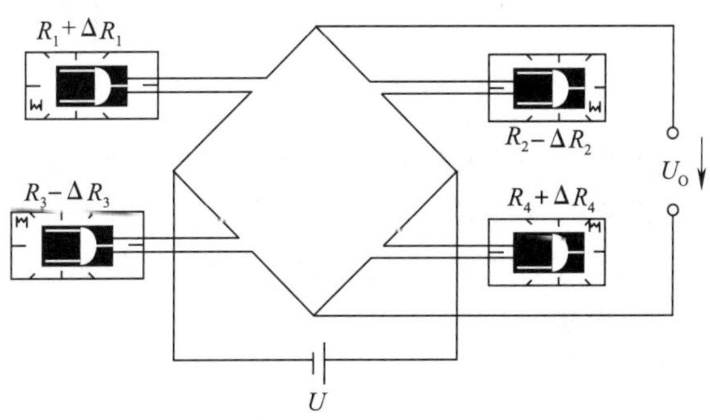

图 3-11 全桥电桥电路

这种情况下，应变所产生的输出电压是单臂电桥应变片所产生电压的 4 倍，灵敏度最高。此时应变片的温度误差和非线性误差相互抵消，测量精度较高。

将应变片接成全桥电桥电路时，要特别注意，相邻桥臂的应变片所感受的应变必须相反，否则上式不成立。应变式力传感器典型测量电路如图 3-12 所示。

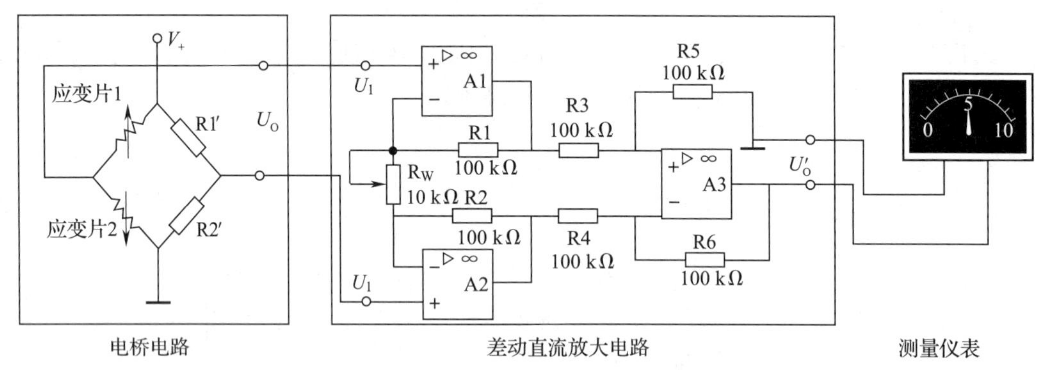

图 3-12　应变式力传感器典型测量电路

五、应变片的粘贴

应变片的粘贴是应变式力传感器测量技术的关键环节之一，将直接影响胶的粘接质量及测量精度。如果贴片方法不得当，技术不熟练，即使使用最好的应变片也无法获得很高的精度。在粘贴应变片时，必须严格遵循应变片的粘贴工艺，按照步骤逐步完成粘贴，如图 3-13 所示。

电阻应变片安装必备工具及材料包括用于应变片表面处理的清洁剂、应变片粘贴剂（胶）、保护应变片的涂层材料（胶）、电阻丝或应变片引出线、接线端子、电缆及附件、焊锡、助焊剂和焊机，以及必要的安装工具。

1. 应变片的选择与检查

应变片的种类较多，首先要根据被测物体及环境选择应变片。其次要对采用的应变片进行外观检查，观察应变片的敏感栅是否整齐、均匀，是否有锈斑以及短路和折弯等现象。最后测量应变片的阻值，在采用全桥或半桥时，应配对选用，以便于电桥的平衡调试。

2. 试件的表面处理

为了获得良好的黏合强度，必须对试件表面进行处理，清除试件表面杂质、油污、油漆、锈迹及疏松层等。一般可采用砂纸打磨的处理方法，较好的处理方法是采用无油喷砂法，这样不但能得到比抛光更大的表面积，而且可以使试件粘贴处的质量均匀。试件的表面处理范围要大于应变片的面积。

3. 做粘贴标记

在需要测量应变的位置沿着应变的方向做好记号。可以使用 4H 以上的硬质铅笔或划线器进行标注。但要特别注意，无论使用什么方法，都不要留下深的刻痕。

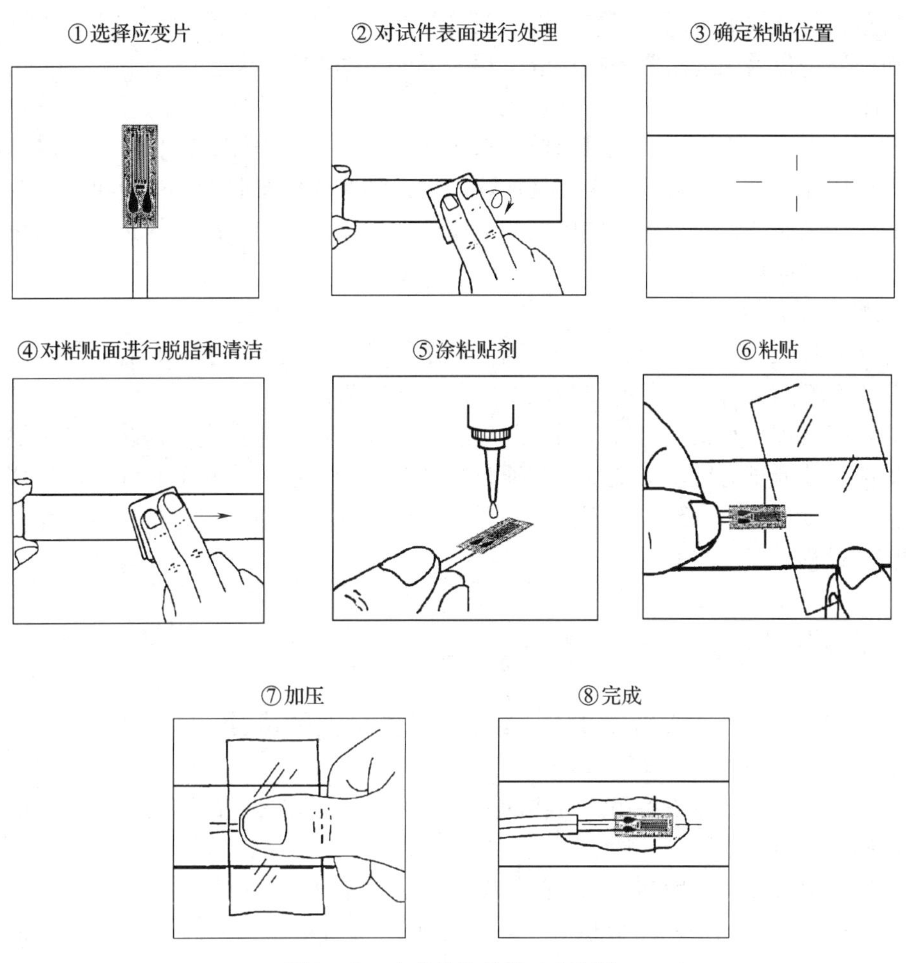

图 3-13 应变片的粘贴工艺步骤

4. 底层处理

为了表面的彻底清洁，可用化学清洗剂如氯化碳、丙酮、甲苯等进行反复清洗。正确的清洁方法是，用工业用薄纸蘸清洗剂沿着一个方向用力擦拭。值得注意的是，为避免粘贴面氧化，表面清洁后，应尽快粘贴应变片。如果不立刻贴片，可涂上一层凡士林暂作保护。

5. 点胶

点胶前首先要确认应变片的正反面，一般光滑的绝缘面为反面。然后将应变片反面用清洁剂清洗干净，再将胶水滴在应变片的反面。由于应变胶流动性较好，会自动摊开，所以通常不采用涂抹粘贴的方法，否则先涂抹部分的粘贴剂会出现硬化，使黏性下降。

为了保证应变片能牢固地贴在试件上，并具有足够的绝缘电阻，改善胶接性能，也常使用双组分环氧应变胶，即先在粘贴位置涂上一层底胶，然后在试件表面和应变片底面各涂上一层薄而均匀的粘贴剂。

6. 贴片

待粘贴剂稍干后，先将应变片对准划线位置（应变片标记与划线两点对齐）迅速贴上，然后盖一层玻璃纸，用手指或胶辊按压被测部位，挤出气泡及多余胶水，保证胶层尽可能薄而均匀，最后用拇指紧紧按住应变片 3 min，注意用力不能过大。

7. 固化

粘贴剂的固化是否完全，直接影响到胶的力学性能。在固化过程中，要掌握好温度、时间和循环周期。无论是自然干燥还是加热固化，都要严格按照工艺规范进行。为了防止应变片吸潮、受腐蚀，在固化后的应变片上应涂上防潮保护层，防潮保护层一般可采用稀释的粘贴剂，如硅橡胶。

8. 粘贴质量检查

首先从外观上检查粘贴位置是否正确，粘贴层是否有气泡、漏粘、破损等，然后检测应变片是否有断路或短路现象并测量应变片的绝缘电阻。

检查合格后即可焊接引出线，引出线应适当加以固定，防止应变片线脚与被测工件接触导致短路，使测试无效。应变片之间通过粗细合适的漆包线或其他软线连接组成电桥回路。连接线长度应尽量一致，且不宜过长。最后检查焊接引出线与组桥连线。这样就完成了整个粘贴过程。

知识应用

应变式力传感器在起重机上的应用

为了测量、控制起重设备吊运货物的质量，通常采用在吊钩的圆柱壁上粘贴应变片的方法检测起吊质量，如图 3-14 所示。

为了增加灵敏度，一般在吊钩的圆柱壁上横竖各粘贴一片应变片，组成双臂半桥电桥电路（图 3-9a），为电桥回路提供 2 V 稳压电源，电桥输出信号接入差动直流放大电路（图 3-12），测量输出电压，根据输出电压值可以推算出应力的大小，即重力。也可以使用应变片专用测量仪——电阻应变仪进行检测。这种测量方法简单、方便，成本低，但受环境影响大，长期使用时，零点漂移大，需要在使用前调节零点。

测量起吊质量也可以直接采用悬挂电子吊秤（图 3-15）的方法（详见课题二）。将

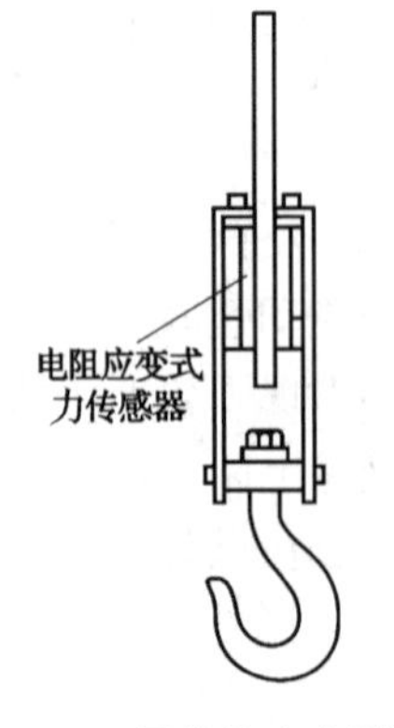

图 3-14　吊钩的应力测量

图 3-15　电子吊秤

电子吊秤安装在起重设备下，可实现货物在线装卸测量、在线称重，无须额外的称重时间，可随时改变称量地点，也可分次分批称重，提高了工作效率，但成本较高。

课题二　称重传感器

学习目标

◇熟悉称重传感器的常见类型。

◇了解称重传感器的功能特点和基本工作原理。

◇掌握称重传感器的选用方法和使用注意事项，并能正确选用。

知识引入

图 3-16 所示为某生产线上的自动称重和装料装置。装料的箱子沿传送带运动，传送到装有物料的电子秤下面，停止运动，电磁线圈 2 通电，电子秤料箱翻转，使料全部倒入箱子中，然后传送带电动机再次通电，将装满料的箱子移出，与此同时，电子秤的料箱复位，电磁线圈 1 通电，阀门打开，漏斗给电子秤料箱自动加料。为了实现对物料快速、准确的称量，提高工业生产过程的自动化程度，采用了称重传感器进行载荷测量，最后由计算机控制各阀门工作。电子秤的核心部件就是称重传感器。

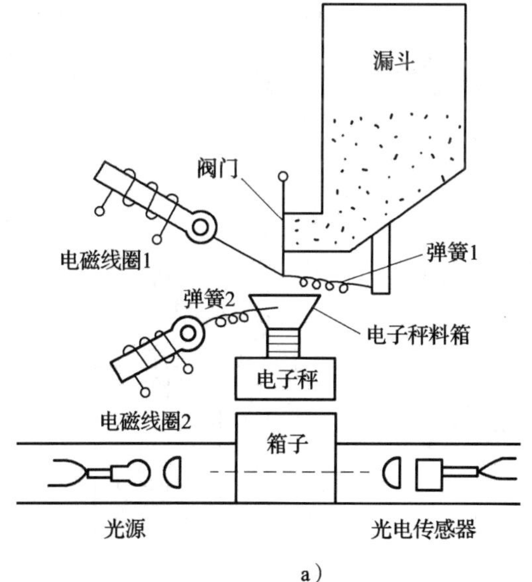

a）

b）

图 3-16　自动称重和装料装置

a）结构示意图　b）外形图

知识讲解

一、称重传感器的基本知识

称重传感器是电子秤的重力敏感元件，是工业测量中使用较多的一种传感器，几乎运用到了所有的称重领域，如在混合各种原料的配料系统中、生产过程中的物料进料量控制中以及生产工艺的自动检测中，都应用了称重传感器，它将物料的质量转换成电信号提供给中央处理器，由中央处理器对电动机、阀门进行控制，或直接进行控制与显示。称重传感器的量程为几克到几百吨。

称重传感器根据制造原理不同可分为应变式、感应式、电容式、振弦式等，其中应变式称重传感器在电子称重系统中应用最广泛。

1. 应变式称重传感器的工作原理

电阻应变式称重传感器由弹性元件、应变片和外壳组成，其弹性元件是应变梁。弹性元件是称重传感器的基础，被测物的重力作用在弹性元件上，使其在某一部位产生较大的应变或位移；弹性元件上的应变片作为传感元件，将该应变或位移完全同步地转换为阻值的变化量，转换成电信号，电信号强度与所受重力成比例关系，完成了重力的测量。

传感器弹性元件一般是由优质合金钢材或有色金属（如铝、铍、青铜）等材料加工成型的，其外形结构多种多样，应根据被测量的大小及受力方式的不同，选择不同结构的弹性元件。常见的弹性元件有柱式、悬臂梁式、环式、轮辐式等，如图 3-17 所示。

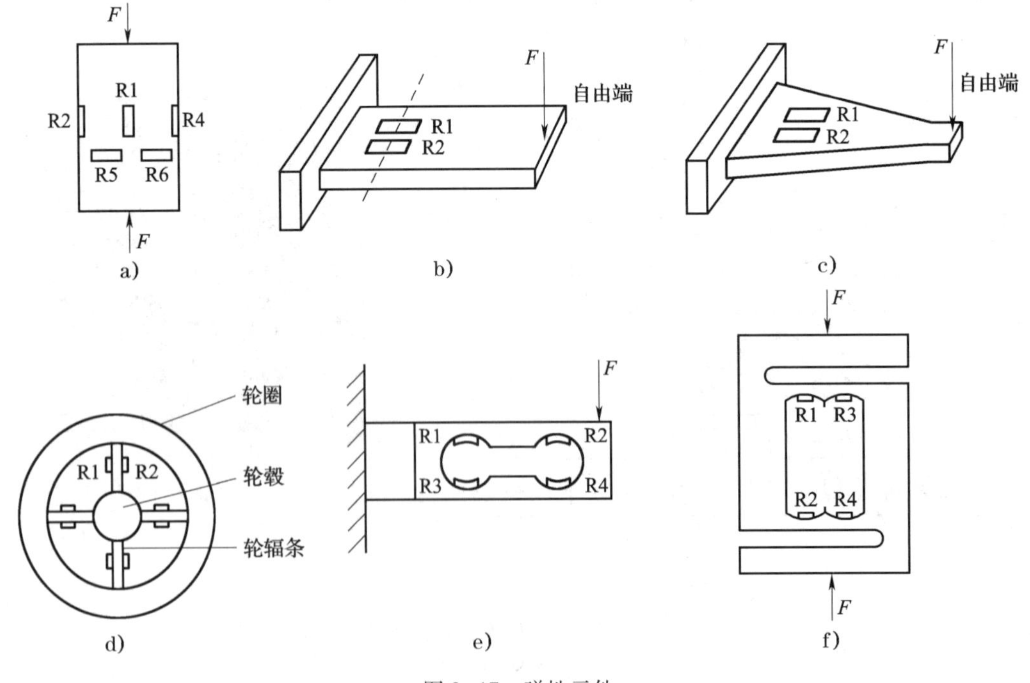

图 3-17 弹性元件

a）柱式 b）、c）、e）悬臂梁式 d）轮辐式 f）环式

2. 应变式称重传感器的种类

根据传感器弹性元件的结构不同，应变式称重传感器分为柱式、柱环式、悬臂梁式、环式、轮辐式等。常见的称重传感器外形如图 3-18 所示。不同结构的应变式称重传感器，其量程范围、安装形式、适用场所也不尽相同。

图 3-18　常见的称重传感器外形

(1) 柱式称重传感器

柱式称重传感器的典型结构如图 3-19 所示，敏感元件为圆柱体，在细的部位粘贴四片或八片应变片，用其组成惠斯登电桥，可构成一种能测量拉伸（或压缩）的电阻应变式称重传感器。这种传感器结构简单紧凑、易于加工，可设计成压式、拉式，或拉、压两用式，并可承受很大的载荷，缺点是灵敏度低、精度低等。该类传感器适用于大、中量程(1~500 t)的称重。

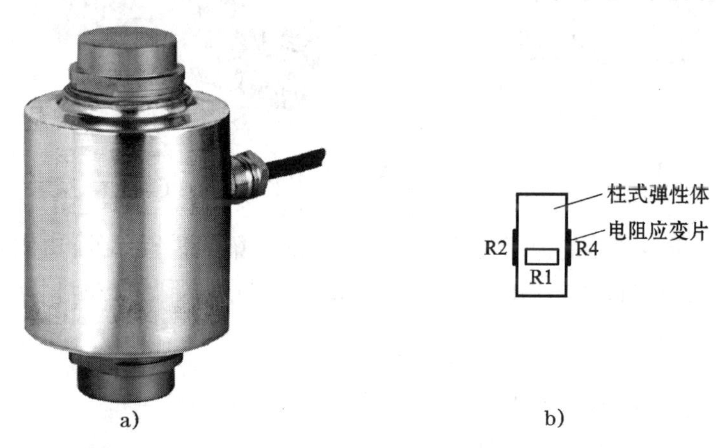

图 3-19　柱式称重传感器

a）外形　b）电阻应变片粘贴方式

(2) 柱环式称重传感器

柱环式称重传感器的典型结构如图 3-20a 所示，它与圆棒一体加工，在中央打孔，在孔内粘贴四片应变片，在集中载荷作用下，四片应变片可获得大小相等而方向相反的应变，由其组成惠斯登电桥来测量应变片阻值的变化，并转换为电信号输出。这种传感器灵敏度较高，线性度较好。由于弹性元件为整体结构，受力状态稳定，温度均匀性好，结构简单，易于加工，可制成拉、压两用式，该种传感器适宜用于中、小量程（0.5~50 t）的称重。

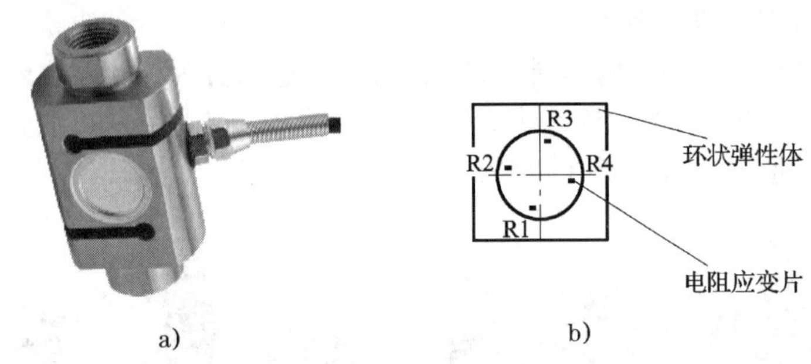

图 3-20　柱环式称重传感器
a）外形　b）电阻应变片粘贴方式

（3）悬臂梁式称重传感器

图 3-21 所示称重传感器的弹性元件为双孔平行梁式弹性元件，由于弹性体成上、下面平行的四边形，因此，其输出不受力作用点位置变动的影响。该结构一般适用于小量程（500 g~500 kg）称重传感器。

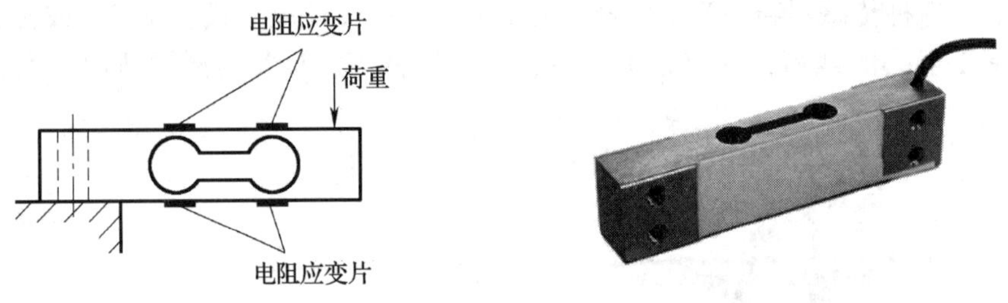

图 3-21　悬臂梁式称重传感器 1

图 3-22 所示称重传感器的弹性元件是一种常用的双梁式弹性元件，将上下梁的端部加工成弧形截面，可以提高传感器的灵敏度。该结构一般适用于数百克到 100 kg 的称重传感器，精度可达 0.01%。

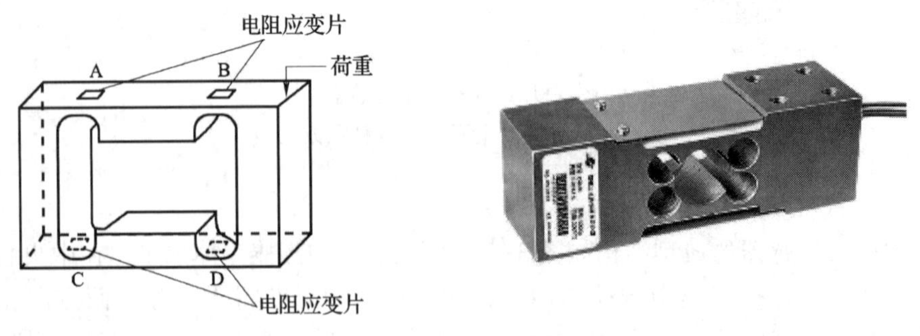

图 3-22　悬臂梁式称重传感器 2

（4）环式称重传感器

环式称重传感器的典型结构如图 3-23 所示。载荷的作用点和支持点在同一轴线上，受力状况稳定。称重时，利用其弯曲变形产生信号。由于存在零弯矩区，力作用点变化对输出的影响小，测量精度高。该结构一般适用于 5 kg～5 t 的称重传感器，精度可达 0.02%。

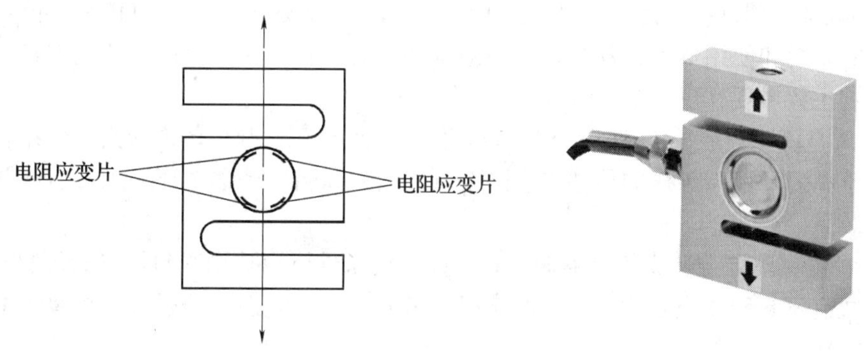

图 3-23　环式称重传感器

（5）轮辐式称重传感器

轮辐式称重传感器的典型结构如图 3-24 所示，其主要由轮毂、轮圈、轮辐条、受拉和受压应变片五个部分组成。轮辐条可以是四根或八根，成对称形状，轮毂由顶端的钢球传递重力，圆球的压头有自动定位功能。当外力 F 作用在轮毂上端和轮圈下面时，矩形轮辐条产生平行四边形变形，在轮辐条对角线方向产生 45° 的线应变。

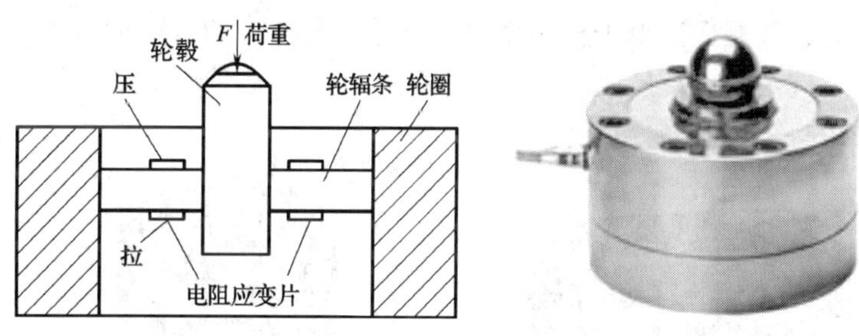

图 3-24　轮辐式称重传感器

八片应变片与轮辐条水平中心成 45°角，分别粘贴在四根轮辐条的正反两面，如图 3-25 所示，并接成全桥电桥电路。当被测力作用在轮毂端面上时，沿轮辐条对角线缩短方向的应变片受到压力，阻值减小，沿轮辐条对角线伸长方向的应变片受到压力，阻值增加，电桥的输出电压与被测力之间具有良好的线性关系。轮辐条和轮圈的刚度很大，因此过载能力很强，线性测量范围比较宽。这种结构形式一般适用于 5～50 t 的称重传感器。

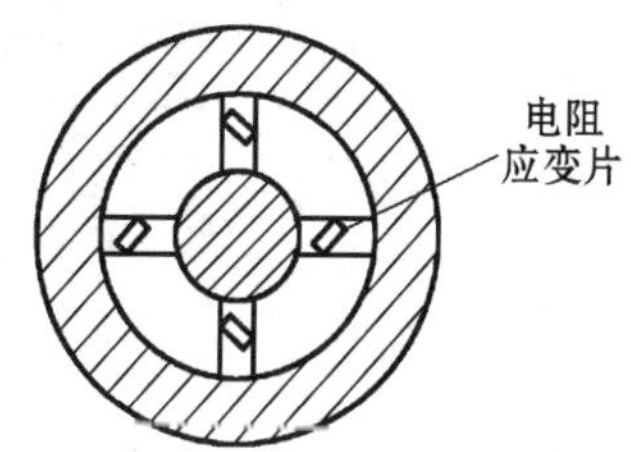

图 3-25　轮辐式称重传感器的应变片贴片位置

二、称重传感器选择方法

1. 环境因素

选用称重传感器首先要考虑其所处的工作环境。因为这关系到称重传感器能否正常工作以及它的安全和使用寿命，甚至是整个测量系统的可靠性和安全性。环境因素对称重传感器的影响主要体现在以下几个方面。

（1）高温环境会造成传感器涂覆材料熔化、焊点开化、弹性体内应力发生结构变化等问题。对于高温环境下工作的传感器，除了可采用耐高温传感器，还必须装有隔热、水冷或气冷等装置。

（2）粉尘、潮湿会造成传感器短路，在此环境条件下应选用密封性好的传感器。常见的密封方式有密封胶填充或涂覆、橡胶垫机械紧固密封、焊接（氩弧焊、等离子束焊）和抽真空充氮密封。

（3）腐蚀性较高的环境如潮湿、酸性环境会造成传感器弹性体受损或导致短路等。在此环境条件下应选择外表面带有喷塑或不锈钢外罩、抗腐蚀性能好且密封性好的传感器。

（4）电磁场可干扰传感器的输出信号。在此环境条件下应采用具有屏蔽保护的传感器，包括信号传输的导线屏蔽。

（5）在易燃、易爆的环境下工作的传感器必须选用防爆传感器。这种传感器的外罩具有密封性，且具有一定的防爆强度。

2. 传感器数量和量程的选择

传感器数量的选择是根据电子秤的用途、秤体需要支撑的点数而定的。一般来说，秤体有几个支撑点就选用几只传感器，如图 3-26 所示。但是对于电子吊钩秤等用法特殊的电子秤就只能采用一个传感器。

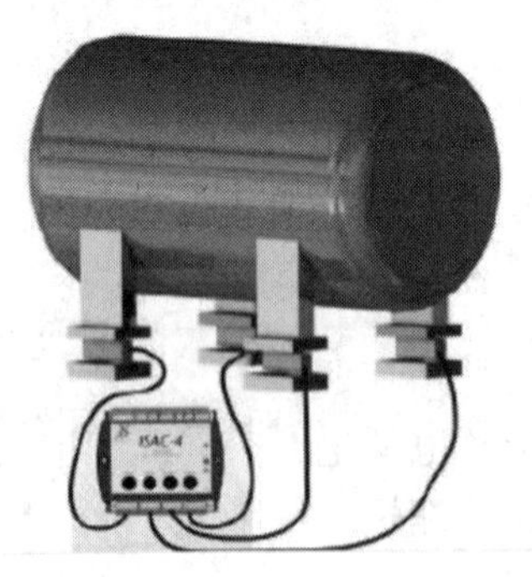

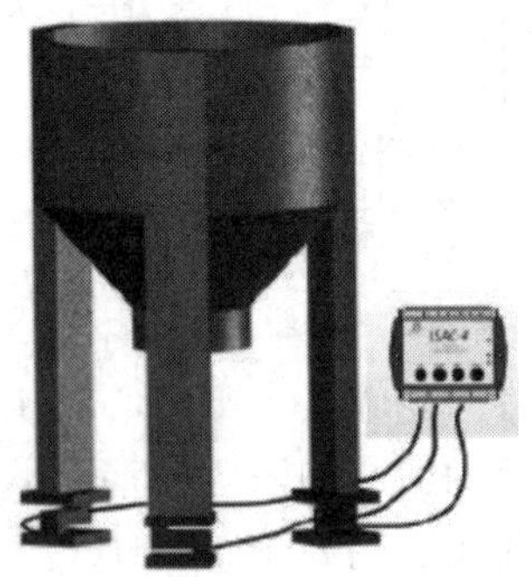

图 3-26 电子秤称重传感器数量

传感器量程的选择可依据电子秤的最大量程、选用传感器的个数、秤体的自重和可能产生的最大过载等因素来确定。根据经验，一般应使传感器工作在电子秤量程的 30%～70%范围内，这样有利于提高测量精度。对于一些在使用过程中存在较大冲击力的秤，如动态轨道衡、动态汽车衡、钢材秤等，在选用传感器时，应注意保证传感器工作在其量程的 20%～30%范围内，以保证传感器的安全和使用寿命。

传感器量程的计算公式是在充分考虑影响秤体的各个因素后，经过大量的实验而确定的，具体为：

$$C = K_0K_1K_2K_3(W_{max} + W)/N$$

式中 C——单个传感器的额定量程；

W——秤体自重；

W_{max}——被称物体净重的最大值；

N——秤体所采用支撑点的数量；

K_0——保险系数，一般为 1.2~1.3；

K_1——冲击系数；

K_2——秤体的重心偏移系数；

K_3——风压系数。

例：一台 30 t 电子汽车衡，最大称量是 30 t，秤体自重为 1.9 t，采用四只传感器，根据当时的实际情况，选取保险系数 $K_0 = 1.25$，冲击系数 $K_1 = 1.18$，重心偏移系数 $K_2 = 1.03$，风压系数 $K_3 = 1.02$，试确定传感器的吨位。

解：

根据传感器量程计算公式 $C = K_0K_1K_2K_3(W_{max}+W)/N$ 可知：

$$C = 1.25\times1.18\times1.03\times1.02\times(30+1.9)/4\ \text{t}\approx12.36\ \text{t}$$

因此，可选用量程为 15 t 的传感器（传感器的吨位一般只有 10 t、15 t、20 t、25 t、30 t、40 t、50 t 等，除非特别定制）。

3. 各种类型称重传感器的适用范围

传感器类型的选择主要取决于称量范围，如柱环式称重传感器适用于大、中量程，悬臂梁式称重传感器适用于小量程。另外，称重传感器弹性元件的材质不同，传感器的适用范围也不同，如铝式悬臂梁称重传感器适用于计价秤、平台秤、案秤等；钢式悬臂梁称重传感器适用于料斗秤、电子皮带秤、分选秤等；钢质桥式称重传感器适用于轨道衡、汽车衡、天车秤等；钢质柱式称重传感器适用于汽车衡、动态轨道衡、大吨位料斗秤等。

4. 称重传感器的精度

称重传感器的精度包括传感器的非线性、迟滞、重复性、灵敏度等技术指标。在选用称重传感器时，不能单纯追求高的精度等级，而应在满足电子秤精度要求的前提下，考虑其成本。

三、称重传感器的使用方法及注意事项

将传感器安装在测量系统中时，如果使用单个称重传感器，则应使物体受力方向或物体重心通过传感器的中心线，以防止测量中产生侧向分力，影响测量精度；如果使用多个称重传感器，则要求传感器承载点在同一水平面上，传感器在平面内对称分布，无偏载现象。传感器为径向承载型（如轮辐式、柱式）时，安装后应保证传感器纵向轴心和水平秤面垂直，仅承受垂直载荷；传感器为剪切承载型（如悬臂梁式）时，安装后应保证传感器承载面和水平面平行，无倾斜现象，仅承受垂直载荷。传感器在安装时应采用高强度螺

栓，安装应牢固、无松动。

测量时将传感器的输出引线根据使用说明书与变送器相连。通常变送器除了具有放大、阻抗匹配、线性补偿、温度补偿等基本功能外，还具有标准信号外调零、外调增益功能，以适应不同电桥、不同量程的传感器。最终将力转换成电流或电压信号输出，该信号输出接口可直接与自动控制设备的接口或计算机相连。

应变式称重传感器在工作前，必须先加电预热 10 min，然后调整调零旋钮，使输出为零，最后进行加载测量，记录数据。

在使用称重传感器时，应注意以下事项。

1. 传感器、变送器应定期进行静态标定，以保证使用精度。
2. 传感器的最大载荷不应超过满量程的 120%。
3. 传感器应避免与较高的非工作热辐射接触。
4. 安装传感器时，要选择与其量程相应强度的紧固螺钉。
5. 变送器增益调节有两种，一种是放大倍数的调节，可以根据需要进行调节；一种是微调，用于静态标定时使用，在无标定设备监视下不能任意调节。

知识应用

称重传感器在电子秤中的应用

用于测量物体质量的电子装置，称为电子秤，如图 3-27 所示。与机械秤相比，它不仅可以测量物体的质量，还可以将采集的数据传送到数据处理中心，作为在线测量或自动控制的依据。

电子秤的种类很多，在人们生活和工业生产中应用广泛。如家用的小量程电子秤、健康秤，适合便利店、超市、大卖场等场所使用的条码秤、计价秤、计重秤、收银秤，广泛应用于仓库、车间、货场、集贸市场、工地等场所的电子平台秤，适用于吊装物料称量的吊钩秤，应用于港口、仓储、工厂、货场的电子汽车衡等。

电子秤的核心是称重传感器，主要由称重传感器（图 3-28）、放大电路、A/D 转换电路、显示或控制电路组成。称重传感器感受被测物体的质量，输出一个微小信号，经过放大电路，成为易于处理的电信号，通过 A/D 转换电路将模拟信号转换成数字信号，用于显示或控制。有的电子秤还运用了单片机（其原理框图如图 3-29 所示），增加了智能控制、自动补偿等功能，扩大了产品的应用范围，提高了产品精度。电子秤承重结构的种类很多，常见的有独梁承重、四脚承重，如图 3-30 所示。

电子秤在使用过程中，会由于超载、冲击等原因，造成传感器塑性变形，影响计量准确度，严重时会使传感器损坏，无法正常使用，此时必须更换传感器。在更换过程中应注意，称重传感器随着量程的增大，其灵敏度是减小的，不能随意扩大量程，应尽可能用和原来一样载荷的传感器。若想更换载荷稍大一点的称重传感器，要注意电子秤的称重显示仪表量程是否有调节余地。

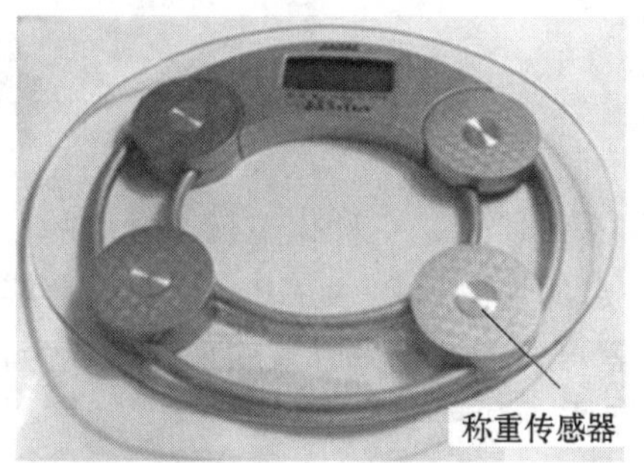

图 3-27　电子秤

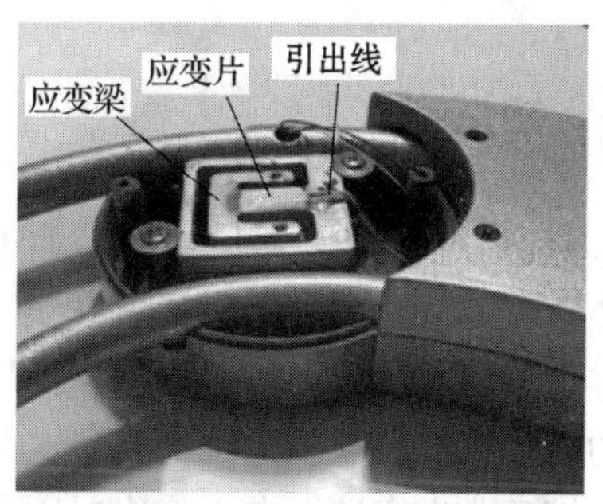

图 3-28　电子秤中的称重传感器

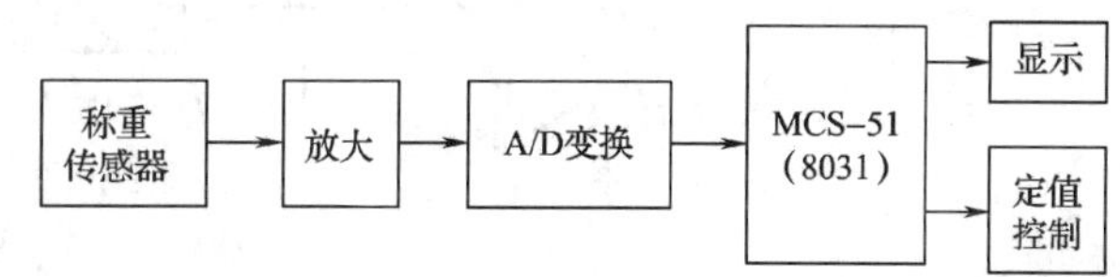

图 3-29　运用了单片机的电子秤原理框图

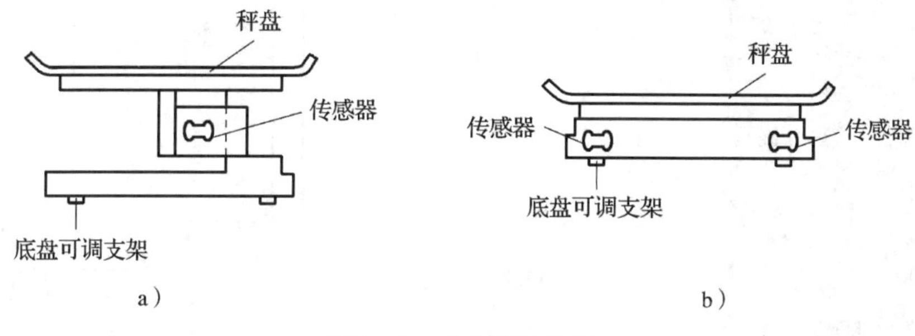

图 3-30　电子秤结构图
a）独梁承重　b）四脚承重

课题三　应变式压力传感器

学习目标

◇了解压力的基本概念。
◇了解压力传感器的种类。
◇掌握应变式压力传感器的结构、原理和功能特点。
◇掌握压力传感器的安装、校验方法和选择原则，并能正确选用。

知识引入

压力是工业自动化生产过程中的重要参数。图 3-31 所示是一种化工行业常用的干燥、造粒装置，该装置通过压力式雾化器给料液施加一定的压力（2~4 MPa），使料液雾化。料液雾化后表面积大大增加，在热风气流中，瞬间就可蒸发 95%~98%的水分，成为粒度均匀的球状颗粒，形成微粒状成品。整个干燥过程仅需十几秒到数十秒钟。

在该工业生产过程中，雾化器压力的控制直接影响着产品的质量和生产效率。

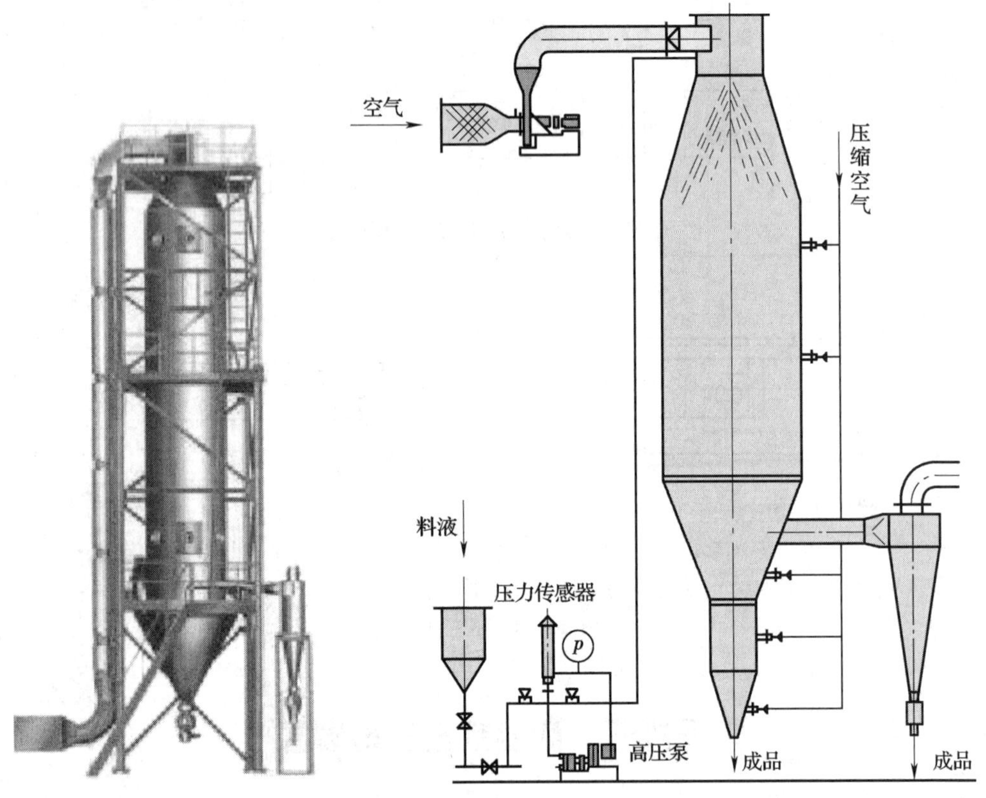

图 3-31 化工厂的干燥、造粒装置

知识讲解

一、压力的基本概念

检测领域和工业中所指的“压力”，通常就是物理学中的“压强”（本课题接下来所提到的“压力”，即为物理学中的“压强”），用 p 表示，等于垂直作用在单位面积上的力。它的大小由两个因素决定，即受力面积和垂直作用力，其表达式为：$p=F/S$。

压力的法定计量单位为“帕斯卡”，简称“帕（Pa）”，它表示 1 牛顿（N）力垂直而均匀地作用于 1 m^2面积上的压力。由于 Pa 这个单位太小，因此工程上常用其倍数单位兆帕（MPa）来表示，1 MPa = 10^6 Pa。

除此之外，在实际工程中广泛使用着许多其他的压力计量单位（非法定计量单位），如“工程大气压”“标准大气压”“毫米汞柱”；在气象学中还用“巴（bar）”和“托（Torr）”为压力单位；在一些进口仪表中常用“psi（lbf/in^2）”为压力单位；在描述小压力时，还常用毫米水柱（mmH_2O）。常用的压力单位换算表见表 3-2。

表 3-2　常用的压力单位换算表

Pa 或（N/m^2）	kgf/cm^2（千克力/厘米^2）	t/m^2（吨/米^2）	atm（标准大气压）	（lbf/in^2）或 psi	bar	汞柱（0 ℃）		水柱（15 ℃）	
						mmHg	inHg	mH_2O	ftH_2O
1	10.197 2 $\times10^{-6}$	10.197 2 $\times10^{-6}$	9.869 23 $\times10^{-6}$	145.036 $\times10^{-6}$	10^{-5}	7.500 62 $\times10^{-3}$	295.300 $\times10^{-6}$	102.074 $\times10^{-6}$	334.887 $\times10^{-6}$
98.066 5 $\times10^3$	1	10	0.967 492	14.223 0	0.980 665	735.560	28.959 2	10.009 0	32.838 0
9.806 65 $\times10^3$	0.1	1	9.674 92	1.422 30	9.806 65 $\times10^{-2}$	73.556 0	2.895 92	1.000 90	3.283 80
101.325 $\times10^3$	1.033 20	10.332 0	1	14.695 8	1.013 25	760.000	29.921 3	10.332 2	33.898 3
6.894 76 $\times10^3$	7.030 77 $\times10^{-2}$	0.703 077	6.846 7 $\times10^{-2}$	1	6.894 76 $\times10^{-2}$	51.715 5	2.036 04	0.703 780	2.308 99
10^5	1.019 72	10.197 2	0.986 923	14.503 6	1	750.062	29.530 0	10.207 4	33.488 7
133.322	1.359 51 $\times10^{-3}$	1.359 51 $\times10^{-2}$	1.315 79 $\times10^{-3}$	1.933 66 $\times10^{-2}$	1.333 22 $\times10^{-2}$	1	3.937 00 $\times10^{-2}$	1.360 87 $\times10^{-2}$	4.464 80 $\times10^{-2}$
3.386 39 $\times10^3$	3.453 16 $\times10^{-2}$	0.345 316	3.342 11 $\times10^{-2}$	0.491 149	3.386 39 $\times10^{-2}$	25.400 0	1	0.345 661	1.340 6
9.796 85 $\times10^3$	9.990 00 $\times10^{-2}$	0.999 000	9.668 74 $\times10^{-2}$	1.420 90	9.796 85 $\times10^{-2}$	73.482 4	2.893 01	1	3.280 48
2.986 08 $\times10^3$	3.044 96 $\times10^{-2}$	0.304 496	2.947 03 $\times10^{-2}$	0.433 090	2.986 08 $\times10^{-2}$	22.397 4	0.881 789	0.304 800	1

压力的表示法有绝对压力、相对压力和差压。绝对压力是以绝对真空作为基准所表示的压力；相对压力是以当地环境的大气压力作为基准所表示的压力，也称表压。差压是指两个压力的差。绝对压力与相对压力的换算关系为：

$$绝对压力 = 相对压力 + 大气压力$$

二、压力传感器的种类

对应压力的表示方法，测量压力的传感器也可分为三大类，即绝对压力传感器、相对压力传感器和差压传感器。

1. 绝对压力传感器

绝对压力传感器所测得的压力数值是以真空为起点的压力。如图 3-32 所示，将 p_2端抽为真空并密封时，传感器内部的参考压力腔为真空状态（相当于零点），此时即构成绝对压力传感器。平常所说的环境大气压就是指绝对压力。如果某一容器内液体的绝对压力小于外界环境大气压，可以认为是“负压”，所测得压力相当于绝对真空度。

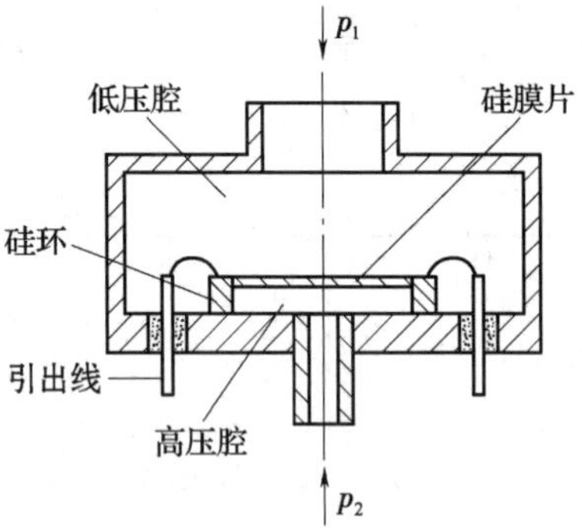

图 3-32　压力传感器结构示意图

2. 相对压力传感器

相对压力传感器也称表压传感器。表压传感器所测得的压力数值是以环境大气压为参考基准的压力。如图 3-32 所示，将 p_1端作为参考压力腔，通向大气，p_2端接被测压力，此时所测压力即为相对压力。表压传感器的输出为零时，所测介质环境实际上存在一个与大气压力相等的绝对压力。一般普通压力表的指示值都是相对压力，在工业生产和日常生活中所提到的压力绝大多数指的也是表压。

3. 差压传感器

如图 3-32 所示，差压是指两个压力 p_1和 p_2之差，又称压力差。硅膜片的上下两侧分别接入两个被测压力，所测的压力差 $\Delta p = p_1 - p_2$，当 $p_1 > p_2$时，Δp 为正值。很多情况下，在传感器敏感元件的两侧均存在一个很大的压力，如 $p_1 = 0.9 \sim 1.0$ MPa，$p_2 = 0.9 \sim 1.0$ MPa，则最大压力差为 0.1 MPa，此时就可以选择测量范围为-0.1~0.1 MPa 的差压传感器。

差压传感器在使用时，不允许在一侧仍保持很高压力的情况下，将另一侧的压力降低到零，这样会使两面的压力差剧增，造成过载，使原来用于测量微小差压的膜片产生塑性变形或破裂。

三、应变式压力传感器

应变式压力传感器的结构简单，价格便宜，应用较为广泛。应变式压力传感器的典型结构如图 3-33 所示。

应变式压力传感器的弹性元件是一个圆形的金属膜片，圆形应变片粘贴在金属膜片上。金属膜片的周边被固定，当膜片一面受压力作用时，膜片的另一面产生径向应变 ε_r和切向应变 ε_t。在膜片中心处，ε_r与 ε_t都达到正的最大值，在膜片边缘处，切向应变 $\varepsilon_t = 0$，径向应变 ε_r达到负的最大值。如图 3-34 所示，根据应力分布，金属膜片上粘贴有四片应变片，两片贴在正的最大区域（R2、R3），两片贴在负的最大区域（R1、R4）。四片应变片组成全桥电桥电路，这样通过测量输出电压来测量被测压力，既可以提高传感器的灵敏度，又能起到温度补偿的作用。

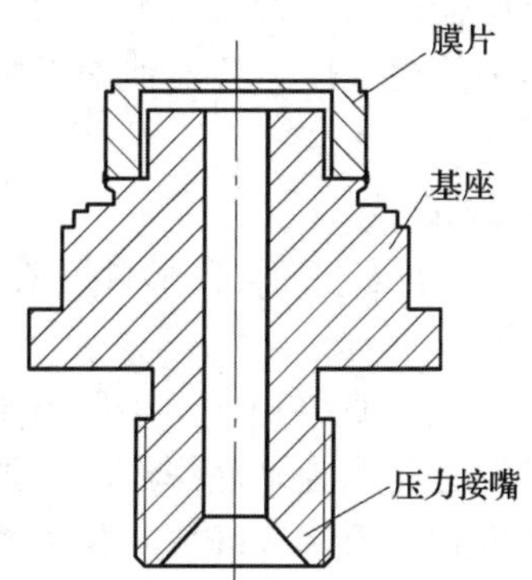

图 3-33　应变式压力传感器的典型结构

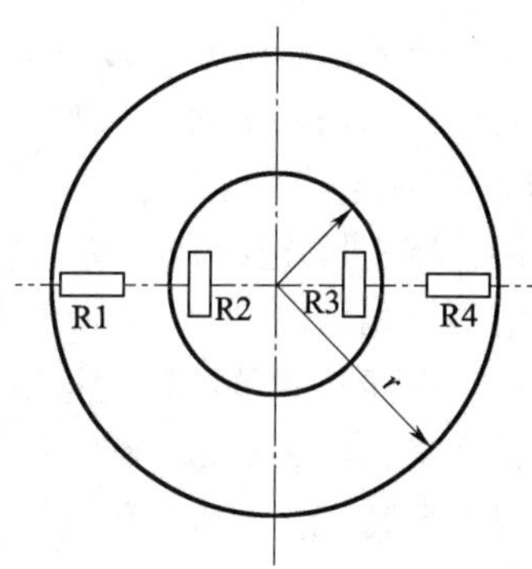

图 3-34　弹性元件应变片分布图

应变式压力传感器主要用于测量管道内部压力、内燃机燃气的压力和喷射力、发动机和导弹试验中的脉动压力以及各种领域中的流体压力。

这种将应变片粘贴在金属膜片上的贴片式应变压力传感器结构简单，价格便宜，使用方便。但是，由于贴片式应变片的粘贴工艺要求，使应变片与膜片之间的应变需要应变胶来传递，而传递性能会因环境因素的改变而受到影响，如受温度、湿度、机械滞后、零点漂移等因素的影响，其测量精度不高，因此，贴片式应变压力传感器主要用于一些测量精度要求较低的场所。

目前高精度应变式压力传感器均采用薄膜式应变片。薄膜式应变片采用溅射、蒸镀等真空镀膜技术，在金属弹性膜片上直接生成隔离绝缘膜和金属电阻膜，然后再通过半导体光刻技术，制作四个应变电阻，组成全桥电桥电路，如图 3-35 所示。因采用照相制版、光刻的方法，所以四个电阻的阻值一致性较好，能够保证电桥零点的对称性。其工作原理与贴片式应变压力传感器相同。薄膜式应变片无须用胶粘贴，因此，其应变传递性能得到了极大改善。薄膜应变式压力传感器具有以下优点。

图 3-35　薄膜式应变片

（1）稳定性好，蠕变、迟滞小。

（2）使用寿命长。

（3）灵敏度高。

（4）温度系数小。

（5）工作温度范围宽。

（6）量程大。

（7）成本低。

四、压力传感器的安装

压力传感器的安装有两个关键问题：一是压力传感器的引压管与所测压力管道或压力容器必须密封连接，不能因压力传感器的安装而使压力管道或压力容器泄漏，影响被测系统的正常运转；二是要正确选择取压口的位置。

1. 压力传感器与所测压力管道或压力容器的密封连接

压力传感器密封连接方法很多，一般根据传感器的量程、结构、密封等要求的不同，连接方法也不尽相同。

图 3-36a 所示传感器的压力接嘴呈倒刺状，可以用皮管直接相连，小压力传感器常采取此种连接方式；图 3-36b、图 3-36c 所示传感器的压力接嘴为平底螺纹状，加密封垫或 O 形圈后用扳手紧固，大压力传感器常采取此种连接方式；图 3-36d 所示传感器的压力接嘴呈球头状，需要与相应的压力接头连接。压力传感器的不同密封方法如图 3-37 所示，常见的压力接嘴形式如图 3-38 所示，常用的压力接头如图 3-39 所示。

压力传感器用在不同的环境、测量不同的被测介质时，要选择不同的密封垫片。压力为 80 kPa~2 MPa 时，一般用石棉纸板或铝片；温度及压力更高时（50 MPa 以下），用退火纯铜或铅垫；测量氧气压力时，不得使用浸油垫片、有机化合物垫片；测量乙炔压力时，不得使用铜质垫片。用压力垫片进行密封连接时，紧固不宜用力过度，密封即可。

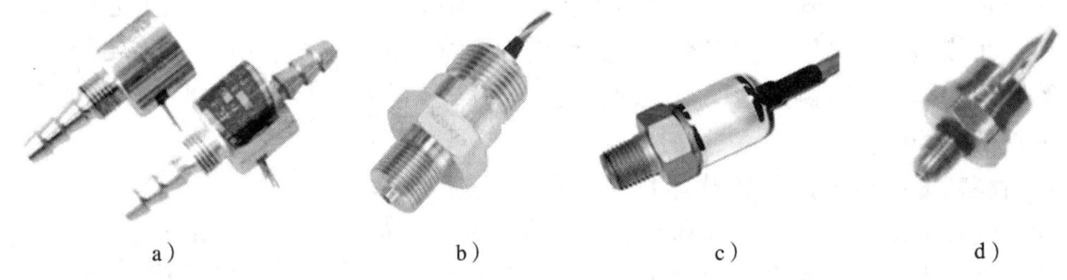

图 3-36 压力传感器的不同压力接嘴

a）倒刺状压力接嘴 b）、c）平底螺纹状压力接嘴 d）球头状压力接嘴

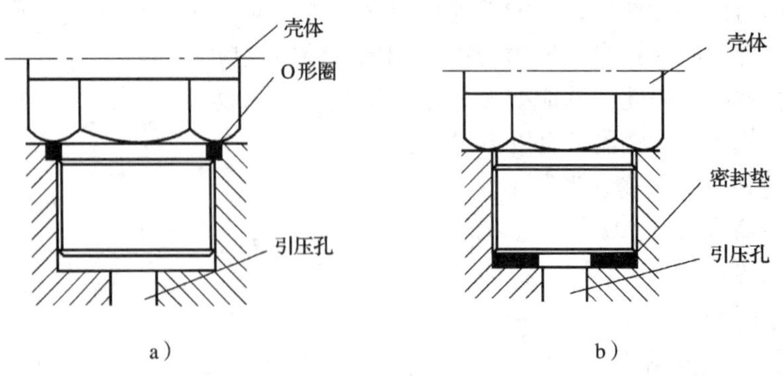

图 3-37 压力传感器的不同密封方法

a）用 O 形圈密封 b）用密封垫密封

图 3-38　常见的压力接嘴形式

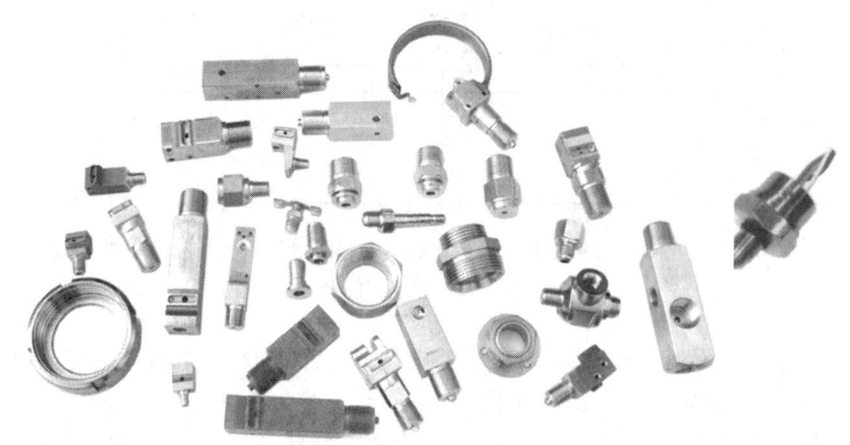

图 3-39　常用的压力接头

在很多压力测量场所不便直接安装压力传感器，需将压力引出，一般采用铜管或金属软管将压力转接出来，如图 3-40 所示。

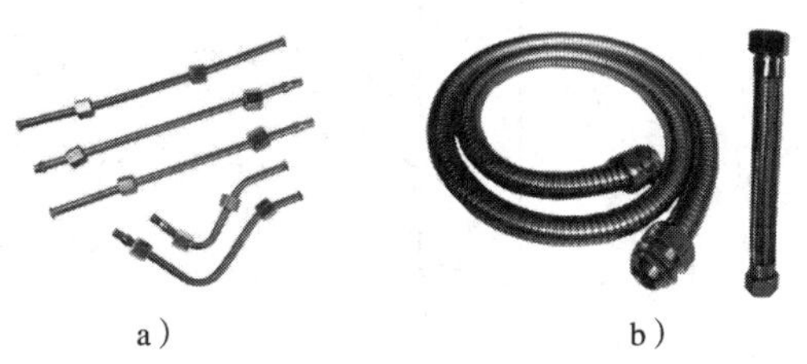

a）　　　　b）

图 3-40　引压管

a）铜管　b）金属软管

2. 取压口位置的选择

取压口是指从被测对象中获取压力信号的地方，其位置、大小及开口形状直接影响着压力测量的准确度，一般的选择原则如下。

（1）取压口不得选在管道的弯曲、分叉处。

（2）当管道内有凸出物体时，取压口应选在凸出物体的前面。

（3）如果取压口选在阀门附近，则距阀门的距离应大于 2D（D 为管道直径）；如果取压口选在阀门后，与阀门的距离应大于 3D。

（4）取压口应处于流速平稳、无涡流流动的区域。

3. 其他需考虑因素

（1）压力传感器要安装在能满足仪表使用环境条件和易观察、易检修的地方，如图 3-41 所示。

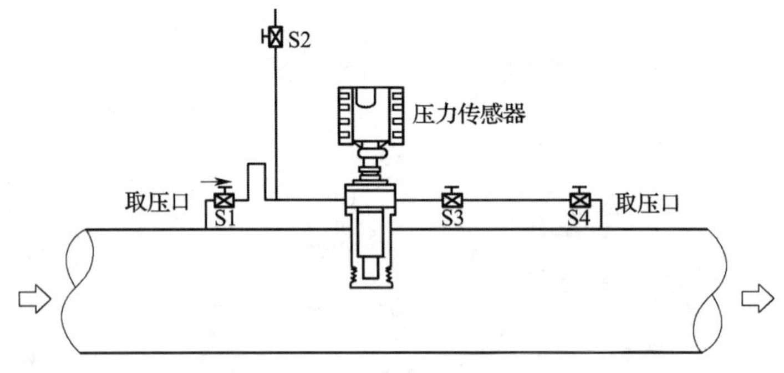

图 3-41　压力传感器安装示意图

S1～S4—管道阀门

（2）安装地点应尽量避免振动和高温影响，当有蒸汽和其他可凝结的气体以及当介质温度超过 60 ℃时，应选用带冷凝管的压力接嘴进行安装，如图 3-42a 所示。

（3）测量有腐蚀性、黏度较大、易结晶、有沉淀物的介质时，应选取带隔离膜片的压力传感器。引压管应向下倾斜，以防止沉淀物堵塞；或加除尘器，如图 3-42b、图 3-42c 所示。

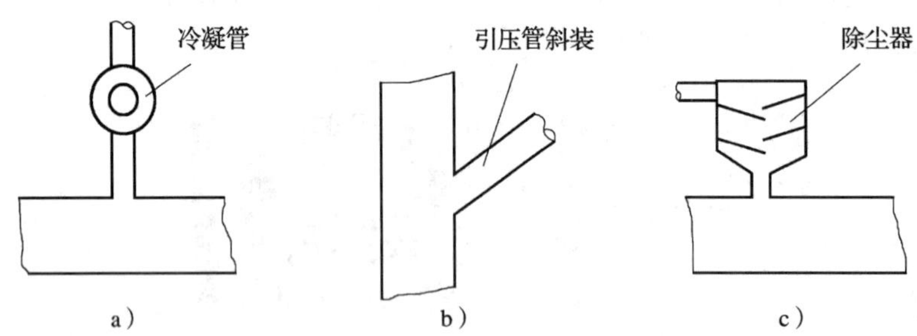

图 3-42　压力传感器安装示意图

a）带冷凝管式　b）带引压管式　c）带除尘器式

（4）仪表必须垂直安装，若装在室外，还应加装保护箱。

（5）当测量小压力信号时，压力传感器应与取压口在同一高度，否则就需要修正因高度差所引起的测量误差。

总之，在安装压力传感器时，要根据压力的大小、被测介质、被测环境合理选择压力密封形式及安装位置。

五、压力传感器的校验

为了保证压力传感器的测量精度，压力传感器需要定期进行校验。对于大压力传感器，校验压力传感器的设备主要是砝码压力计，如图 3-43 所示。校验方法是：在常态工作条件下，将压力传感器接在压力计表头的压力接嘴处，按如图 3-44 所示连接校验电路，加不同的砝码，即可获得不同的压力源。该方法精度可达 0. 15 级，适用于校验相对压力传感器。

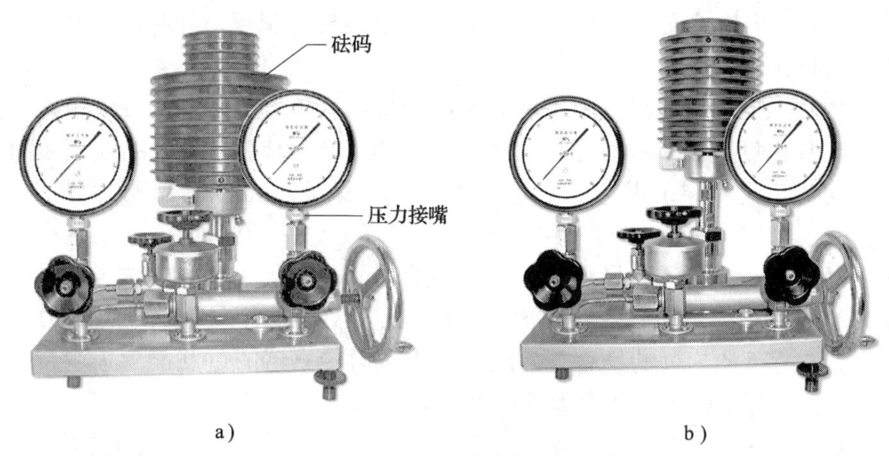

图 3-43 砝码压力计
a）YS-600（满量程 60 MPa） b）YS-60（满量程 6 MPa）

传感器校验点的压力值可根据量程选择，通常选择包括零点和满量程点在内的六个适当的点。给传感器加压至各压力校验点，在各压力校验点上读取传感器稳定后的输出值，即为校验值，校验次数为正反行程各两次，然后计算出压力与输出电压的方程或曲线。注意，校验前一定要先检查加压系统的气密情况。

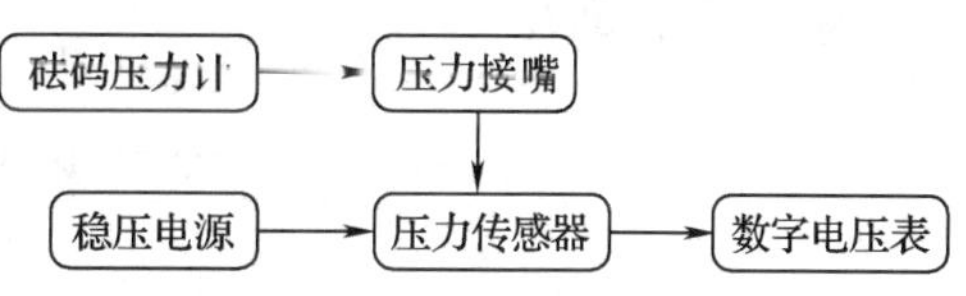

图 3-44 压力传感器校验电路框图

六、压力传感器的选择原则

压力传感器的种类繁多，其性能也有较大的差异，在实际应用中，应根据具体的使用场合、条件和要求，选择合适的压力传感器。在选择压力传感器时，除了要遵循一般传感器的选择原则，还应考虑以下问题。

1. 根据测量对象要求选用合适的压力传感器类型

相对压力（表压）传感器适用于开口罐、开口管道等压力的测量以及大压力信号的测量等，其应用范围最广、领域最宽，用量也最大。

差压传感器适用于测量两容器或两管道的压力差，也常用于测量液位，如通过测量密封罐顶部与底部的压力差就可以计算出密封罐内的液位高度。在压力较大的情况下，使用此种传感器要充分考虑是否要加过压保护装置。

绝对压力传感器适用于相对真空的介质压力以及小压力的测量。此种传感器在海拔高度、密封管道压力、真空度的测量中应用广泛。

2. 根据测量对象的环境选择与之相兼容的压力传感器

传感器一般应安装于通风、干燥、无蚀、阴凉处，但如果需要安装在露天环境中，应装防护罩，避免阳光照射和雨淋。在振动大、干扰强、湿度大或粉尘大的场合，一般压力传感器与介质接触的材料应由316不锈钢制成。对于特殊的腐蚀性介质的测量，通常要求传感器的壳体和压力敏感元件采用与之相兼容的金属材料制成，如哈氏合金、蒙乃尔合金、钽等防腐材料。

一般压力传感器的使用温度范围都有明确的规定。压力传感器的温度范围分为补偿温度范围和工作温度范围。补偿温度范围是指在此范围内传感器已进行了温度补偿，因此测量精度可以满足一定的要求。工作温度范围是保证压力传感器能正常工作的温度范围。

3. 根据测量对象选择适当量程的压力传感器

压力传感器量程的选用一般以使被测量参数经常处在整个量程的80%~90%为最佳，且最大工作状态点不能超过满量程。一般小量程压力传感器的过载能力为满量程的2~3倍，大量程压力传感器的过载能力为满量程的1.2~1.5倍。

此外，在选择压力传感器时还应考虑传感器的引压管连接形式、电气连接形式、是否需带现场显示、产品是否需有防爆性能等方面的因素。

知识应用

化工厂雾化器压力传感器的选择

某化工厂接到一个新订单，要求加工一种新材料塑料颗粒。在该工业生产过程中，压力将直接影响产品的质量和生产效率，雾化器压力参数的控制是较为关键的工艺环节，需根据材料不同，设置不同的压力参数。如果压力过大，颗粒将过小；如果压力过小，则导致成品率低，影响经济效益。原设备控制压力为（1.8±0.05）MPa，使用压力传感器的量程为2 MPa，所能承受的最大压力为2 MPa的1.2倍（即2.4 MPa），而新产品要求控制压力为（2.6±0.05）MPa，原有传感器无法使用，因此，为完成订单，需要对原有设备进行技术改造，更改压力控制参数，选择一个量程适合的压力传感器进行替代。

根据压力传感器量程选择原则，可选择量程为3 MPa的相对压力传感器，测量精度小于±1.5%；电气接口、压力接口均与改装前的压力传感器保持一致。在原压力传感器位置安装、紧固新压力传感器，先连接压力接口，然后连接电气接口，再通电调试。每个压力传感器都有一个输入输出数据表或方程，见表3-3，在调试时要将新压力传感器输入输出数据方程输入测量系统，替代原压力传感器数据表。本例中系统显示的压力数据为0~3 MPa。

表 3-3 压力传感器输入输出数据表

压力/MPa	0	0.5	1.0	1.5	2.0	2.5	3.0
输出/mV	195	952	1 712	2 465	3 226	3 986	4 705

课题四 压阻式压力传感器

学习目标

◇了解压阻式压力敏感元件的特点和测量原理。
◇了解压阻式压力传感器的工作原理和测量电路。
◇熟悉压阻式压力传感器的特点。
◇掌握压阻式压力传感器的安装、使用与校验方法。
◇熟悉压阻式压力传感器的使用注意事项，了解其应用场合。

知识引入

在航空工业上，经常需要测量机翼气流压力分布、发动机进气口处的动压畸变；在生物医学上，需要将 10 μm 厚的硅膜片注射到生物体内，进行体内压力的测量；在军事工业上，需要测量爆炸压力和冲击波以及枪炮腔内的压力；在恒压供水系统中，需要监测水管出口的压力……这些场合，常常都会选用压阻式压力传感器。

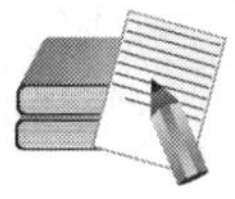

知识讲解

一、压阻式压力敏感元件

压阻式压力传感器的敏感元件是压阻元件，它主要由玻璃基座、硅杯和引出线等组成（图 3-45a）。硅杯是压阻元件的核心，是一块带有应变电阻的硅膜片。压阻元件的膜片和应变电阻经精细加工成一体结构，没有可动部分，因此也称为固态传感器。普通压阻元件通常用来测量气体或能够与单晶硅兼容的不导电的液体。带有隔离膜片的压阻元件可以测量与 316 不锈钢兼容的气体或液体。常见压阻元件的外形如图 3-46 所示。

压阻式压力敏感元件的压力测量原理与金属膜片式应变压力传感器的工作原理基本相同，只是使用的材料和工艺不同。压阻式压力敏感元件的弹性元件是单晶硅膜片，它是利用集成电路工艺，在一块圆形的单晶硅膜片上制成四个扩散电阻，组成一个全桥电桥电路。膜片用一个圆形硅杯固定，将两个腔体隔开，一端接被测压力，另一端接参考压力。当存在压差时，膜片会产生变形，使扩散电阻的阻值发生变化，电桥失去平衡，输出电压即可反映膜片承受的压差大小。

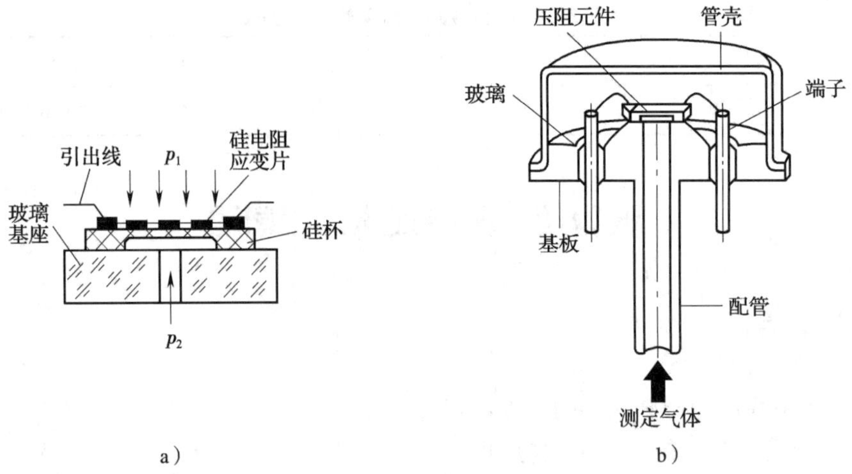

a）　　　　　　　　b）

图 3-45　压阻式压力敏感元件的结构

a）压阻元件　b）带封装的压阻元件

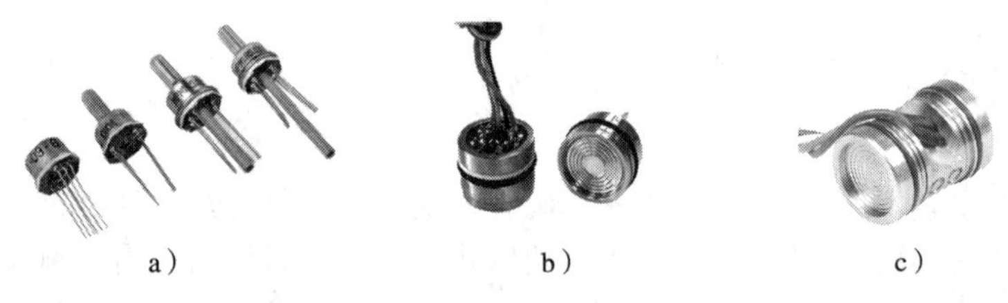

a）　　　　b）　　　　c）

图 3-46　常见压阻元件的外形

a）普通压阻元件　b）带隔离膜片的压阻元件　c）带隔离膜片的压差压阻元件

二、压阻式压力传感器的工作原理

对一块半导体材料的某一轴向施加一定的载荷而产生应力时，该材料的电阻率会发生变化，这种物理现象称为半导体的压阻效应。这是因为半导体电阻率的大小取决于有限载流子（即自由电子、空穴）的迁移率，加在单晶材料某一轴向上的外应力会使载流子迁移率发生较大的变化。半导体材料的电阻率发生变化时，其阻值相应也会变化。半导体材料的电阻变化率远大于金属应变片的电阻变化率。

压阻式应变片又称半导体应变片，其主要优点是体积小，结构比较简单，动态响应快，灵敏度高，能测出十几帕斯卡的微压。目前，压阻式压力传感器是一种比较理想且发展迅速的压力传感器。

将压阻式压力敏感元件紧密地安装到带压力接嘴的壳体中，就构成了压阻式压力传感器，如图 3-47 所示。根据压力敏感元件结构的不同，压阻式压力传感器可以测量绝对压力、相对压力及差压。

1. 测量绝对压力

绝对压力敏感元件在膜片的一侧有一个密封的近似真空的参考压力腔，即在未施加外界压力时，单晶硅膜片上已作用了一个大气压的压力。如图 3-48 所示，硅杯与玻璃基座封接后组成真空腔，此时测到的压力即为绝对压力。

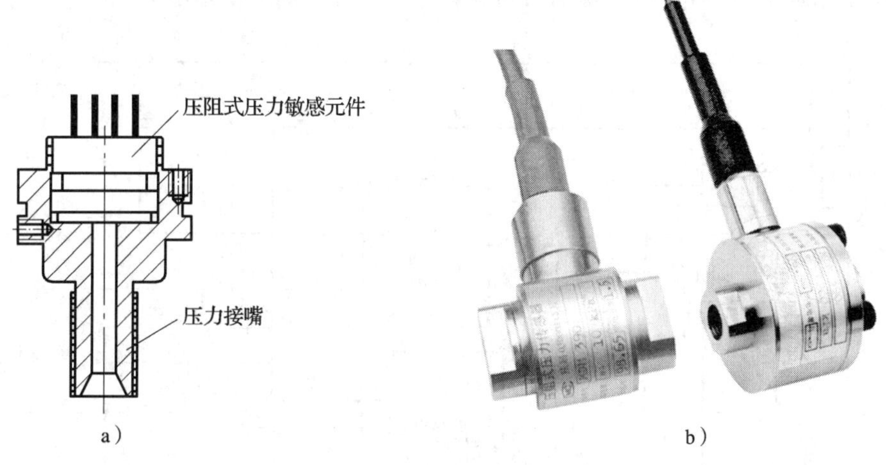

图 3-47　压阻式压力传感器

a）结构图　b）外形图

2. 测量相对压力（表压）

如图 3-49 所示，硅杯的一侧与大气相通，p_1为大气压。被测压力 p_2穿过玻璃基座引入硅杯的另一侧，若施加的压力 p_2大于大气压，可称为正压；若施加的压力 p_2小于大气压，可称为负压。此时测出的压力即为相对压力。

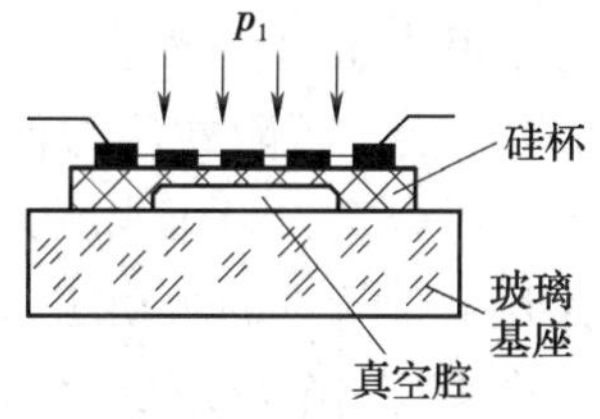

图 3-48　绝对压力敏感元件

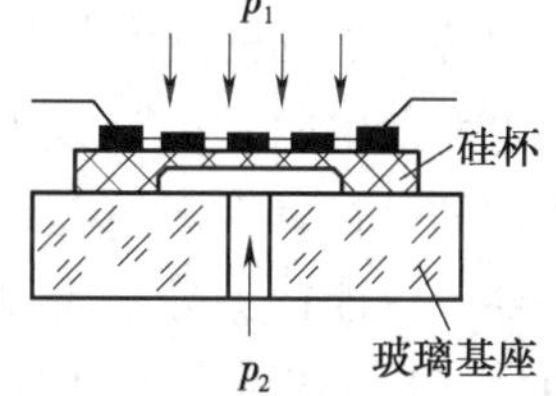

图 3-49　相对压力敏感元件

3. 测量差压

测量差压时，在硅杯的两侧设有两个进压口，一个进口压力为 p_1，另一个进口压力为 p_2，如图 3-49 所示，此时作用在硅杯上的压力为两个压力之差（差压），即所测的压力为 $\Delta p=p_1-p_2$。

三、压阻式压力传感器的测量电路

压阻式压力传感器的测量电路由恒流源、放大电路及调整电路等组成，如图 3-50 所示。敏感元件的四个扩散电阻在硅膜片上组成一个全桥电桥电路，由四根引脚引出。为提高压阻式压力传感器的稳定性，通常采用 1~2 mA 的恒流源供电。若供电电流过大，敏感元件的电阻产生自热，会使传感器输出不稳定；若供电电流过小，传感器的灵敏度就得不到保证。当恒流源为 1.5 mA 时，敏感元件满量程输出电压为 100 mV 左右，经放大电路放大后输出的电压为 1~5 V。调整电路可将输出电压精确地调节在要求的范围之内。

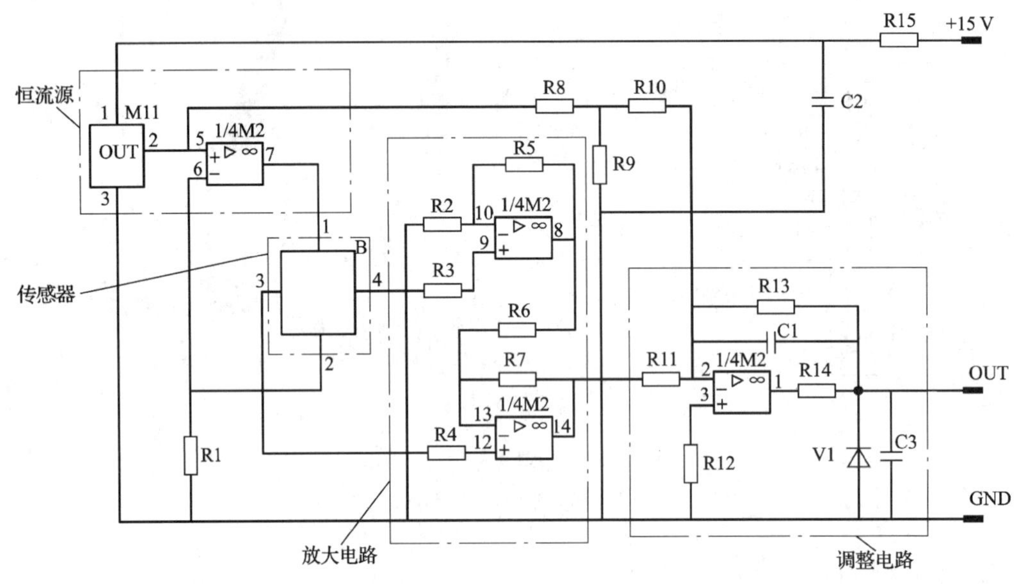

图 3-50　压阻式压力传感器的测量电路

四、压阻式压力传感器的特点

压阻式压力传感器的弹性元件是单晶硅膜片，可将压阻式压力传感器、稳压电源或稳流电源、补偿电路及电阻、A/D 或 D/A 电路做在一个芯片上。压阻式压力传感器的硅杯与玻璃基座采用的是在真空中静电封接的方法，因此特别适合作为绝压式压力传感器。压阻式压力传感器不仅能检测静态压力，还可检测频率为几十千赫兹的脉动压力，其固有频率可达1.5 MHz。压阻式压力传感器半导体应变片的灵敏系数比金属应变片的灵敏系数大 50~100 倍。因此，压阻式压力传感器的灵敏度高，适用于小压力测量。

带隔离膜片的敏感元件，硅杯密封于充满硅油的腔体中。传感器进行压力测量时，被测介质的压力作用于柔性不锈钢隔离膜片上，再通过腔内的硅油传递到内部的硅杯上，即可测得所需压力值。在此结构中，由于敏感元件被保护在一个与外界环境隔离的小空间里，不受外界各种恶劣测量环境的影响，因此其稳定性好，可靠性高，适用于各种恶劣测量环境，如潮湿、有腐蚀性介质等环境。

压阻式压力传感器有许多突出的优点，但其缺点也同样突出，那就是它的温度特性差，需要温度补偿，工艺复杂。

五、压阻式压力传感器的安装、使用与校验方法

压阻式压力传感器的安装与使用方法和应变式压力传感器基本相同。压阻式压力传感

器常用于小压力的测量，受外界应力影响大，安装时应小心谨慎，如连接时密封即可，不能用力过度，以避免器件受损，影响产品性能。压阻式压力传感器的连接方式有多种，包括锥形管（为防止锥形管脱落，通常用管夹紧固，如图 3-51 所示）与橡皮管的连接、锥螺纹的连接、加密封垫圈的连接、喇叭口与球头的连接等。

a）　　b）

图 3-51　锥形管连接

a）锥形管　b）管夹

压阻式压力传感器常用于气体压力或绝对压力的检测。校验气体压力传感器时，应按如图 3-52 所示连接校验电路，由压缩机为压力传感器提供压力，或由真空泵抽气，测绝对压力或负压，由数字式压力计监测、控制压力校验值，并计算传感器输出电压与压力的方程。

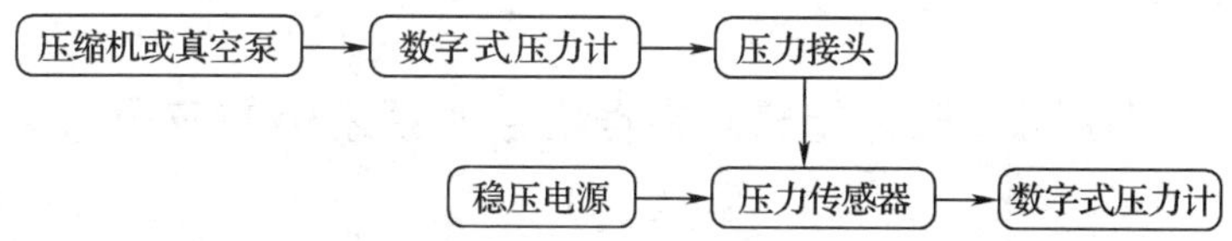

图 3-52　压阻式压力传感器校验电路框图

数字式压力计（图 3-53）分为绝对压力计和相对压力计，使用时应根据测量要求进行选择。

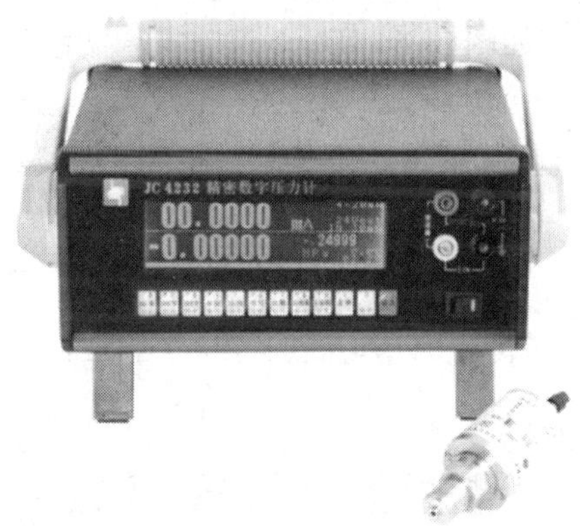

图 3-53　数字式压力计

六、压阻式压力传感器的使用注意事项

在使用压阻式压力传感器时，应注意压力传感器密封连接和预防压力传感器过载等问题。

压阻式压力传感器常用于气体的测量或小压力的测量，密封问题常被忽视。但如果测量有害气体或易燃气体，在安装好压力传感器之后，需要对整个压力系统进行加压气密检查，如使用氦检漏的方法进行气密检查。

超量程过载是常见的故障问题。压阻式压力传感器通常有三个压力范围：工作压力范围、过压压力范围和爆裂压力范围。工作压力范围是指正常工作的压力范围，传感器应在此范围内使用。过压压力范围是传感器能承受且不会造成永久损坏的压力范围，一般在满量程的 1.2 倍左右，如果超过过压压力范围，通常会导致永久性的性能改变。爆裂压力范围是传感器能保持其完整性的最大承受压力，如果超过这个压力范围，将造成传感器压力腔体爆裂，从而导致外壳破损，发生泄漏。因此，在使用时要根据量程准确选择压阻式压力传感器。

在对压阻式压力传感器通电前，要确认接线是否正确，电气连接是否严格按照接线说明进行，接线错误会造成电路的损坏，甚至严重损坏产品。

知识应用

压阻式压力传感器在恒压供水系统中的应用

一般城市水管网的水压只能保证 6 层以下居民的用水，为满足高层住宅楼居民的生活供水，需要在小区内设立恒压供水系统，将自来水公司的水压提升到一定的大小。恒压供水是指主水管出口压力恒定。变频调速恒压供水系统通过实时检测供水主管出口压力，与设定值进行比较，然后经压力调节器运算处理后，在线自动调节变频器输出频率，控制水泵的转速，使之随着压力的变化而变化，最终达到主水管出口压力稳定在设定值上的目的。恒压供水系统的原理框图如图 3-54 所示。主水管出口压力的检测常采用压阻式压力传感器。

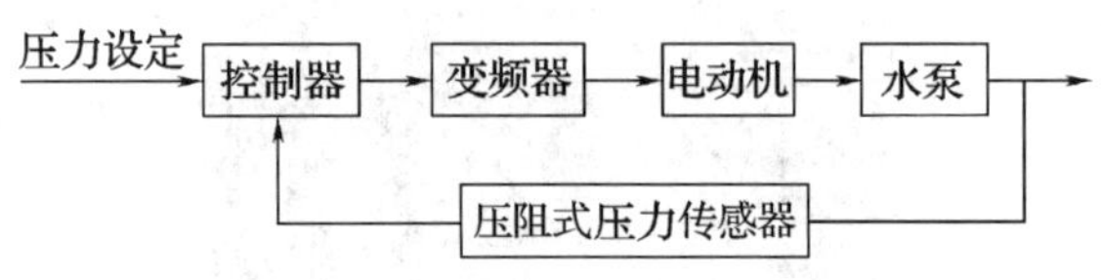

图 3-54　恒压供水系统原理框图

课题五　压力变送器

学习目标

◇了解压力变送器的作用和常见类型。
◇熟悉电容式传感器的常见类型和测量电路。
◇熟悉电容式压力变送器的结构。
◇掌握使用电容式压力变送器测量液位的原理。
◇熟悉压力变送器的使用注意事项。
◇熟悉压力变送器的常见故障及处理方法，了解其应用场合。

知识引入

图 3-55 所示是常见的油库管理系统。在油库管理系统中，油量的计量是关键，只有能够实时采集和处理储罐中所储油品的各项数据，保证油库油量计量的准确性，才能保证结算的准确性，提高油库管理水平和自动化运营能力。一般情况下，通过测量油罐的液位可以计算油量的实际数量（即吨数），同时还可以防止储油罐溢满，因此在油库管理系统中，储油罐的液位测量十分重要。油罐的液位可以采用压力变送器测量。

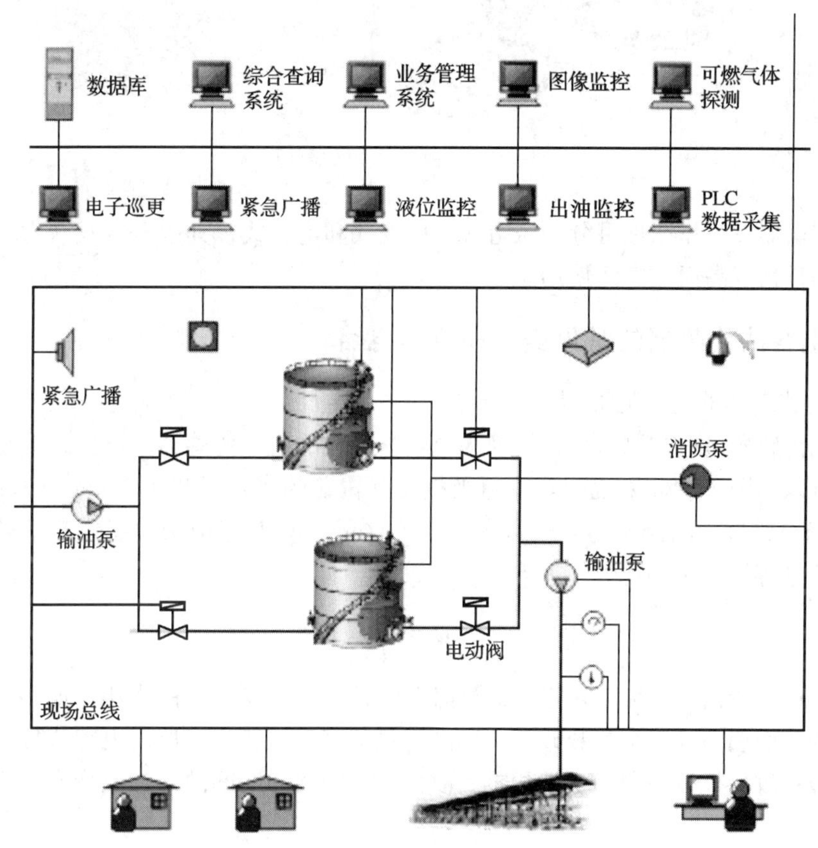

图 3-55 油库管理系统

知识讲解

压力变送器由压力传感器、信号转换电路、壳体及各种连接件组成。压力传感器将来自现场的液体或气体等介质的压力参数转换成微小的电流或电压信号，通过标准的转换电路转换成 DC 4~20 mA 或 DC 1~5 V 的工业标准信号，送至显示仪、记录仪、计算机或控制器等设备。在工业中，压力变送器常被称为现场仪表或一次仪表，其外形如图 3-56 所示。

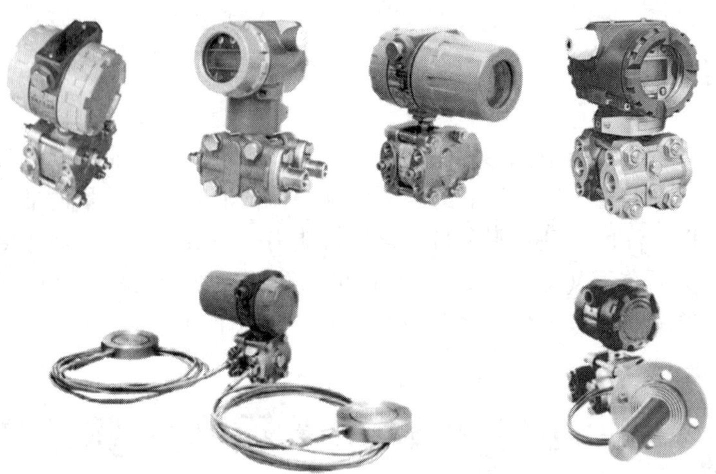

图 3-56　各种压力变送器外形

压力变送器按工作原理可分为压阻式、应变式和电容式，其中电容式压力变送器因稳定性好、测量精度高而被广泛使用。

一、电容式传感器的常见类型和测量电路

1. 电容式传感器的常见类型

电容式传感器是把被测量变化转换为电容量变化的一种传感器。电容式传感器的基本工作原理可以用图 3-57a 来说明。设两极板相互覆盖的有效面积为 A（m^2），两极板间的距离为 d（m），极板间介质的介电常数为 ε（F/m），在忽略极板边缘影响的条件下，平板电容器的电容量 C（F）为：

$$C=\frac{\varepsilon A}{d}$$

由上式可以看出，A、d、ε 三个参数都直接影响着电容量 C 的大小。如果保持其中两个参数不变，而使另外一个参数改变，则电容量就将发生变化。所以电容式传感器可以分为三种类型：改变极板面积的变面积式、改变极板距离的变间隙式、改变介电常数的变介电常数式。

（1）变面积式电容传感器

图 3-57b 所示是一直线位移型电容式传感器的示意图。当动极板移动 Δx 后，覆盖面积就发生变化，电容量也随之改变，电容因位移而产生的变化量为：

$$\Delta C=C-C_0=-\frac{\varepsilon b}{d}\Delta x=-C_0\frac{\Delta x}{a}$$

C_0 为静态电容量。其灵敏度 $K=\frac{\Delta C}{\Delta x}=-\frac{\varepsilon b}{d}$，可见，增加 b 或减少 d 均可提高传感器的灵敏度。

图 3-57c 所示是角位移型电容式传感器。当动片有　角位移时，两极板间覆盖面积就

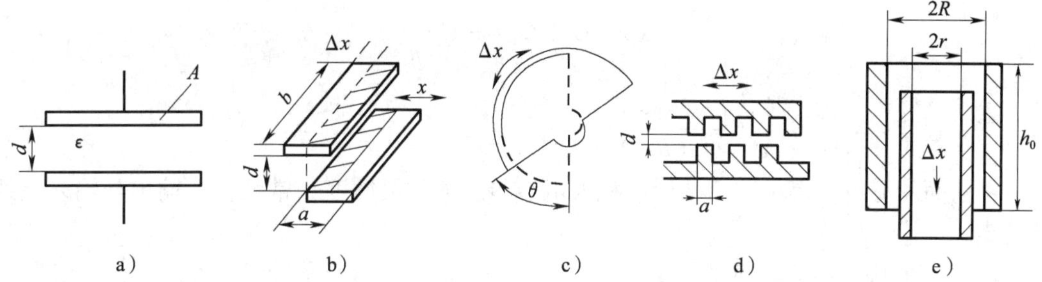

图 3-57　变面积式电容传感器

a）平板电容式传感器　b）直线位移型电容式传感器　c）角位移型电容式传感器　d）锯齿板型电容式传感器　e）同心圆筒型电容式传感器

发生变化，从而导致电容量的变化，此时电容值为：

$$C=\frac{\varepsilon A\left(1-\frac{\theta}{\pi}\right)}{d}=C_0\left(1-\frac{\theta}{\pi}\right)$$

$$\Delta C=C-C_0=-C_0\frac{\theta}{\pi}$$

其灵敏度 $K=\frac{\Delta C}{\theta}=-C_0\frac{\theta}{\pi}/\theta=-\frac{\varepsilon A}{d}\cdot\frac{1}{\pi}=-\frac{\varepsilon A}{\pi d}$。$A$ 为两极板间覆盖面积，θ 为动片转动角度。

图 3-57d 所示电容式传感器的极板采用了锯齿板，其目的是增加遮盖面积，提高灵敏度，便于加工。当锯齿板极板的齿数为 n，锯齿板长度为 b，移动 Δx 后，其电容量为：

$$C_0=\frac{n\varepsilon ba}{d}$$

$$C=\frac{n\varepsilon b(a-\Delta x)}{d}=C_0-n\frac{\varepsilon b}{d}\Delta x$$

$$\Delta C=C-C_0=-n\frac{\varepsilon b}{d}\Delta x=-C_0\frac{\Delta x}{a}$$

其灵敏度 $K=\frac{\Delta C}{\Delta x}=-n\frac{\varepsilon b}{d}$。

图 3-57e 所示是同心圆筒型电容式传感器。当外圆筒不动，内圆筒在外圆筒内做上下直线运动时，两个同心筒的覆盖面积会发生变化，从而导致电容量的变化，此时电容值为：

$$C=\frac{2\pi\varepsilon(h_0-\Delta x)}{\ln(R/r)}=C_0\left(1-\frac{\Delta x}{h_0}\right)$$

$$\Delta C = C - C_0 = -C_0 \frac{\Delta x}{h_0}$$

其灵敏度 $K=\frac{\Delta C}{\Delta x}=-\frac{C_0}{h_0}=-\frac{2\pi\varepsilon}{\ln(R/r)}$

由前面的分析可得出结论，变面积式电容传感器的灵敏度为常数，即输出与输入呈线性关系。

（2）变间隙式电容传感器

图 3-58 所示是变间隙式电容传感器。当活动极板因被测对象的改变而引起移动时，两极板间的距离 d 发生变化，从而改变了两极板之间的电容量 C。

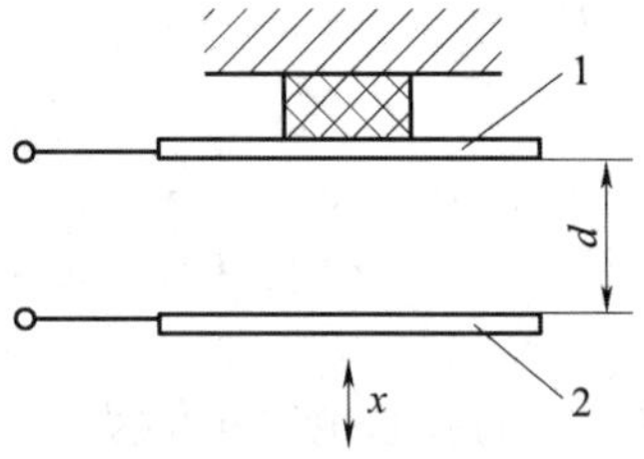

图 3-58　变间隙式电容传感器

1—固定极板　2—与被测对象相连的活动极板

设极板面积为 A，其静态电容量 $C_0=\frac{\varepsilon A}{d}$，当活动极板移动 x 后，其电容量为：

$$C = \frac{\varepsilon A}{d - x} = C_0\left(1 + \frac{x}{d - x}\right)$$

由上式可以看出电容量 C 与位移量 x 不是线性关系，只有当 $x \ll d$ 时，才可认为是近似线性关系。同时还可以看出，要提高灵敏度，应减小起始间隙 d。但当 d 过小时，又容易引起电容击穿，同时加工精度要求也变高了。因此，一般是通过在极板间放置云母、塑料膜等介电常数高的物质来改善这种情况。在实际应用中，为了提高灵敏度，减小非线性，经常采用差动式结构，如图 3-59 所示。当中间极板上下移动时，电容 C_1、C_2同时发生变化。

（3）变介电常数式电容传感器

当电容式传感器中的电介质改变时，其介电常数发生变化，从而引起电容量变化。此类传感器的结构形式有很多种，图 3-60 所示为介质面积发生变化的电容式传感器，这种传感器可用来测量物位或液位，也可测量位移。

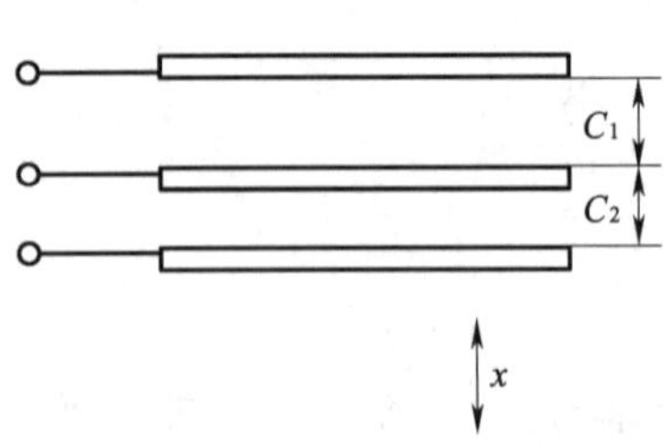

图 3-59　差动式电容传感器

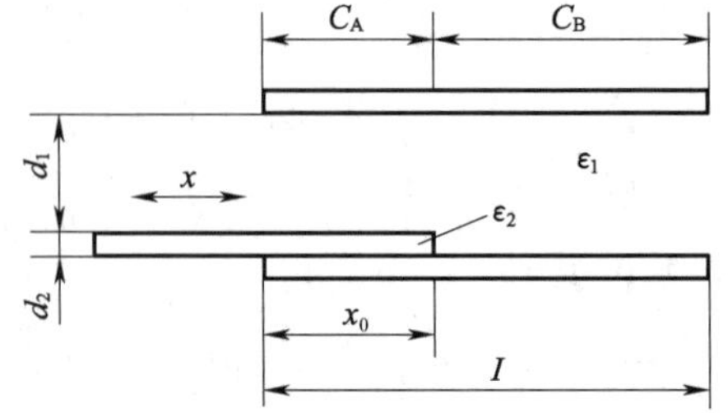

图 3-60　介质面积发生变化的电容式传感器

2. 电容式传感器的测量电路

用于电容式传感器的测量电路很多，常见的电路有普通交流电桥电路、变压器电桥电路、运算放大器测量电路（图 3-61）、脉冲调制电路（图 3-62）、调频电路等。

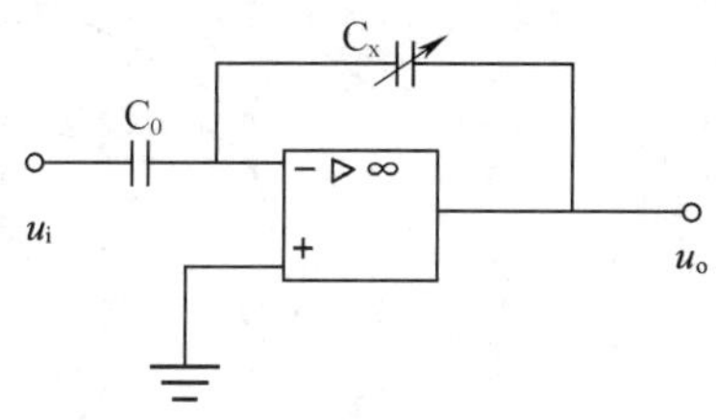

图 3-61　运算放大器测量电路

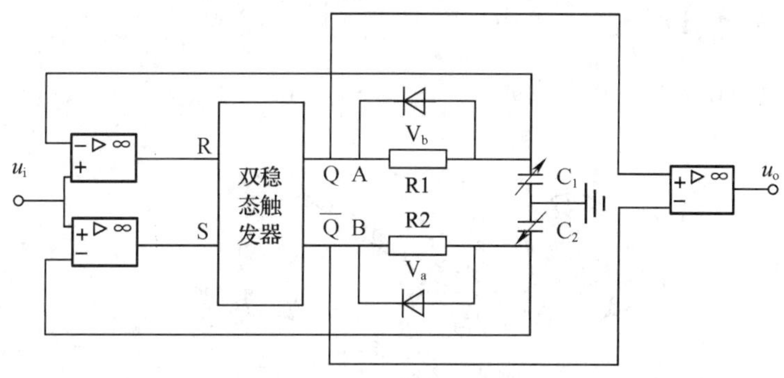

图 3-62　脉冲调制电路

二、典型电容式压力变送器的结构

1151 系列电容式压力变送器是引进美国罗斯蒙特公司技术制造的产品，在国内外市场上享有很高的声誉，其外形如图 3-63 所示。它具有设计原理新颖、安装使用简便、安全防爆等特点，并以精度高、坚固耐振、调整方便、长期稳定性高、单向过载保护特性好著称。

1151 系列电容式压力变送器敏感元件结构如图 3-64 所示。被测介质的两个压力分别通入高、低压力腔内，作用在压力敏感元件两侧的隔离膜片上，通过隔离膜片和 δ 室内的填充液传到测量膜片两侧。测量膜片与两侧刚性绝缘体上的电极各组成一个电容，形成差动结构。在无压力通入或两侧压力均等时测量膜片处于中间位置，压力敏感元件的两电容量相等；当两侧压力不一致时，会导致测量膜片产生位移（该位移量和压力差成正比），使两侧电容量发生变化。通过检测电容量的变化，可以测量出作用在压力敏感元件两侧的压力差，压力变送器的转换电路将该信号放大转换成 4~20 mA 的两线制电流信号。电容式压力变送器的结构示意图如图 3-65 所示。

所谓两线制是指仪表与外界的连线只需两根导线。多数情况下，其中的一根线接 DC 24 V电源线，另一根既为电源负极引出线，又作为信号传输线。在信号传输线的末端通过一只标准负载电阻（也称取样电阻）接地，将电流信号转变成电压信号。由于电流信号不易受干扰，且便于远距离传输，在工业生产及控制中多采用电流输出。

图 3-63　1151 系列电容式压力变送器外形

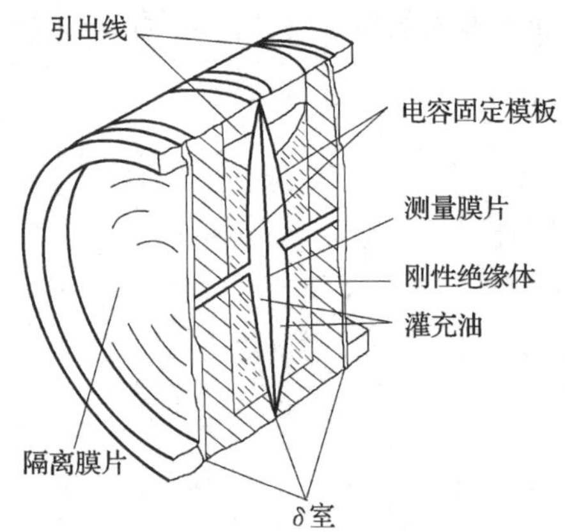

图 3-64　1151 系列电容式压力变送器敏感元件结构

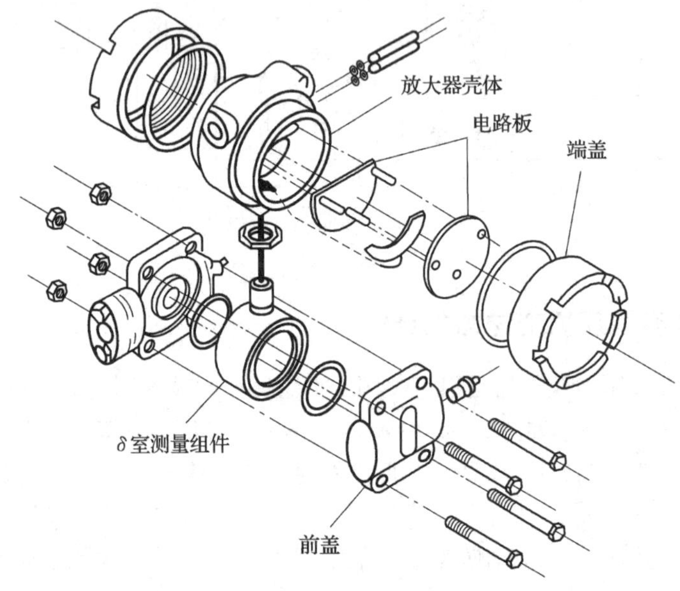

图 3-65　电容式压力变送器的结构示意图

三、使用电容式压力变送器测量液位的原理

电容式压力变送器的两个压力接口，一个接在油罐底部，一个接在油罐顶部，如图 3-66 所示。所测压力差与液面高度成正比，即 $\Delta p=\rho g\Delta h$。由于油罐一般是圆柱形，其截面圆的面积 S 是固定的，那么，重力 $G=\Delta p\cdot S=\rho g\Delta h\cdot S$，$G$ 与 Δp 成正比关系，而 $G=mg$，即只要准确地检测出 Δp 的值，就可以得到实际油品的库存量。

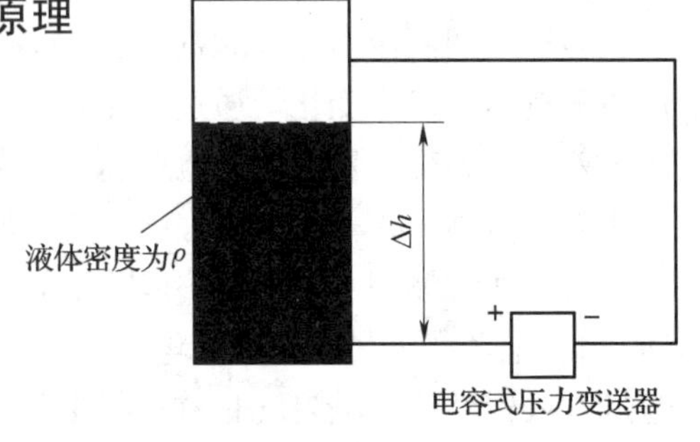

图 3-66　使用电容式压力变送器测量液位

温度变化时，虽然油品的体积会膨胀或缩小，但液体密度 ρ 与高度 Δh 成反比，因此所检测到的压力始终是保持不变的，即罐内油量的实际质量不受温度影响。

四、压力变送器的使用注意事项

压力变送器在管道上的安装位置与被测介质有关，为了获得最佳的测量效果，应注意考虑下列情况。

（1）应防止压力变送器与腐蚀性或过热的介质接触。

（2）应防止渣滓在引压管内沉积。

（3）测量液体压力时，取压口应开在流程管道侧面，以避免沉渣。

（4）测量气体压力时，取压口应开在流程管道顶端，并且压力变送器也应安装在流程管道上部，以使积累的液体容易注入流程管道中。

（5）引压管应安装在温度波动小的地方。

（6）测量蒸汽或其他高温介质时，需接缓冲管（盘管）等冷凝设备，不应使压力变送器的工作温度超过使用极限。

（7）冬季发生冰冻时，安装在室外的压力变送器必须采取防冻措施，以避免引压管内的液体因结冰体积膨胀而导致传感器损坏；测量液体压力时，压力变送器的安装位置应避免遭到液体的冲击（水锤现象）。

接线时，应注意电源的正负极，并用螺钉拧紧，以防导线松动，造成接触不良。

五、压力变送器的常见故障及处理方法

在使用压力变送器时，经常会发生一些故障，如果是传感器损坏，就需要更换传感器，返厂维修。但如果是测压系统的气路或电路接线出现故障，则可以自行维修。

1. 压力变送器的引压管堵塞

在生产过程中，常会发现被测介质内含有固体悬浮颗粒或粉末，时间久了，这些物质还会固化，导致引压管堵塞，使测量无法正常进行。在这种情况下，就不能再使用普通的引压管，而要用隔膜式压力表或法兰式变送器。法兰膜盒面积大，较易清除被测介质，并能承受较高的温度，所以应用十分广泛。它除了用于测量含有悬浮颗粒的浆液或过于黏稠，易于冻结、固化、结晶的介质外，还常用于引压管中的气体较易出现凝液或液体介质中较易出现汽化的场合，因为这些场合中的介质若用普通仪表测量，会使引压管中的静压变化而导致仪表输出不稳定。

2. 电容式压力变送器高低压导管接反

如果电容式压力变送器高低压导管接反，当系统工作时，电容式压力变送器的输出不但不会上升，反而会偏至零下。

处理高低压导压管接反的问题，对于气动变送器和某些电动变送器来说是比较困难的，需要重新安装，工作量较大，特别对于正在投运的工艺装置和装有保温散热装置的仪表系统，更是一件麻烦的事情。

3. 电容式压力变送器输出值长时间不变

电容式压力变送器显示仪表的输出值若长时间无变化，则应对变送器正压侧进行排污检查，对引压管做疏通处理。

4. 电容式压力变送器指示值持续波动

电容式压力变送器指示值持续波动，如不及时处理，将导致整个系统停止工作。出现此问题时，首先应对变送器的阻尼进行调整，如经调整后仍然波动，就应对变送器重新校验，看其膜片是否损坏。如果经校验发现一切正常，就应重点检查周围环境有无电磁干扰等。

知识应用

压力变送器在油库液位检测中的应用

某油库高 14 m，直径 14.5 m，在选用压力变送器进行油库液位检测时，通常可以有以下两种方案。

方案一：选用 1151 法兰式隔爆型压力变送器检测油罐液位高度，变送器量程为 0~140 kPa。选用法兰式而不选用带引压管的压力变送器，是为了防止因罐底杂质沉淀而堵塞引压管。

在油罐顶部，设计一套液位报警装置，以防止油品满溢，作为双保险。在应用中由于测量值直接为吨数，故油罐不论储存何种油品，二次仪表显示的值都是油罐内油品的吨数，因此避免了需要测定密度进行换算的麻烦。

方案二：油品出入库用泵输送，也可以采用椭圆齿轮流量计计量容积。要计算出油量质量，还需测量密度，而且由于流量计的精度有限，最高也只有 0.2 级，其结果会有测量误差，造成计量纠纷。

方案一测量结果是油罐油量的吨数，而且精度可达到 0.2 级甚至 0.1 级，因此，与容积式流量计相比，计量结果更准确。虽然在小数量的油品出入库时，由于分辨率的原因，测量结果的绝对误差较大，但在大数量的油品出入库时，电容式压力变送器具有较高的精度和较小的相对误差，是其他计量手段无法比拟的，特别适合进行月度、季度、年度的油罐存量测量。

设计和安装差压传感器时应将油罐底部的引压开孔尽可能放低，以消除系统测量误差。

在油罐的罐体水平截面不等的情况下（如上小下大），要考虑补偿措施。如果油罐顶部装有呼吸阀，必须采用电容式压力变送器测量压力差。如果测量敞口油罐或精度要求不高时，也可以采用普通压力变送器测量压力，以方便安装，降低成本。

实践表明，用电容式压力变送器测量液位的主要优点有安装维护简单、方便；读数直接、明确，可直接读出油品的库存量；免除了密度的测定和换算。

模块四　位移的测量

位移是物体在一定方向或角度上的位置变动。在工业生产和生活中，位移测量应用很广，如测量物体的移动量、转动量、变形量，零部件的位置、厚度、距离等。同时，通过测位移还可以反映很多相关参数，如力、扭矩、压力、速度、加速度等。因此，位移测量是最基本的测量之一。

从被测量的角度，位移测量可分为线位移测量和角位移测量；从测量参数特性的角度，可分为静态位移测量和动态位移测量；从输出信号形式的角度，可分为模拟式位移测量、数字式位移测量和开关量位移测量（位置测量）。位移测量的核心是根据量程、精度等选择合适的传感器，常用的位移传感器有模拟式的电位器式、电感式、电容式、霍尔式位移传感器，数字式的光栅、磁栅、光电编码器位移传感器，开关量输出的接近开关、液位开关等。

课题一　电位器式位移传感器

学习目标

◇了解电位器式位移传感器的特点。
◇熟悉线绕电位器式位移传感器的工作原理和输出特性。
◇了解非线绕式电位器的常见类型。
◇熟悉电位器式位移传感器的应用。

知识引入

以电子节气门（图 4-1）为核心的汽车电子节气门控制系统已成为当代汽车的标配部件。驾驶员踏下加速踏板后，节气门在电动机驱动下开启，传感器将开口大小（开度）转变为电信号传送给汽车电子控制单元（ECU），从而调整进气管中的空气量和喷油器的喷油量，改变发动机转速和功率。其中，测量和反馈节气门开度的角位移传感器起到举足轻重的作用。

图 4-1　电子节气门

知识讲解

一、电位器式位移传感器的特点

节气门位置传感器用于感受发动机在各种工况下节气门的开度信号，通常采用电位器（电位计）式位移传感器来实现（图 4-2）。这种传感器可将直线位移、角位移和容易转变为位移的物理量的变化转换成与其有确定关系的阻值的变化，属于接触型的电阻式传感器（电阻式位移传感器另一典型代表应变式传感器已在模块三中介绍过）。

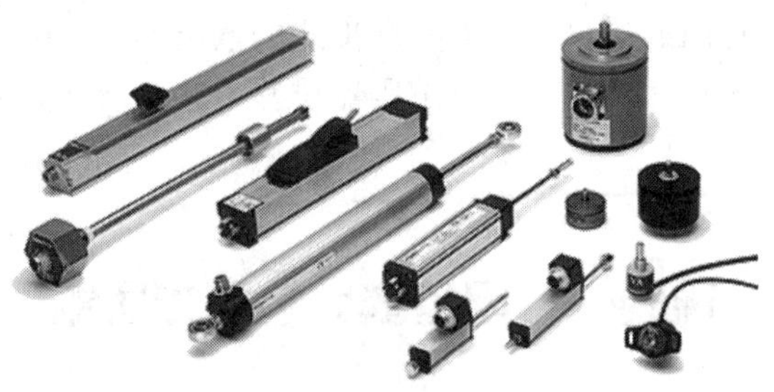

图 4-2　电位器式位移传感器

电位器式位移传感器按运动形式分为直线式和旋转式，按电阻元件分为线绕式和非线绕式，按结构分为滑线式、半导体式、骨架式、分段电阻式等。普通的线绕式电位器一般包括电阻丝、电刷、骨架、转轴等部分（图 4-3），电刷由触头、臂及轴承等构成，骨架常用陶瓷、酚醛树脂及工程塑料等绝缘材料制成。这类传感器因结构简单、成本低廉、输出信号大、线性度好、性能稳定，广泛用于被测位移量变化较大的场合；缺点是精度不高，要求输入能量大（要能够带动电刷移动），电刷与电阻间易磨损，导致使用寿命短、动态性能差，因而多用于静态或缓变信号的测量。

二、线绕电位器式位移传感器

1. 工作原理

线绕电位器式位移传感器的工作原理如图 4-4 所示。U_i为输入的工作电压，U_o为输出电压，x 为电位器电刷移动的长度，L 为总长度。若电位器绕线的截面积 S 各段均相等，材质相同（电阻率ρ相同），则由电阻的公式$R=\rho\frac{L}{S}$可知，$R_x=\frac{x}{L}R$。

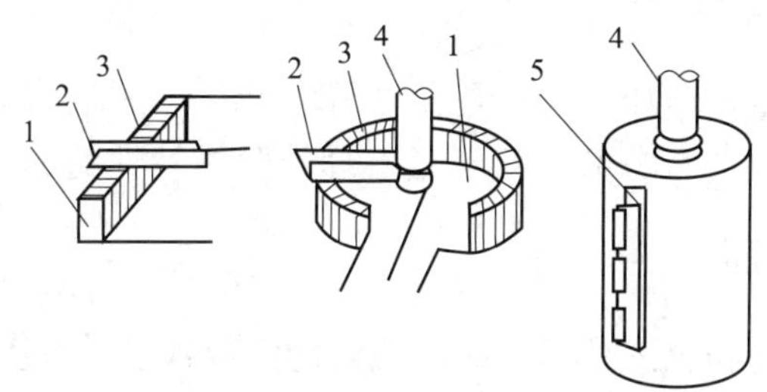

图 4-3　线绕式电位器的结构

1—骨架　2—电刷　3—电阻丝　4—转轴　5—接线端子

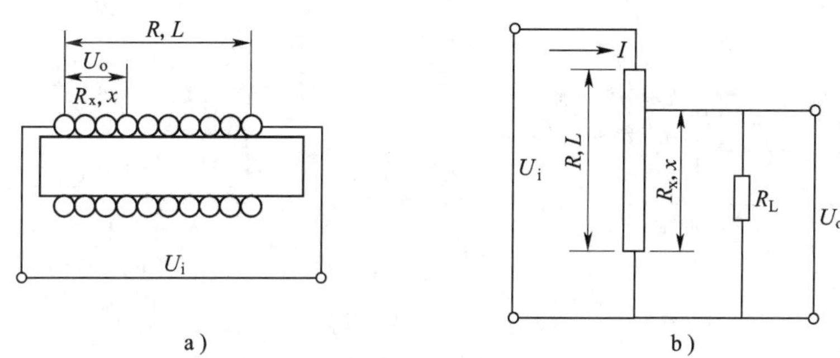

图 4-4　线绕电位器式位移传感器的工作原理

若电位器为空载（$R_L=\infty$），则根据分压原理得：

$$U_o=\frac{x}{L}U_i$$

对于角度输出的旋转电位器，对应的输出电压为：

$$U_o=\frac{\alpha}{\alpha_{max}}U_i$$

式中　α——滑臂离开始点的转角；

α_{max}——滑臂最大的转角。

2. 输出特性

（1）阶梯特性

由线绕电位器式位移传感器的结构可知，当电刷在变阻器线圈上移动时，电位器的阻值随电刷从一匝移动到另一匝呈不连续变化，输出电压U_o也是跳跃式变化的。电刷每移动一匝线圈，使输出电压产生一次跳跃，若移动n匝线圈，则输出电压的阶跃值为：

$$\Delta U=\frac{U_o}{n}$$

因此，传感器的输出呈现出阶梯特性，如图 4-5a 所示，当电刷从第n-1 匝移至第n

匝时，电刷瞬间使相邻两匝线圈短接，使每一个电压阶跃中再产生一次小阶跃。工程应用中，通常将真实的输出特性曲线理想化为图 4-5b 所示的阶梯特性曲线或近似为直线。

（2）电压分辨率

电位器式位移传感器的电压分辨率是在电刷行程内电位器输出电压阶梯（阶跃）的最大值与最大输出电压之比的百分数。对于具有理想阶梯特性的线绕电位器式位移传感器，其电压分辨率为$\frac{U_o/n}{U_o}\times100\%=\frac{1}{n}\times100\%$。

由上式可以看出，电位器式位移传感器绕线的匝数越多，电压分辨率越高。增加匝数可以通过减小导线直径或增加骨架长度来实现。

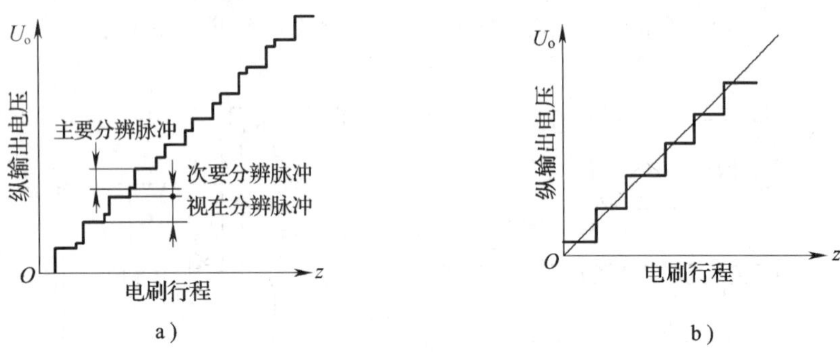

图 4-5　线绕电位器式位移传感器的阶梯特性

a）实际阶梯特性　b）理想阶梯特性

三、非线绕式电位器

电位器式位移传感器除了上面介绍的线绕式外，还常用到以下三类材料的非线绕式电位器。

1. 膜式电位器

膜式电位器通常分为碳膜电位器和金属膜电位器。碳膜电位器是通过在绝缘骨架表面涂一层均匀的电阻液，利用烘干聚合后形成的电阻膜制成的。其优点是分辨率高，耐磨性好，工艺简单，成本低；缺点是接触电阻大。金属膜电位器是在玻璃等绝缘基体上喷涂一层铂铑、铂铜合金金属膜制成的。其优点是温度系数小，适合高温工作；缺点是功率小，耐磨性差。

2. 导电塑料电位器

导电塑料电位器又称有机实心电位器，采用塑料和导电材料（石墨、金属合金粉末等）混合模压而成，量程为 10~4 000 mm，常用于接触式直线位移测量。其优点是分辨率高，使用寿命长，旋转力矩小，功率大；缺点是接触电阻大，耐热、耐湿性能差。

3. 光电电位器

图 4-6 所示为光电电位器，光电电位器是非接触式电位器，采用光束代替电刷。光束

在电阻带、光电导层上移动时，光电导层受到光束激发，使电阻带和集电极导通，在负载电阻两端便有电压输出。光电电位器的优点是阻值范围宽（500 Ω～15 MΩ），无磨损，使用寿命长，分辨率高；缺点是不能输出大电流，测量电路复杂。

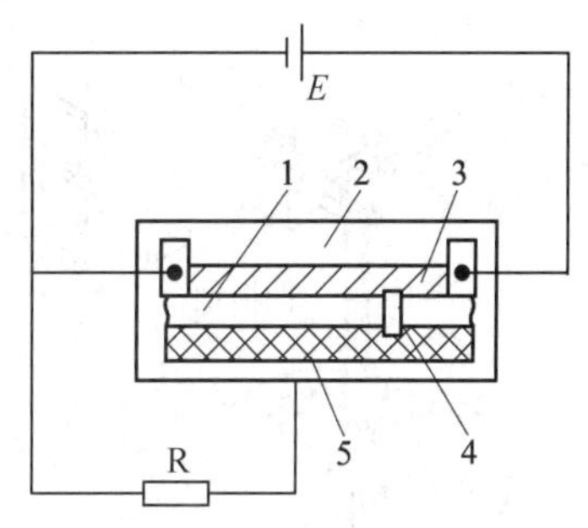

图 4-6　光电电位器
1—光电导层　2—基体　3—电阻带
4—窄光束　5—集电极

四、电位器式位移传感器的应用

电位器式位移传感器是电位器式传感器的典型应用，其输入为线位移或角位移，输出为电压（需要外部电源供电）。因为输出幅值较大，可以直接送至显示器、控制器或采集装置。电位器式位移传感器常用于测量几毫米到几十米的位移和几度到 360°的角度。

图 4-7a 所示是替换杆式位移传感器，可用于量程为 10～320 mm 的多种测量范围。由于采用替换杆（每种量程对应一种杆），当位移超过测量范围时，可以很容易脱开，换上其他杆。图 4-7b 所示是测量角位移的电位器式位移传感器。图 4-7c 所示是测量小位移的电位器式位移传感器，可以将线位移转变为角位移。

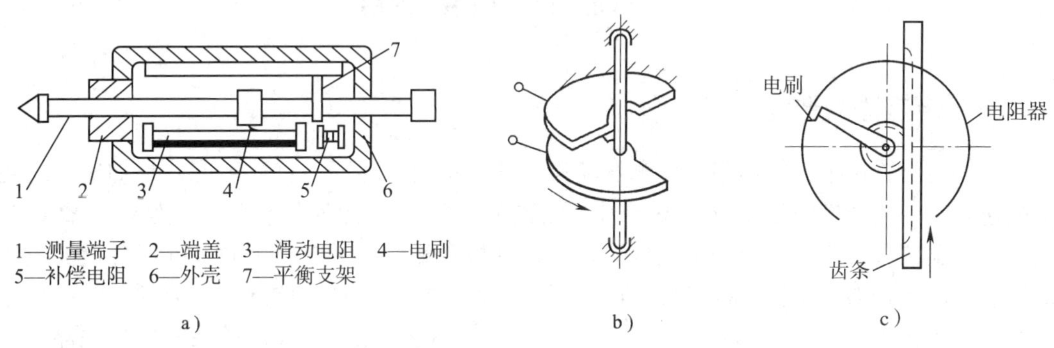

图 4-7　电位器式位移传感器
a）替换杆式位移传感器　b）测量角位移的电位器式位移传感器　c）测量小位移的电位器式位移传感器

除了用于测量直线位移和角位移外，电位器式位移传感器还可以和弹性元件结合，测量压力、力、加速度等与位移相关或容易转化为位移的物理量，一些典型应用如图 4-8 所示。

图 4-8a 所示为电位器式压力传感器，弹性敏感元件膜盒的内腔通入被测流体，在流体压力作用下，膜盒中心变形，推动连杆上移，使曲柄轴带动电位器的电刷在电位器绕组上滑动，因而输出一个与被测压力成比例的电压信号。图 4-8b 所示为电位器式加速度传感器，惯性质量块在被测加速度的作用下上下移动，使其上下两端的片状弹簧产生正比于被测加速度的位移，从而引起电刷在电位器的电阻元件上滑动，输出一个与加速度成比例的电压信号。

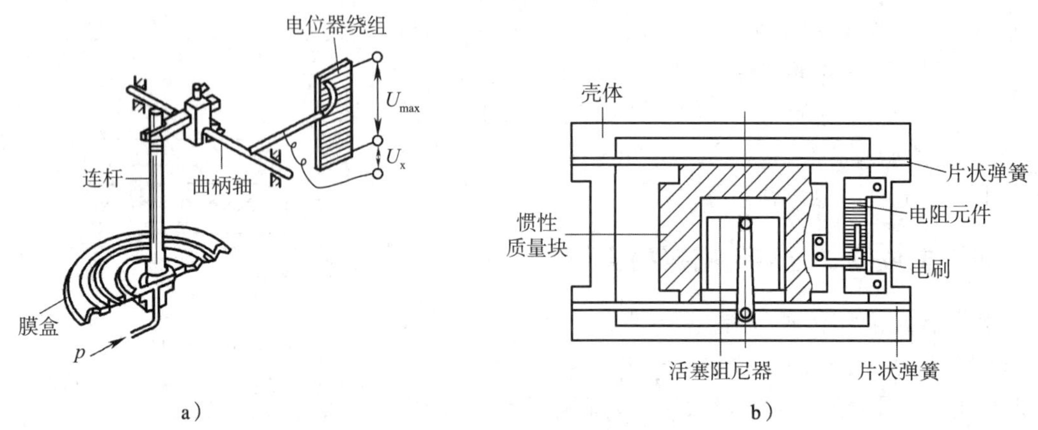

图 4-8 电位器式位移传感器的应用
a）电位器式压力传感器 b）电位器式加速度传感器

知识应用

节气门位置传感器的应用

一、传感器的选型

节气门位置传感器的作用是检测发动机是处于怠速工况还是负荷工况，是加速状态还是减速状态。当节气门处于怠速位置时，位置传感器（角位移传感器）向发动机 ECU 输出怠速工况信号；当节气门处于其他位置时，其检测和输出对应于不同节气门开度的电压信号。考虑到希望传感器结构简单、成本低廉、输出功率大且对控制精度要求不高，选用了图 4-9 所示的旋转电位器式位移传感器。具体型号建议根据汽车品牌选择原厂产品，不同车型的传感器虽然可能外观相同，但电位器的电阻参数往往有差别，接上去后系统会报错。

图 4-9 旋转电位器式位移传感器

二、测量和连接方案

传感器与相关电气元件连接组成电子节气门控制系统，如图 4-10 所示，主要包括加速踏板、节气门位置传感器、ECU、微型电动机和节气门执行机构等。工作过程为：加速踏板的角位移传感器监测踏板位置，当踏板高度有变化时，将信息送往 ECU，ECU 运算处理后发出控制信号，控制电动机转动，以改变节气门开度。节气门位置传感器感受到开度变化后，将信号反馈给 ECU，控制发动机工作。节气门上的两组位置传感器需要 5 V 电源供电，输出信号送入 ECU 相关端口，经 A/D 转换后进行运算处理。

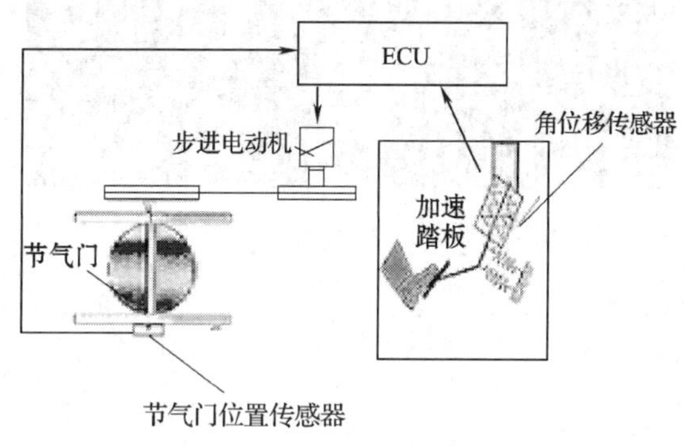

图 4-10 电子节气门控制系统

课题二 电感式位移传感器

学习目标

◇了解电感式位移传感器的类型。
◇熟悉差动变压器式位移传感器的工作原理、输入输出特性、基本参数和特点。
◇熟悉电涡流式位移传感器的工作原理和测量系统的组成。
◇熟悉电感式位移传感器的测量转换电路。
◇熟悉电感式位移传感器的安装和使用注意事项，并能正确选用。

知识引入

对于发电厂中的汽轮机、钢铁厂中的离心式压缩机、煤矿运输中的矿井提升机等工厂中使用的大型旋转机械来说，轴向位移量是一个十分重要的需要连续监控的参数。轴向位移是指旋转机器的转子部件沿轴心方向的位移，测量轴向位移可以得知旋转部件与固定部件间的轴向间隙或位移变化，防止机器损坏。

测量旋转机械的轴向位移一般需要由位移传感器、测量转换电路及监测仪表组成的轴向位移监测系统来实现，其中位移传感器负责在线测量转子部件的轴向位移量。通常，旋转机械转动部件的轴向位移量较小，在 10 mm 以下，但测量精度要求较高，在 1%以上。

图 4-11 所示为发电厂汽轮机转子部件。

图 4-11　发电厂汽轮机转子部件

知识讲解

一、电感式位移传感器的类型

需要进行小量程、高精度的位移测量时往往会用到电感式位移传感器，这类传感器能将输入的物理量转换为电感（自感或互感）的变化，再由测量转换电路转换为标准电信号输出。电感式位移传感器的结构简单，测量精度和分辨率高，线性度好。根据具体结构和工作原理，电感式位移传感器可以分为变磁阻式、差动变压器式和电涡流式，如图 4-12 所示。

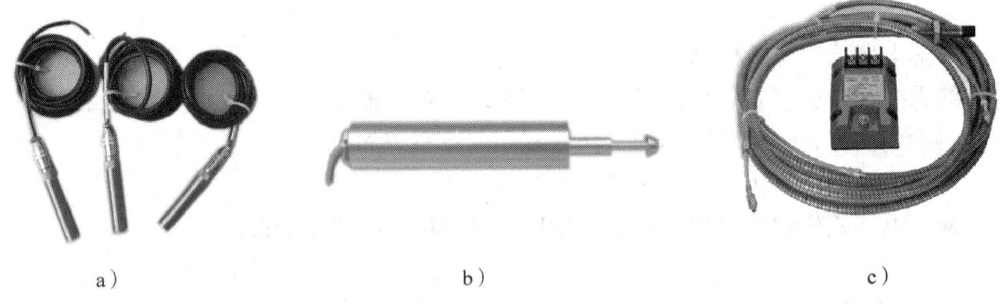

a）　　b）　　c）

图 4-12　电感式位移传感器

a）变磁阻式位移传感器　b）差动变压器式位移传感器　c）电涡流式位移传感器

狭义的变磁阻式位移传感器即为自电感式传感器，是将非电量的变化转换为电感线圈自感系数变化的传感器，这类传感器因测量范围小（几微米到几百微米）、灵敏度较低，较少单独使用；差动变压器式位移传感器是把被测量的变化转换为线圈互感量变化的传感器，因其二次线圈接成差动形式，且根据变压器的基本原理工作，故称为差动变压器式位移传感器；电涡流式位移传感器则是利用导电金属的涡流效应工作的。

因为差动变压器式位移传感器和电涡流式位移传感器在位移测量中应用广泛，本课题主要对这两类传感器的知识进行探讨。

二、差动变压器式位移传感器

差动变压器式位移传感器可分为变隙式、变面积式和螺线管式，应用最多的是螺线管式，可测量 1～100 mm 范围内的机械位移，测量精度高，灵敏度高，结构简单，性能可靠。

1. 工作原理

差动变压器式位移传感器可看成由可动铁芯、一次线圈、两个二次线圈组成的变压器，典型结构如图 4-13a 所示，图中二次线圈 3 和 4 反极性串联，接成差动形式。当一次线圈 2 中通入交流电压 U 时，二次线圈 3 和 4 将分别产生感应电动势 $\boldsymbol{E}_3$和 $\boldsymbol{E}_4$（$\boldsymbol{E}$ 为矢量，以下同），则输出的差动电压 $\boldsymbol{E}=\boldsymbol{E}_3-\boldsymbol{E}_4$。当两个二次线圈完全一致且铁芯位于中间时，输出电压为 0。当铁芯向上运动时，$\boldsymbol{E}_3>\boldsymbol{E}_4$；当铁芯向下运动时，$\boldsymbol{E}_3<\boldsymbol{E}_4$。随着铁芯上下移动，输出电压 $\boldsymbol{E}$ 不断变化，其大小与铁芯的轴向位移成比例。如果被测物体与铁芯同步运动，则可以用输出电压 $\boldsymbol{E}$ 的变化反映被测物体位移量的变化。

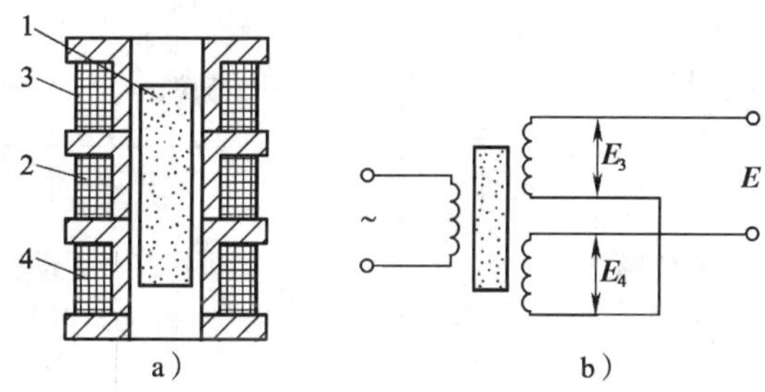

图 4-13　差动变压器式位移传感器

a）典型结构　b）工作原理

1—可动铁芯　2——次线圈　3、4—二次线圈

2. 输入输出特性

差动变压器式位移传感器的输入输出特性曲线如图 4-14 所示。单一线圈的感应电动势 $\boldsymbol{E}_3$或 $\boldsymbol{E}_4$与铁芯的位移 Δx 间呈非线性关系，而差动形式的输出电压则与位移呈线性关系（理想特性曲线是过零点的两条直线）。位移朝上下两个方向移动时输出电压的符号不变（输出为交流信号，相位变化），即直接使用输入输出特性制作出的传感器，只能通过输出反映输入位移的大小而无法指示运动方向。

3. 基本参数

差动变压器式位移传感器的参数即这类传感器的特性指标，通常包括灵敏度、零点残余电压、线性范围、相位、频率特性、温度特性、吸合力等。

（1）灵敏度

差动变压器式位移传感器的灵敏度是指在单位电压激励下，差动变压器铁芯移动一个单位距离时的输出电压，单位为 V/（mm · V）。一般差动变压器的灵敏度大于 50 mV/（mm · V）。提高线圈的 Q 值、选择较高的励磁频率、增大铁芯直径、提高励磁电压都可以提高差动变压器的灵敏度。

（2）零点残余电压

当铁芯位于线圈中间时，传感器的理想输出应为零，而实际差动变压器的输出存在残余电压 $\boldsymbol{E}_0$，如图 4-15 所示，称为零点残余电压。零点残余电压主要由差动变压器自身结构不对称、励磁电流与铁芯磁通的相位差不为零和寄生电容等造成。零点残余电压会使传感器的输出在零点附近不灵敏，限制分辨率的提高，且零点残余电压太大将使线性度变坏、灵敏度下降，甚至会使传感器无法工作。消除零点残余电压的措施通常是采用电路补偿，该内容将在测量转换电路部分介绍。

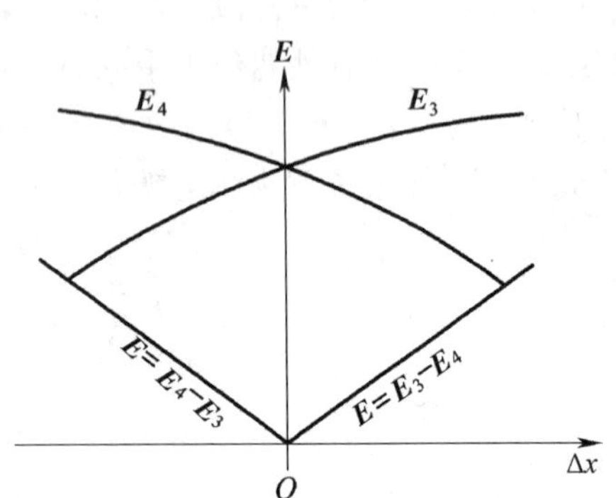

图 4-14　差动变压器式位移传感器的输入输出特性曲线

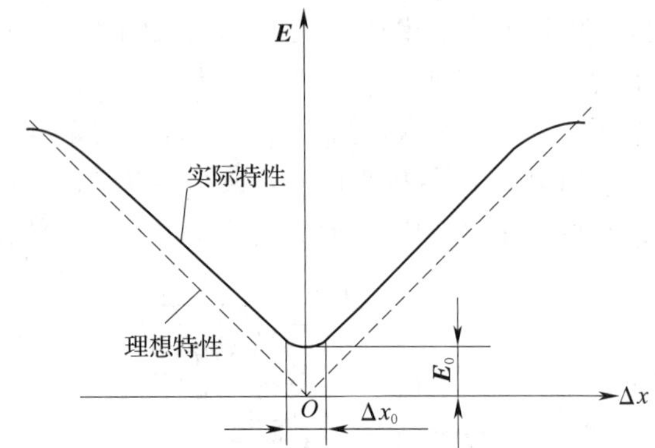

图 4-15　差动变压器式位移传感器零点残余电压

（3）线性范围

一般差动变压器的线性范围为线圈骨架长度的 1/10 ~ 1/4，中段线性较好。铁芯的直径、长度、材质的不同和线圈骨架的形状、大小的不同，均会对传感器的线性造成直接影响。如果还要求二次电压相位角为定值，则差动变压器的线性范围为线圈骨架全长的 1/10 左右。可用差动整流电路对差动变压器的交流输出电压进行整流来扩展线性范围。

（4）频率特性

差动变压器的励磁频率一般为 400 Hz ~ 10 kHz 较为适当，且应大于衔铁运动频率的 10 倍。频率太低时差动变压器的灵敏度显著降低，温度误差和频率误差增大；但频率太高，铁损和耦合电容等的影响也将增加，前述的理想差动变压器的假定条件就不能成立。

（5）温度特性

温度主要影响差动变压器式位移传感器的测量精度。由于机械结构的膨胀、收缩以及测量转换电路的温度特性等影响，会造成差动变压器测量精度下降。差动变压器使用温度通常为 80 ℃，特别制造的高温型可在温度高达 150 ℃ 的环境下使用。

4. 特点

差动变压器式位移传感器具有测量精度高、稳定性强、坚固耐用、适配度高等特点，对比其余类型的位移传感器，其具有以下优势。

（1）体积小，安装使用都很方便。未来的工业领域往自动化方向发展是必然趋势，对于结构紧凑的自动化设备而言，体积占比非常重要，而差动变压器式位移传感器体积小，不会占用太多的设备内部空间，能够为其余更加重要的元件节省空间。

（2）测量精度高，灵敏度高，可以检测到极微小的位移量、振动量等非电量参数信息，将其反馈给上位系统进行比对，可以及时判断设备是否正常运转，生产产品是否符合标准规格。

（3）坚固耐用，防油污，抗寒热，外壳材质大部分都具有防尘防水特性，内部元件能够在-20~80 ℃的温度下正常运转，无摩擦的测量结构使其具有较长的使用寿命。

（4）无限的分辨率，因其独特的无摩擦测量结构以及电磁感应原理，使得差动变压器式位移传感器可以感应极微小的位移变动，分辨率主要与外部电子设备的可读性有关。

（5）电气零位可重复，因差动变压器式位移传感器的构造对称，零位可重复性高，十分稳定，因此在闭环控制系统中可以作为十分出色的零位指示器应用。

差动变压器式位移传感器因其诸多优点而在工业领域广泛应用，但是也有着各种缺点，导致其在应用范围上有所限制。差动变压器式位移传感器的主要缺点如下。

（1）接触式测量方式，对于液体、纸张等材质无法做到有效检测。

（2）测量精度越高，测量量程就越小，比较适合用于微小参量的检测。

（3）在振动或电磁干扰等环境下的测量精度会受到很大影响。

三、电涡流式位移传感器

电涡流式位移传感器是利用互感变化工作的另一种传感器，最大特点是可以对金属导电物体进行非接触连续测量，由于其非接触、工作可靠、灵敏度高、抗干扰能力强、响应速度快、受油水介质影响小等特点，因此，在旋转机械轴位移、轴振动、轴转速等参数监测中应用广泛。

1. 工作原理

将金属板置于变化着的磁场中，或者金属板在固定磁场中运动时，金属体内会产生流线闭合的涡流，称为电涡流。这种在金属导体内产生感生电涡流的现象，称为电涡流效应。根据电涡流效应制成的传感器称为电涡流式传感器。电涡流式位移传感器是利用探头线圈产生的高频磁场使被测金属体表面产生电涡流，反过来影响线圈中的电参数，实现各种相关参数的测量，可分为高频反射式和低频透射式两类，其中高频反射式电涡流传感器在位移检测中应用较广泛。电涡流式位移传感器的工作原理如图 4-16 所示，其工作过程为：传感器线圈 L 距金属板的高度为 x。线圈中通以高频电流 i_s，产生的高频电磁场作用于金属板表面，产生电涡流；电涡流又产生新的电磁场反作用于线圈 L，使线圈的等效电感发生变化，变化程度取决于线圈 L 的外形尺寸、距离 x、金属板的电阻率 ρ 和磁导率 μ，以及线圈的励磁电流 i_s 等。保持影响参数中每次只有一个变化，则传感器的输出就仅和这个参数有关，进而可实现对该参数的测量。根据所改变参数的不同，可将电涡流式位移传感器的测量分为两大类：与位移相关的机械量的测量（位移传感器）和与被测物体材料相关参数的测量。

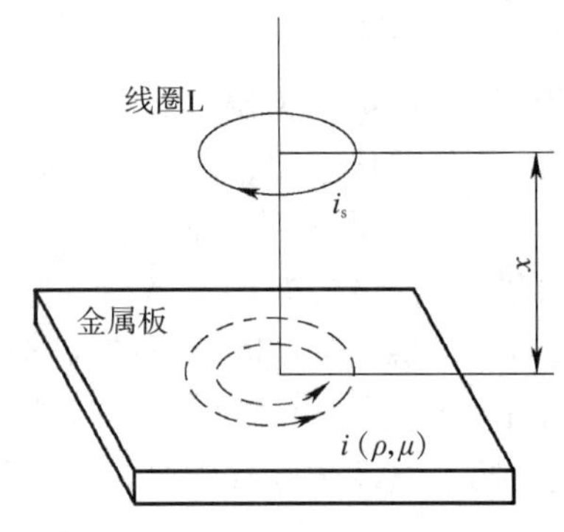

图 4-16　电涡流式位移传感器的工作原理

2. 测量系统的组成

电涡流式位移传感器输出信号的特点，决定了位移测量时需要配备的电气元件较多。通常将各种电路集成在称作“前置器”的模块中（一体化的传感器甚至将电路集成在探头中），将测量系统简化为由被测物体、传感器探头、前置器、直流电源、延伸电缆等部分组成，输出信号需要后续处理时还需要信号采集设备和便携式计算机，如图 4-17所示。

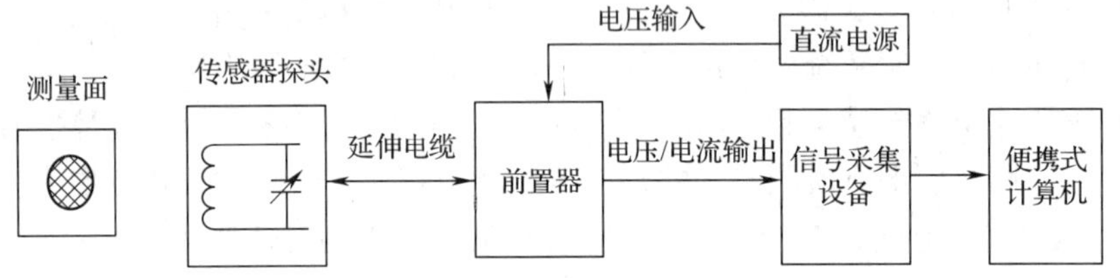

图 4-17　电涡流式位移传感器组成的测量系统

四、电感式位移传感器的测量转换电路

1. 差动变压器式位移传感器的测量转换电路

差动变压器式位移传感器的输出为交流信号，无正负之分，虽可用相位反映位移方向，但很不方便。配用测量转换电路的目的就是要利用输出信号的符号辨别被测量移动的方向，同时消除或减小零点残余电压。常用的测量转换电路有相敏检波电路和差动整流电路，其基本思路都是将交流输出信号转换成直流输出。

（1）相敏检波电路

相敏检波是指对两个信号之间的相位进行检波，具有鉴别调制信号的相位和选频能力。通过相敏检波电路，能够判别被测量变化的方向，可将输入的交流信号整流成直流电压信号。典型相敏检波电路及其输出特性如图 4-18 所示。输出电压的极性能反映铁芯位移的方向，即铁芯位置从中心零点向上、下移动，对应输出电压符号为正或负，同时因为相位检波翻转将输出信号调整为过零点的单调函数，消除了零点残余电压。这种电路要求用于比较的参考电压与差动变压器的输出电压具有相同的频率和相位，且采用低频励磁电流的场合，另外，还必须设置移相电路，使上述两个电压的相位一致。

（2）差动整流电路

差动整流电路可分为全波电流输出、半波电流输出、全波电压输出和半波电压输出四

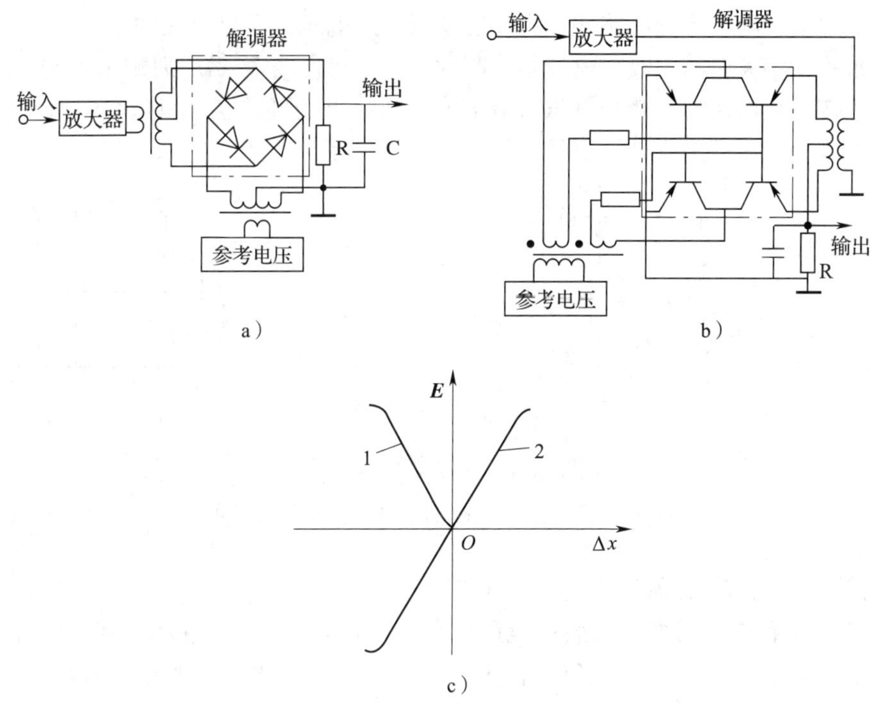

图 4-18　典型相敏检波电路及其输出特性

a）二极管相敏检波电路　b）三极管相敏检波电路　c）输出特性（1—相敏检波前，2—相敏检波后）

种，如图 4-19 所示，电流输出用于连接低阻抗负载（如线圈式电流表），电压输出用于连接高阻抗负载（如数字电压表）。差动整流电路是把差动变压器两个二次电压分别整流后，以它们的差作为输出，这样二次线圈电压的相位和零点残余电压都不必考虑。优点是能消除零点误差的影响，不需要移相器，电路简单，能够使差动变压器的线性范围得到扩展。

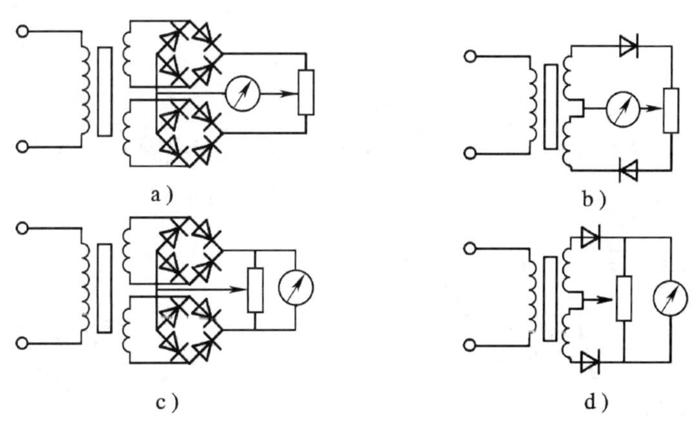

图 4-19　典型差动整流电路

a）全波电流输出　b）半波电流输出　c）全波电压输出　d）半波电压输出

除了采用上述两种测量电路外，为补偿零点残余电压，还可以在输出端接一个可调电位器 R，如图 4-20a 所示。改变电位器电刷的位置，可使两个二次线圈输出电压的大小和相位发生改变，从而使零点残余电压为最小值。在输出端再并联一只电容器 C，可以有效地补偿零点残余电压的高次谐波分量，如图 4-20b 所示。

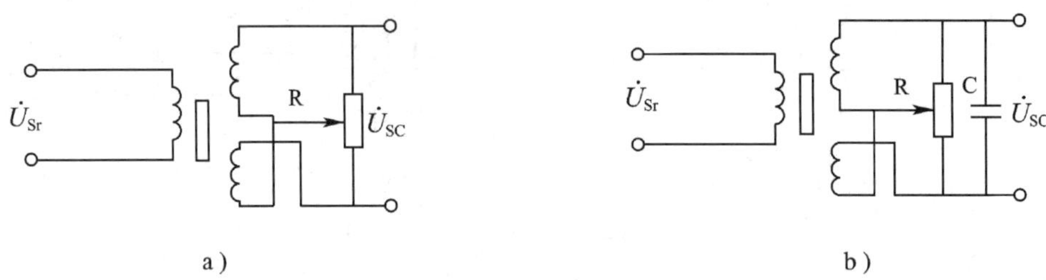

图 4-20　零点残余电压补偿电路
a）接可调电位器　b）接可调电位器和电容器

2. 电涡流式位移传感器的测量转换电路

电涡流式位移传感器的测量转换电路可分为采用电桥法和谐振法的两种电路。其中谐振法是将传感器线圈的等效电感变换为电压或电流的变化。传感器线圈与电容器组成 LC 振荡电路。当电感 L 变化时，回路的等效阻抗和谐振频率都将随 L 的变化而变化，因此可以通过测量回路等效阻抗和谐振频率测出电感变化。谐振法电路又分为定频电路和调频电路。

定频电路测量原理如图 4-21 所示。正弦波振荡器的输出信号经由电阻 R 加到传感器上，使电路产生谐振。电感线圈 L 感应的高频电磁场作用于金属板表面，由于金属板表面的涡流反射，使电感线圈的电感量降低，改变了检波电压 U 的大小。此时，电感量与位移 x 的关系就转换成 U 与 x 的关系，通过对 U 的测量就可以确定距离 x。

调频电路测量原理如图 4-22 所示，传感器线圈 L 与电容器 C 组成 LC 振荡电路，其频率为：

$$f=\frac{1}{2\pi\sqrt{LC}}$$

当传感器线圈与被测物体的距离 x 发生变化时，会引起线圈的电感量 L 发生变化，从而使频率 f 改变。通过鉴频器可以将频率变化转变成电压输出。

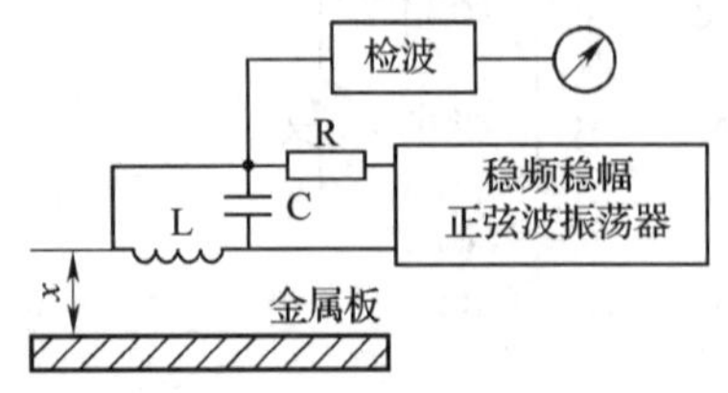

图 4-21　定频电路测量原理

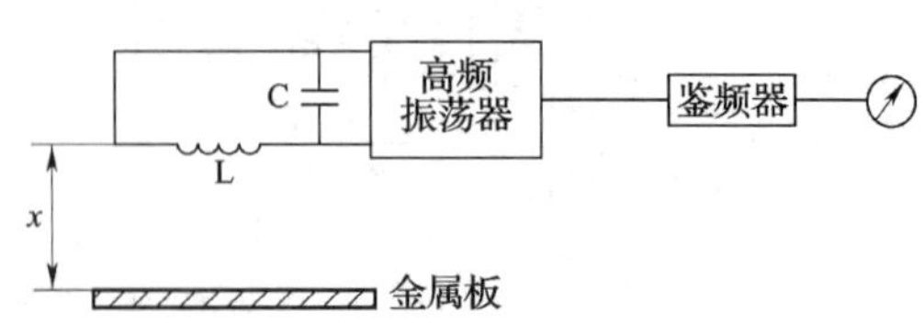

图 4-22　调频电路测量原理

五、电感式位移传感器的安装和使用注意事项

（1）变磁阻式和差动变压器式位移传感器为接触式测量，安装时要使其测杆与被测物体垂直、可靠接触；电涡流式位移传感器为非接触式测量，安装时要使探头正对被测面，但不要碰到被测面。

（2）应调节好传感器的夹持位置，通过观测位移读数，使位移在传感器的线性范围内变化，输出信号不应超出额定范围。安装电涡流式位移传感器时，一般将平均间隙选在线性范围的中点。

（3）电涡流式位移传感器对测量表面有要求，被测物体应为金属导电物体，有一定厚度。被测物体为圆盘状时，要求物体直径大于探头直径的 2 倍以上；被测物体为圆弧形表面时，要求物体直径为探头直径的 4 倍以上。此外，还要求被测物体表面光洁，不可存在刻痕、洞眼、凸台、凹槽等缺陷。

（4）传感器在使用前应进行校验（标定），当被测物体表面有镀层时，传感器应按镀层材料重新校验。

（5）传感器灵敏度较高，不可敲打、跌落，接线要牢固，固定传感器壳体时应避免松动，但也不可用力太大。

（6）尽量使电涡流式位移传感器远离交变磁场作用范围，或采取磁场屏蔽措施，使其受到的影响最小。

知识应用

电感式位移传感器在轴向位移测量中的应用

一、传感器的选型

轴向位移的测量对象为旋转部件，为避免测量过程对设备造成影响和减少设备运行对测量本身的影响，最好采用非接触的连续测量方式；轴向位移监测往往是长期在线测量，采用非接触方式也可以延长传感器的使用寿命，降低成本。从这个角度考虑，本课题介绍的几种位移传感器中，电涡流式位移传感器能较好地满足这一需求。

同时，前文提到轴向位移量不大，为 10 mm 左右，而精度要求较高。差动变压器式和电涡流式位移传感器都能够满足要求，两者的成本相当，均为每只数百元，但差动变压器式位移传感器必须接触测量，而电涡流式位移传感器可实现非接触连续测量。

综合考虑以上因素，选择电涡流式位移传感器进行测量。

二、测量与安装方案

用电涡流式位移传感器测量旋转机械轴向位移的接线和安装方法如图 4-23 所示，前置器+15 V 输入接至电源+15 V，−15 V 输入接至电源−15 V，地线接至电源的 GND。前置

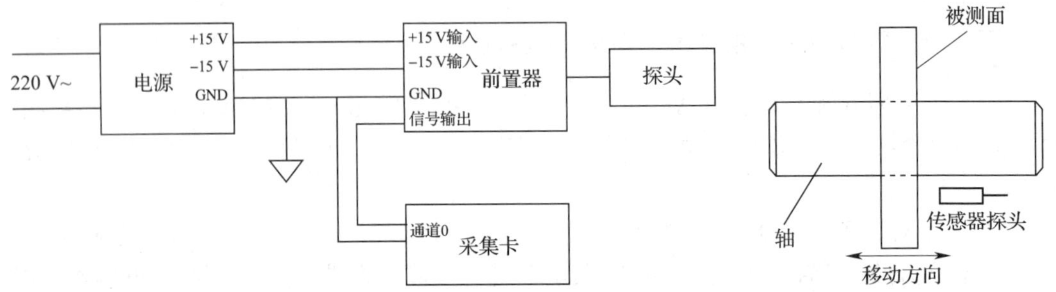

图 4-23　用电涡流式位移传感器测量旋转机械轴向位移的接线和安装方法

器的输出信号和接地信号一起接入采集卡进行数据采集。

测量旋转机械的轴向位移时，被测面应该与轴是一个整体，因此，常选择轴上紧固的盘类零件作为被测面，用百分表磁性表座夹持电涡流式位移传感器的探头，按照安装要求确定安装距离。

课题三　光栅式位移传感器

学习目标

◇了解光栅的基本功能和特点。
◇了解光栅测量的工作原理。
◇熟悉光栅尺的结构和工作过程。
◇熟悉光栅式位移传感器的测量转换电路。
◇熟悉光栅尺的选型要求。
◇能正确选择和安装光栅式位移传感器。

知识引入

光栅数显测量系统（图 4-24）是一种能自动检测和显示被测量的光机电一体化产品，因具有精度高、安装及操作方便等优点，成为改造旧装备和实现高精度自动化控制的重要手段。光栅数显测量系统利用其核心部件光栅尺对自动化设备最终运动件的位移进行精确测量，然后将信号送给数显表显示或反馈到控制器（数控机床中为 CNC）中实现伺服控制。

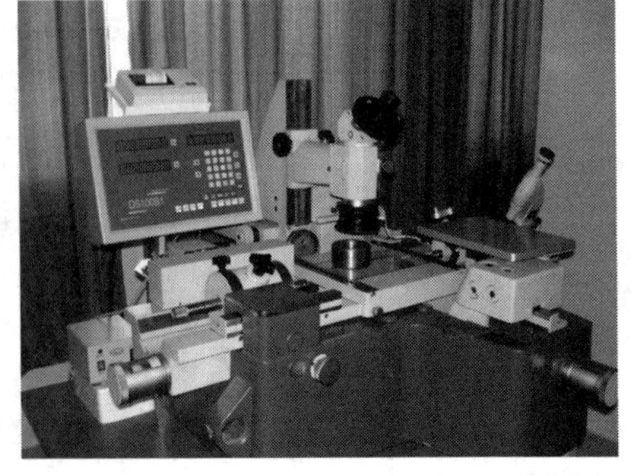

图 4-24　光栅数显测量系统

知识讲解

一、光栅的功能和特点

光栅是利用光的透射、衍射现象工作的光电检测元件。测量中常用的光栅称为计量光栅，用于测量位移、速度、加速度、振幅等物理量。计量光栅按形状及用途的不同，可分为长光栅和圆光栅，如图 4-25 所示。长光栅又称光栅尺，用于长度或直线位移的测量；圆光栅又称光栅盘，用于角位移的测量。

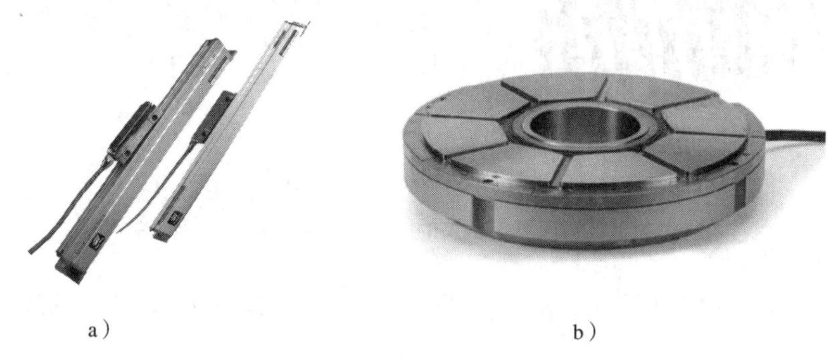

a）　　　　　　　　　　b）

图 4-25　各类光栅实物图

a）长光栅　b）圆光栅

长光栅的主体部分是标尺光栅（主尺）和光栅读数头，测量时标尺光栅固定在被测设备活动部件（如机床工作台或丝杠）上，读数头装在设备固定部件（如机床基座）上，当活动部件移动时，标尺光栅和读数头产生相对移动，输出与光栅刻线对应的脉冲信号。光栅测量的特点是测量范围大（量程为 0~2 m 时性价比很高，更大量程可选择磁栅），测量精度高（可达±1 μm），响应速度快，为非接触测量，易于实现数字输出和自动控制，因此广泛用于数控机床和精密测量中。

二、光栅测量的工作原理

在玻璃尺或玻璃盘上均匀刻画上如图 4-26 所示的等间距、等宽度黑白相间的条纹（黑条纹不透光，称为栅线），形成连续的透光区和不透光区。栅线的宽度为 a，线间间隔为 b（一般取 $a=b$），$w=a+b$ 称为光栅的栅距。长光栅刻线的密度一般为 10 线/mm、25 线/mm、100 线/mm、200 线/mm。

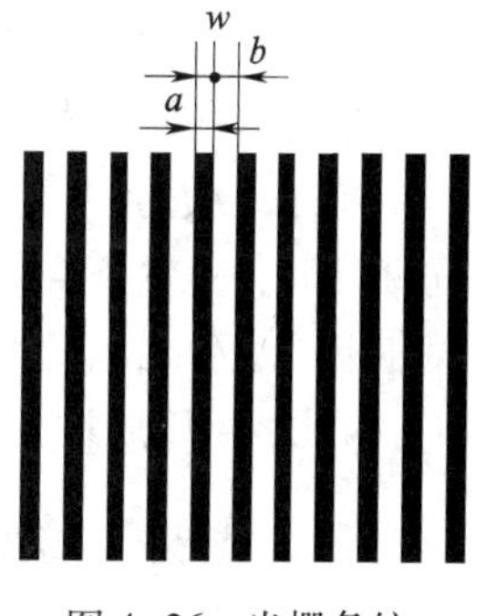

图 4-26　光栅条纹

将栅距相同的两块光栅（光栅副）的刻线面相对重叠在一起，并且使两光栅的栅线有很小的交角 θ，则在两光栅的刻线重合处，光从缝隙透过，会形成亮带；在两光栅刻线的错开处，由于相互挡光作用而形成暗带。这种近似垂直于栅线方向的明暗相间的条纹称为莫尔条纹，如图 4-27a 所示。莫尔条纹是基于光的干涉效应产生的。

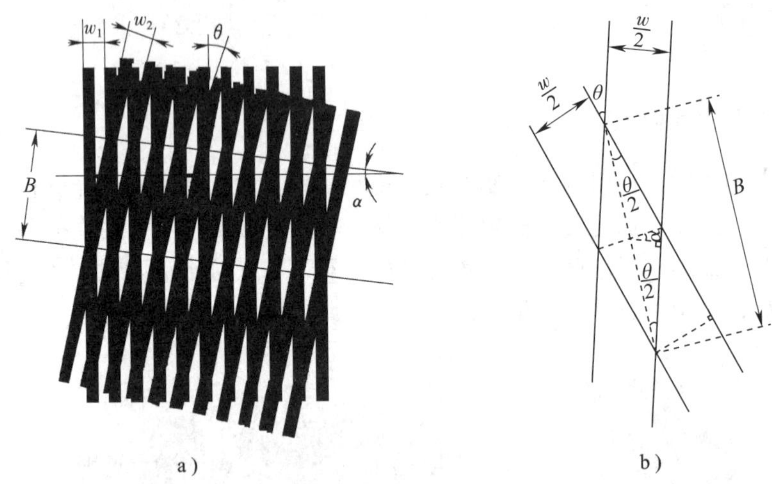

图 4-27　莫尔条纹及其间距

a）莫尔条纹　b）横向莫尔条纹的距离（设 $w_1=w_2=w$，$a=b=w/2$）

莫尔条纹具有位移放大作用。莫尔条纹间距 B 与光栅栅距 w 和光栅条纹夹角 θ 间的关系为：

$$K=\frac{B}{w}\approx\frac{1}{\theta}$$

式中　K——莫尔条纹的放大倍数；

θ——光栅条纹夹角，rad；

B——莫尔条纹间距，mm；

w——光栅栅距，mm。

由图 4-27b 可知，$\sin\frac{\theta}{2}=\frac{\frac{w}{2}}{B}$，即 $B=\frac{\frac{w}{2}}{\sin\frac{\theta}{2}}$，当 θ 很小时，$\sin\frac{\theta}{2}\approx\frac{\theta}{2}$，故有 $B\approx\frac{w}{\theta}$。

可见 θ 越小，放大效果越明显，如 $\theta=10'$时，$K\approx1/\theta\approx344$。如果用测量莫尔条纹移动量的间接方法代替直接检测光栅位移，可以大大提高检测的分辨力和灵敏度；同时，因莫尔条纹还具有平均光栅误差的作用，因此，还可以减弱光栅制造误差对测量精度的影响。

莫尔条纹的移动与光栅副的移动具有对应性。当光栅副中任一个光栅沿垂直于刻线的方向移动时，莫尔条纹也会沿近似垂直于光栅移动方向的方向运动，当光栅改变运动方向时，莫尔条纹也随之改变运动方向；光栅每移动一个栅距 w 时，莫尔条纹就会移动一个条纹间隔 B。因此，可以通过测量莫尔条纹的运动方向、位移来判别光栅的移动方向和大小。

三、光栅尺的结构及工作过程

光栅尺（光栅直线位移传感器）通常是由标尺光栅（主尺）、光栅读数头（或光栅数显表）、可移动电缆等部分组成，其中关键部分是光栅读数头，光栅读数头又包括指示光栅、光源、汇聚透镜、光电元件及驱动线路等，如图 4-28 所示。

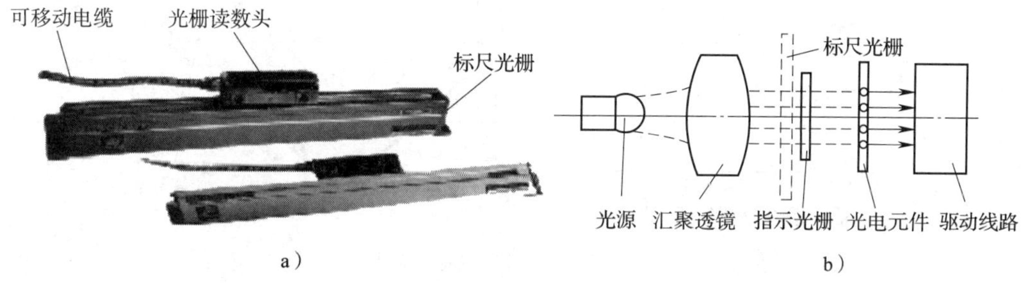

图 4-28　光栅尺
a）外形　b）光栅读数头

其中光源负责供给光栅尺工作时所需的光能；汇聚透镜用于将光源发出的光转换成平行光；光电元件用于将莫尔条纹明暗强弱的变化转换为电量输出。标尺光栅和指示光栅组成光栅副，标尺光栅测量时，通常随测量工作台（或主轴）移动（或转动），指示光栅固定。标尺光栅的尺寸由测量范围确定，指示光栅尺寸较小，能满足测量所需的莫尔条纹数量即可。光栅读数头是实现细分、辨向和显示功能的电子系统。

工作中，标尺光栅随活动部件移动，与固定的指示光栅间形成相对位移，对应的莫尔条纹也出现相应方向的移动，其明暗变化通过光电元件转换为近似正弦变化的电信号。将此信号通过测量转换电路放大、整形为方波，再经微分电路转换为脉冲信号，由辨向电路和计数器计数，用数显表显示出位移量。因此，光栅测量位移的实质是以栅距为标准对位移量进行测量，测得的位移量等于计数脉冲与栅距的乘积（采用细分技术后还要除以细分数），精度主要由标尺光栅的精度决定。

四、光栅式位移传感器的测量转换电路

1. 光电转换

莫尔条纹是一条明暗相间的光带，两条暗带中心线间的光强经历了从最暗、渐亮、最亮、渐暗到最暗的渐变过程。标尺光栅每移动一个栅距，光强变化一个周期，如图 4-29 所示。用光电元件（如光电池）接收光强变化就可以将光信号转换为电信号，其为接近于正弦波的电压信号，即：

$$u_o = U_o + U_m \sin\left(\frac{\pi}{2} + \frac{2\pi x}{w}\right)$$

式中　U_o——输出电压的均值；

U_m——电压变化的最大值；

x——位移；

w——栅距。

此输出电压反映了工作台位移量的大小。

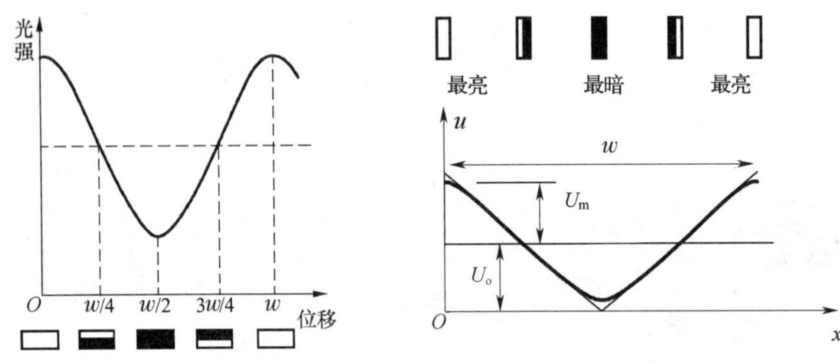

图 4-29　光强与位移的关系

2. 辨向和细分

采用一组光电元件的光栅式位移传感器，无论光栅正向还是反向移动，莫尔条纹都将作明暗变化，光电元件输出对应的电信号。为此，必须设置辨向电路，以产生相位不同的两路光电信号。

通常是在与莫尔条纹垂直的方向上，在相距 $B/4$ 距离设置正弦和余弦两组光电元件，得到相位相差 π/2 的电信号 u_{os} 和 u_{oc}，经放大、整形后可得到 u'_{os} 和 u'_{oc} 两个方波信号，送入图 4-30 所示的辨向电路。指示光栅向右移动时，u'_{os} 的上升沿经 R1、C1 微分后产生的脉冲 u_{R1} 与 u'_{oc} 的高电平相与，IC1 开门，输出计数脉冲。而 u'_{os} 经 IC3 反向后产生的脉冲 u_{R2} 正好被 u'_{oc} 的低电平封锁，IC2 关门，无法产生计数脉冲。指示光栅向左移动时，IC2 产生计数脉冲，IC1 不产生计数脉冲，从而达到辨别光栅移动方向的目的。

细分技术是在不增加光栅刻线数及价格的情况下，提高光栅分辨力的措施。细分前，光栅的分辨力只有一个栅距的大小。采用四倍频细分技术后，计数脉冲频率提高到原频率的 4 倍，大大提高了测量精度。如栅线为 50 线/mm（或称 50 线对/mm）的光栅尺，其栅距为 0. 02 mm，采用四倍频细分后可得到分辨率为 5 μm 的计数脉冲，达到了工业测控需要的高精度。四倍频细分法的实现方式之一是在莫尔条纹宽度内放置 4 个光电元件，采集不同相位的信号，获得相位依次相差 90°的正弦信号，再通过细分电路输出 4 个脉冲。

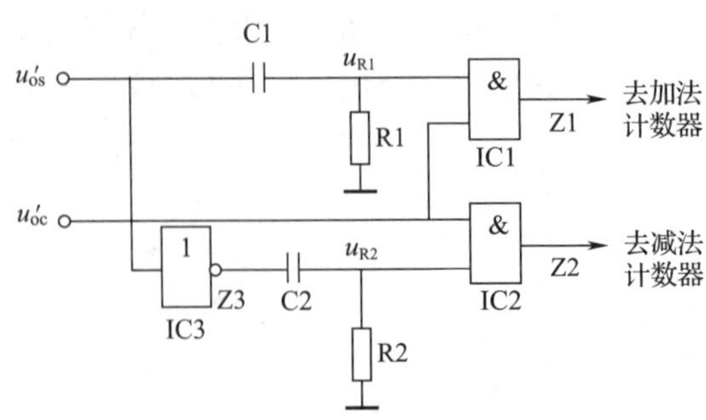

图 4-30　光栅式位移传感器辨向电路

五、光栅尺的选型

1. 准确度等级

配置光栅尺是为了提高坐标轴的定位精度，所以选择光栅尺时准确度等级是首先要考虑的。通常准确度等级有±0.01 mm、±0.005 mm、±0.003 mm、±0.02 mm，可根据设计精度和设备整体要达到的精度来选择。选用高精度光栅尺时还要考虑光栅尺的热性能，即要求光栅尺的刻线载体的热膨胀系数与光栅尺安装基体的热膨胀系数一致，以克服由于温度引起的热变形。另外，测量长度超过单个光栅尺的最大长度时可采用光栅尺对接的方式实现量程扩展。

2. 测量方式

光栅尺按测量方式可分为增量式光栅尺和绝对式光栅尺两种。增量式光栅尺通过读取当前位置到初始点的相对运动距离获得位置信息。为获得绝对位置，在标尺光栅上刻有绝对参考点，读数头经过时输出 1 个正脉冲，每次开机时要先回绝对参考点才能进行位置控制。而绝对式光栅尺是用不同宽度、间距的栅线将绝对位置以编码的形式制作到光栅上，光栅尺通电后可从光栅刻线上直接获得绝对位置，无须寻找参考点。

绝对式光栅尺的成本比增量式光栅尺高 20%左右，因此通常选用增量式光栅尺。但采用绝对式光栅尺的设备在停机或故障断电重新开机后可直接从中断处执行程序，提高了生产效率，减小了零件废品率，因此，在生产节拍要求严格或由多台设备构成的自动化生产线上，选用绝对式光栅尺较为理想。

3. 输出信号

光栅尺的输出信号有电流正弦波、电压正弦波、TTL 方波、TTL 差动方波以及 RS422 信号等。虽然光栅尺输出信号波形不同对设备线性坐标轴的定位精度没有影响，但必须与设备相匹配，否则会导致控制器无法处理光栅尺的输出信号。目前国内市场运用最多的是 5 V TTL 方波输出和 RS422 信号输出。

4. 其他方面

在选择光栅尺之前还要弄清设备的工作行程（或测量行程），以确保光栅尺的量程大于工作行程；明确光栅尺是用于直线位移测量还是直线运动控制，输出信号准备输送给数显表、运动控制卡、单片机还是 PLC，以及供电电压等级为多少（光栅尺常用 5 V 或 24 V 电源供电）。

知识应用

光栅式位移传感器在半导体检测设备中的应用

某公司要生产一种半导体检测设备，其中一轴采用同步带传动，电动机转一圈负载行程 180 mm，定位精度要求在 0.01 mm 以内，总行程 600 mm。要求用位移测量系统、台达 A2 伺服电动机等构成全闭环控制。

一、传感器的选型

以上半导体检测设备位移监测的特点是大量程直线位移测量，测量行程达 600 mm，且测量精度要求高，因此，考虑采用光栅、磁栅等市场上主流的大量程精密测量用位移传感器。通常量程为 0~2 000 mm 时，优先选用光栅，若需要更大的量程，则选择磁栅或采用多根光栅尺对接。

光栅尺的品牌中，国外品牌以德国海德汉（HEIDENHAIN）、西班牙法格（FAGOR）、日本三丰（Mitutoyo）为代表，特点是准确度高、量程大，但对环境要求高，价格高，供货周期较长；国内品牌有万濠、信和、怡信、新天等，精度一般是 0.1 μm、0.5 μm、1 μm、5 μm、10 μm、20 μm，量程在 900 mm 以下时价格较低且性能稳定。由于该半导体检测设备定位精度和测量行程属于光栅尺的常规范围，考虑到性价比因素，选择广东万濠的产品。

任务中要求设备的定位精度在 0.01 mm 以内，因此，可以选择准确度（精确度）比 0.01 mm 稍高的光栅式位移传感器，同时要求选择的光栅尺量程大于测量行程，故可以选择有效量程为 650 mm 的光栅。据此选择了 WTB5-0650 型光栅尺（图 4-31），其栅距为 0.02 mm，分辨率为 0.005 mm，精度为 ±8.25 μm（根据厂家公式计算），2 路 TTL 方波信号输出。

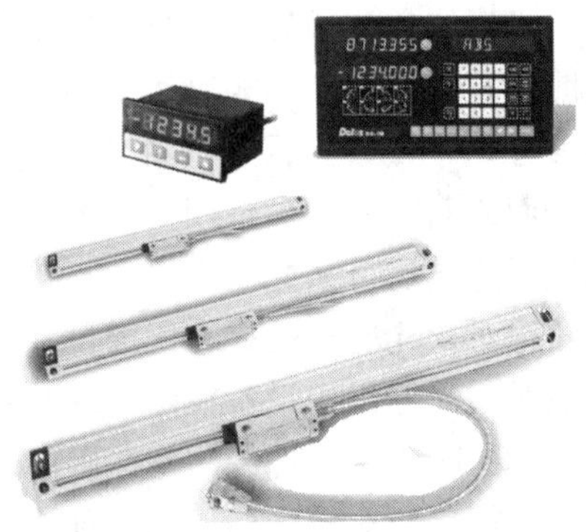

图 4-31　WTB5-0650 型光栅尺

二、传感器的连接与安装

由于光栅尺需要与台达 A2 伺服电动机驱动器相连构成全闭环控制，因此，需要符合该型伺服驱动器 CN5 的接口规范，驱动器提供给光栅尺的为 5 V 电源，即要求光栅尺信号格式必须为 5 V 差分信号，这些需要在购买光栅尺时向厂家说明。同时，需要在伺服控制器中设置好光栅尺的解析度参数，即伺服电动机旋转一圈光栅尺反馈的脉冲数。由于伺服电动机旋转一圈设备活动部件移动 180 mm，光栅尺分辨率为 0.005 mm，因此，控制器中光栅尺解析度应设为 36 000。

光栅式位移传感器的安装比较灵活，可安装在设备的不同部位。一般将主尺安装在设备工作台（滑板）上，随设备而动，读数头固定在设备上，且应尽可能使读数头安装在主尺的下方。安装光栅尺时，要用千分表检查设备工作台的主尺安装面与导轨运动方向的平行度，要求达到 0.1 mm/1 000 mm 以内，达不到要求时需安装光栅尺基座。读数头与光栅尺尺身之间的间距一般为 1~1.5 mm。光栅尺安装完成后，可接通数显表，移动工作台，观察数显表计数是否正常。

课题四 霍尔式位移传感器

学习目标

◇了解常用的角位移传感器。
◇了解霍尔传感器的工作原理和特点。
◇熟悉霍尔式位移传感器的常见类型、结构和特点。
◇能正确选择和使用霍尔式位移传感器。

知识引入

在本模块课题一介绍过的汽车电子节气门控制系统中，位置传感器发挥着重要作用，其用来检测汽车电子加速踏板（图 4-32）转角和节气门开度信息，选型时采用了传统的接触式角位移传感器——旋转电位器式位移传感器。这种传感器结构简单、使用方便，但因为其通过电刷和电阻基片的接触滑动调整输出信号的大小，导致机械部件易磨损，磨屑附着在电刷和电阻基片间易产生接触不良或使输出阻值改变，且机械振动还可能使电刷瞬间脱开造成接触不良，因此，有必要考察非接触式角位移传感器在这类应用中的可能性。

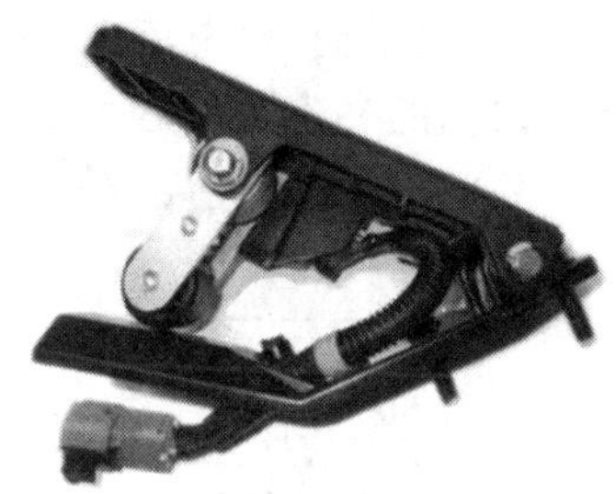

图 4-32 汽车电子加速踏板

知识讲解

一、常用的角位移传感器

角位移传感器是利用敏感元件感受角度变化并将其转换成电信号输出的传感器。前面课题中介绍的电位器式位移传感器、差动变压器式位移传感器、光栅式位移传感器都有专门的型号用于角度测量。除此以外，常用的角位移传感器还有将角度变化转变为电容变化的变面积式电容传感器；将角度变化转变为霍尔电动势变化的霍尔式位移传感器；利用光电变换将角度变化转变为编码输出的光电编码器；利用电磁感应原理进行角度测量的感应同步器、旋转变压器、自整角机；测量倾角变化的陀螺仪以及基于重力加速度工作的倾角传感器等。

在种类繁多的角位移传感器中，利用霍尔元件工作的非接触型霍尔式角位移传感器，因为能克服传统接触式角位移传感器的缺陷，且具有体积小、精度高、使用寿命长、工作可靠、制造工艺简单等优点，所以在汽车行业越来越受到重视。

二、霍尔传感器的工作原理

霍尔传感器进行角位移测量和直线位移测量时，从原理上看都是基于霍尔效应工作的。

1. 霍尔效应

图 4-33 所示的金属或半导体薄片中通入电流 I，在与薄片垂直的方向施加磁感应强度为 B 的磁场，则在薄片两侧会产生电动势 E_H，E_H的大小正比于 I 和 B，这种现象称为霍尔效应。利用霍尔效应制成的传感元件称为霍尔元件，如图 4-34 所示。当磁场方向和霍尔元件法线成角度 θ 时，产生的霍尔电动势 E_H可表示为：

$$E_H = K_H IB\cos\theta$$

式中 K_H——霍尔元件的灵敏度；

I——控制电流，A；

B——磁感应强度，T；

θ——磁场方向与霍尔元件法线方向的夹角，rad。

可见，E_H与控制电流 I、磁感应强度 B、霍尔元件的灵敏度 K_H以及磁场方向与霍尔元件法线方向的夹角 θ 有关，其中 K_H与霍尔元件的厚度有关。

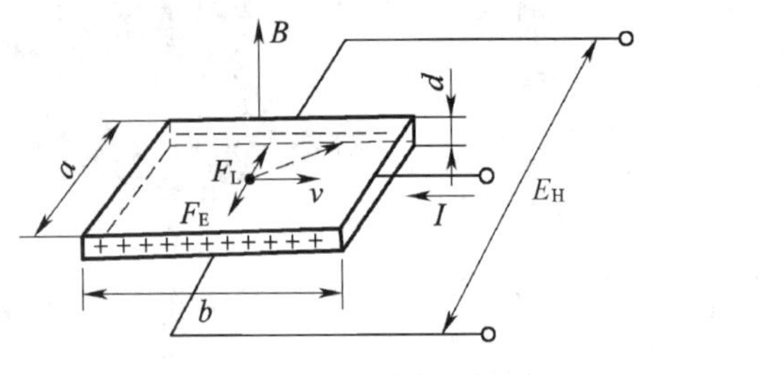

图 4-33 霍尔效应原理图

图 4-34 霍尔元件

2. 霍尔元件

霍尔元件是霍尔传感器的敏感元件，常用材料是 N 型硅，它的霍尔灵敏度、温度特性、线性度均较好，而锑化铟、砷化铟、锗也可作为霍尔元件材料，砷化镓是新型的霍尔元件材料，它的温漂很小。

除了直接使用霍尔元件外，目前霍尔器件多已集成化。霍尔集成电路体积小，灵敏度高，输出幅度大，温漂小，对电源稳定性要求低，可分为线性型和开关型两大类。线性型霍尔集成电路是将霍尔元件和恒流源、线性差动放大器等制作在一个芯片上，输出电压为伏级，比直接使用霍尔元件方便得多；开关型霍尔集成电路是将霍尔元件、稳压电路、放大器、施密特触发器、OC 门等制作在同一个芯片上。

3. 霍尔传感器

因为霍尔电动势是 I、B、θ 的函数，则使其中两个量不变，第三个量为变量，或者固定一个量，其余两个量作为变量，就可以做成不同的霍尔传感器。

维持 I、θ 不变，$E_H=f(B)$，得到测磁场强度的高斯计、线性位移传感器、霍尔转速表、霍尔开关、霍尔式角度编码器等；维持 I、B 不变，则 $E_H=f(\theta)$，得到霍尔式角位移传感器等；维持 θ 不变，则 $E_H=f\ (IB)$，可做成模拟乘法器、霍尔式功率计等。

霍尔传感器可实现非接触式控制，体积小，精度高，输出平滑，使用寿命长，受测量环境（振动、潮湿、灰尘、照明等）影响小，可用于直线位移、角位移的测量，以及磁场强度、交直流电压和电流的测量。霍尔传感器用于位移测量时的主要问题是输出电信号与输入位移间为非线性，因此，需要进行专门设计，以扩大测量范围和提高测量精度。

三、霍尔式位移传感器

1. 霍尔式角位移传感器

典型的霍尔式角位移传感器如图 4-35 所示，两片永磁体对面放置，磁极相反，用于产生磁场。霍尔元件安装在磁场中。其中一片永磁体安装在可旋转的转子上，转子与被测物体联动，则被测物体转动时永磁体也跟着转动，改变了作用于霍尔元件上的磁感应强度 B，从而获得相应的电压输出。由于测量转换电路制作在传感器中，该角位移传感器的外部接线简单，供电电源为 5 V，输出信号为单端输出，可以直接连接到显示仪表或控制器中。

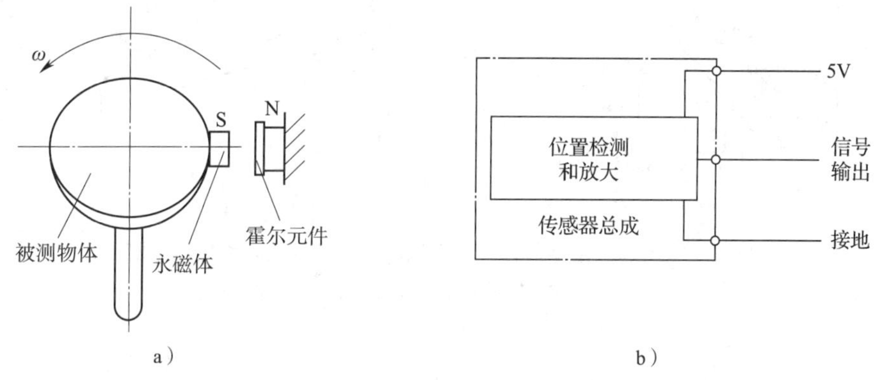

图 4-35　霍尔式角位移传感器的测量原理及外部接线

a）测量原理　b）外部接线

除了用于阀门开度测量以及作为伺服电动机、电动车控速手柄等专用器件的霍尔式角位移传感器外，还出现了图 4-36 所示以线性霍尔元件为核心的通用型霍尔式角度传感器，其工作量程可达 360°。与光电编码器和圆光栅相比，通用型霍尔式角度传感器结构工艺简单，抗振、抗干扰性能好，耐腐蚀，价格低廉，体积小，性价比较高，可应用于传统的光电编码器不能适应的领域。

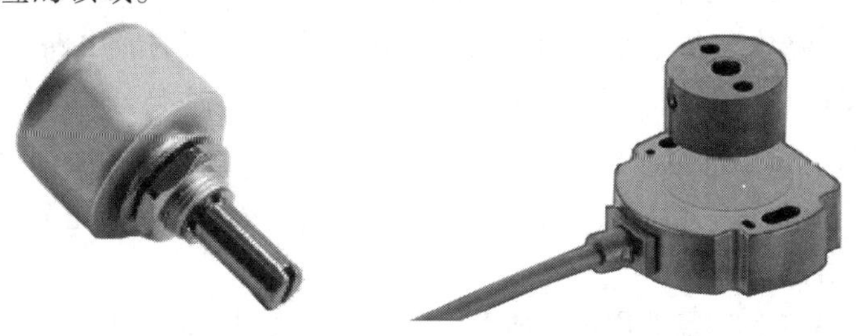

图 4-36　通用型霍尔式角度传感器

2. 霍尔式微位移传感器

令霍尔元件的工作电流保持不变，使其在一个均匀磁场中移动，它输出的霍尔电压只由它在该磁场中的位移量决定，利用该原理可以制造出霍尔式微位移传感器。图 4-37 所示为霍尔式微位移传感器产生磁场的方式及输入输出特性曲线，从曲线可见，结构 b 在位移 $\Delta Z<2$ mm 时，输出电压 V_H 与 ΔZ 有良好的线性关系，且分辨率可达 1 μm。以微位移检测为基础，可以构成压力、应力、应变、机械振动、加速度、质量、称重等霍尔传感器。

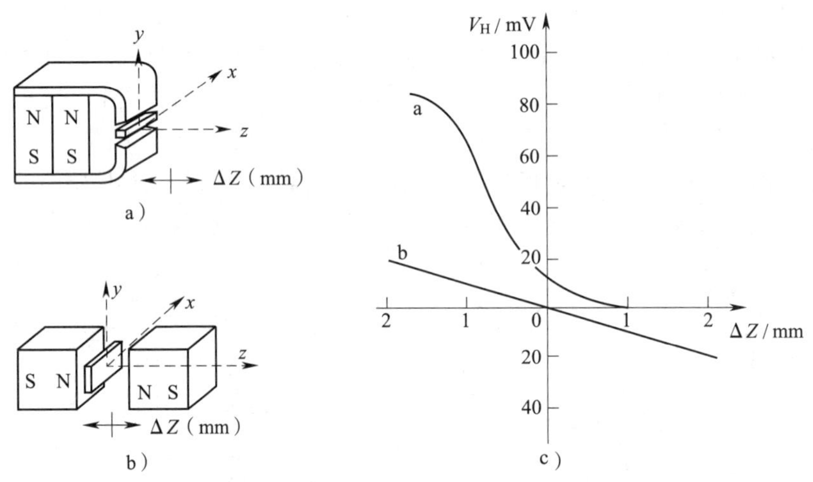

图 4-37　霍尔式微位移传感器产生磁场的方式及输入输出特性曲线
a）、b）产生磁场的方式　c）输入输出特性曲线

3. 霍尔式接近开关

霍尔式接近开关（霍尔开关）是一种测量物体靠近距离的开关型霍尔传感器，其在霍尔效应原理基础上，利用集成封装工艺制作而成，具有无触点、功耗低、使用寿命长、响应频率高等特点，广泛用于位置、计数、速度检测等场合。

霍尔式接近开关外形及内部结构如图 4-38 所示，A 是霍尔元件，B 是放大器，C 是触发器。有三个引出端，分别为电源 V_{CC}、接地 GND 和输出 V_{OUT}。电源电压 V_{CC} 经稳压器稳压后，加在霍尔元件两端，产生控制电流 I。当霍尔元件周围无磁场或磁场强度较小时，晶体管截止，V_{OUT} 输出高电平；当磁场强度达到霍尔式接近开关的工作点时，霍尔元件产生的电动势 E_H 送入放大整形电路，当放大后的电压大于阈值时，电路发生翻转，晶体管导通，V_{OUT} 输出低电平，由此可识别附近磁性物体的存在。这类开关的输入是霍尔元件与磁性物体间的距离，输出为电平信号。当晶体管截止时，输出漏电流很小，V_{OUT} 和 V_{CC} 相近；当晶体管导通时，V_{OUT} 和公共端 GND 短路，因此，必须接负载电阻器 R 来限制电流，使它不超过最大允许值。

霍尔式接近开关工作时需要用永磁体产生磁场，如使用 5 mm×4 mm×2.5 mm 钕铁硼Ⅱ号永磁体，一般粘贴或固定在被测物体上。接近开关的一般性质将在下　课题中进行详述。

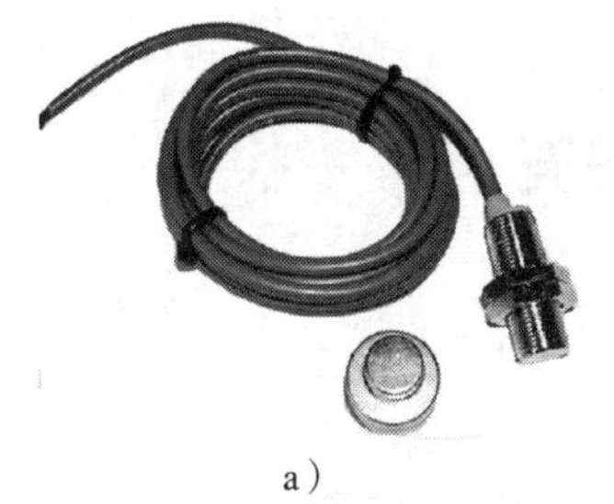
a）

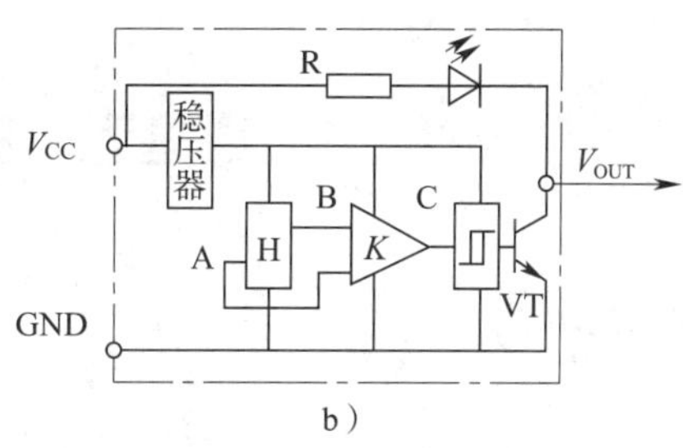

b）

图 4-38　霍尔式接近开关外形及内部结构
a）外形　b）内部结构

知识应用

霍尔式位移传感器在汽车电子加速踏板上的应用

一、传感器的选型

汽车电子加速踏板上的角度传感器（位置传感器）要求工作可靠、使用方便、价格与传统产品相当。常用的角位移传感器中，光栅、光电编码器、感应同步器、旋转变压器、自整角机等尺寸大、结构和调试复杂，用在加速踏板角度检测上是“大材小用”；倾角传感器尺寸小，工作可靠，输出信号大，但测量角度通常较小，在±10°左右灵敏度最高，适合于小位移动态测量；电容式和电感式传感器多用于直线位移测量，且成本比霍尔传感器高。因此，考虑采用霍尔式位移传感器作为加速踏板位置传感器，霍尔元件可以选择线性集成芯片 SS490 或 HAL815 等。

二、传感器的结构与使用

电子加速踏板的工作过程为：踏动加速踏板时，与加速踏板联动的永久磁铁随加速轴一起旋转，改变了永久磁铁与霍尔元件间的相对位置，从而改变了霍尔元件输出的电压值。所选用加速踏板位置传感器的结构及端口情况如图 4-39 所示，传感器共有四根引脚，其中一根接公共地线，一根接 5 V 的公共电源，另外两根引脚分别与电控单元相接，将各自的霍尔信号送入电控单元，电控单元根据霍尔传感器的输入信号判断节气门开度。

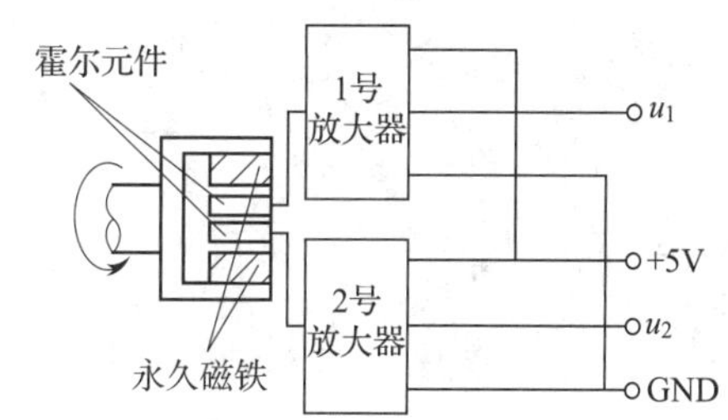

图 4-39　加速踏板位置传感器的结构及端口情况

课题五　接近开关

学习目标

◇了解常用接近开关的特点、类型、主要性能参数和影响检测距离的因素。
◇了解光电式和电容式接近开关的原理。
◇掌握接近开关与负载的典型连接方法和接近开关的安装方法。
◇能根据使用场合和外电路的连接要求选择合适的接近开关。
◇能正确安装与调试常用的接近开关。

知识引入

迅猛发展的现代物流行业中，常常需要按照尺寸、材料、颜色等对物品进行归类，图 4-40a 所示的物料分拣自动化生产线就是完成该任务的首选设备，图 4-40b 则示意了某物料分拣自动化生产线的工作过程。在该图中，供料盘的振动带动物料下滑到位置 A（提升架）处，由机械手运送至位置 B，该处的位置传感器检测到有物品过来后，向 PLC 发送信息。PLC 控制传送带运行，将物品输送到位置 C，该处的传感器能感应导电金属物体，如发现有这类物品，则推出气缸动作，把物品推下斜槽；若检测不到金属物体，物品继续前行。位置 D 处的位置传感器检测到有物体过来后，PLC 控制推出气缸将物体推下斜槽。根据以上工作过程分析，可以使用接近开关作为 B、C、D 三个位置的位置传感器。

a）

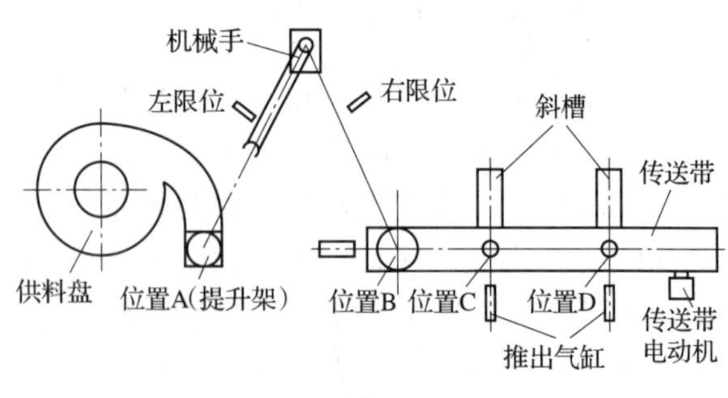

b）

图 4-40　物料分拣自动化生产线及其工作过程
a）生产线外观　b）生产线工作过程示意图

知识讲解

一、接近开关的基本知识

1. 接近开关的特点

接近开关是一种与运动部件无接触且可操作的位置开关，是具有位置“感知”能力的开关型传感器。接近开关又称无触点行程开关，它能在一定距离（几毫米至几十毫米）内检测到有无物体靠近，当物体到达设定距离时，可发出“动作”信号。不像机械式行程开关那样需要机械力，它给出的是开关信号，多数具有较大的负载能力，能直接驱动中间继电器。接近开关不仅用于行程控制、限位保护，还广泛用于计数、测速、测量物位和液位，以及安全保护和防盗等。

与传统定位用的机械式行程开关相比，接近开关具有以下优点。

（1）非接触检测，不影响被测物的运行工况。

（2）无触点，无电火花，无噪声，不产生机械磨损和疲劳损伤。

（3）响应快，动作频率高。响应时间可达几毫秒。

（4）输出信号较大，易于与单片机、PLC 等控制器连接。

（5）体积小，安装、调整方便。

接近开关的主要缺点有触点容量较小，输出短路时易烧毁；易受环境干扰出现误操作。

2. 接近开关的常用类型

从原理上看，常用的接近开关（图 4-41）及其适用场合如下。

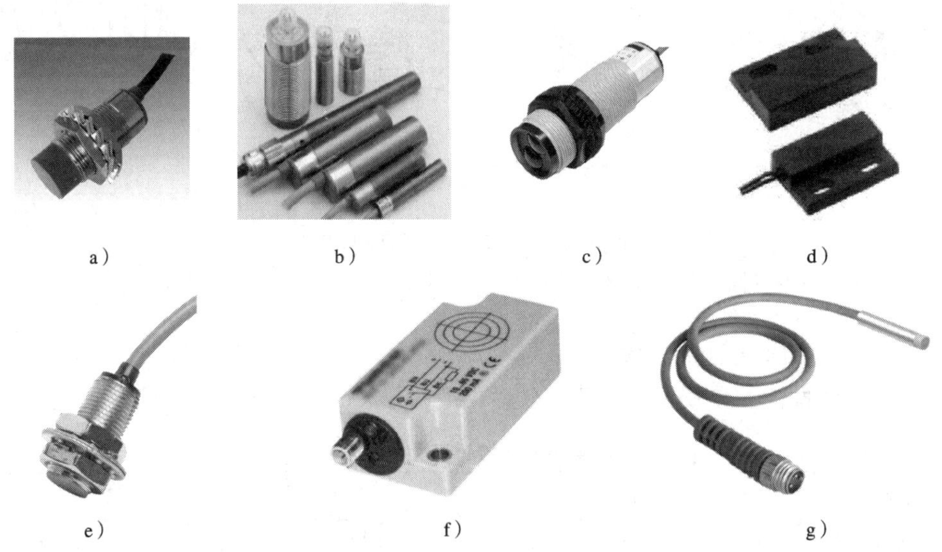

a）　b）　c）　d）　e）　f）　g）

图 4-41　常用的接近开关

a）电感式接近开关　b）电容式接近开关　c）光电式接近开关　d）干簧管式磁性接近开关　e）霍尔式接近开关　f）超声波式接近开关　g）光纤式接近开关

（1）电感式接近开关（多数为电涡流接近开关）：用于检测各种导电良好的金属。电涡流位移检测的原理与方法已在前面介绍过，本课题不再赘述。

（2）电容式接近开关：用于检测各种导电或不导电的液体或固体，如粉状物、塑料颗粒、烟草粮食等。对接地的金属或地电位的导电物体作用明显，对非地电位的导电物体灵敏度较差。

（3）光电式接近开关（俗称光电开关）：用于检测所有不透光的物质，适合环境条件比较好、无粉尘污染、不遮光的场合；安装方法有多种具体形式，可以根据被测对象与被测环境灵活选用。

（4）霍尔式接近开关：用于检测导磁的金属，识别导磁性物体的存在。

（5）超声波式接近开关：用于检测不透过超声波的物质。

实际上，许多非接触式的传感器均可能被用作接近开关，如微波、超声波传感器和光纤传感器等。有些传感器因检测距离较大，可达数米甚至数十米，常被归入电子开关类型。如在防盗系统中，自动门通常使用热释电接近开关、超声波式接近开关和微波接近开关。有时为了提高识别的可靠性，可以将几种接近开关组合使用。

从结构上看，接近开关又有图 4-42 所示的多种形式。其中图 4-42a 所示的结构形式便于调整与被测物的间距，多用于位置检测；图 4-42b、图 4-42c 所示的结构形式可用于板材的检测；图 4-42d、图 4-42e 所示的结构形式可用于线材的检测。同时，不同种类的传感器可以有类似的结构和使用方法，相同种类的接近开关却可能因使用场合不同而“面目各异”，因此，仅通过外观往往难以辨别传感器的类型，必须在熟悉原理的同时认真研读说明书，理解相关参数。

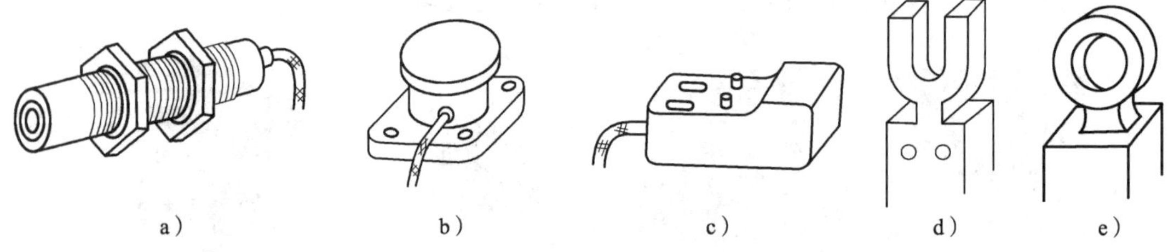

a）　b）　c）　d）　e）

图 4-42　接近开关的结构形式

a）圆柱型　b）平面安装型　c）柱型　d）槽型　e）贯穿型

3. 接近开关的主要性能参数

接近开关的性能参数较多，如某款电感式接近开关的主要性能参数见表 4-1。

表 4-1　某款电感式接近开关的主要性能参数

名称	说明	名称	说明
安装形式	埋入式	工作电压	直流型：10~30 V
检测距离	1.5×（1±20%）mm	静态电流	DC 三线型≤2.5 mA
设定距离	0~1 mm	响应频率	800 Hz

续表

名称	说明	名称	说明
回差值	小于检测距离的 10%	电流输出	100 mA
标准检测体	9 mm×9 mm×1 mm 铁	防护等级	IP65
输出形式	直流 NPN 三线常开型	指示灯	动作显示（红色 LED）

在选用接近开关时，一般主要注重以下性能参数。

（1）安装形式

按照安装形式不同，接近开关分为埋入式和非埋入式。埋入式接近开关的感应头与安装面是齐平的，非埋入式接近开关的感应头在安装面上是凸出来的，如图 4-43a 所示。埋入式接近开关的感应区域主要在正前方，检测范围小；非埋入式接近开关的感应区域相对比较大，一般情况下非埋入式接近开关的检测距离稍大（图 4-43b）。应根据检测要求与工程安装环境合理选择接近开关的安装形式。

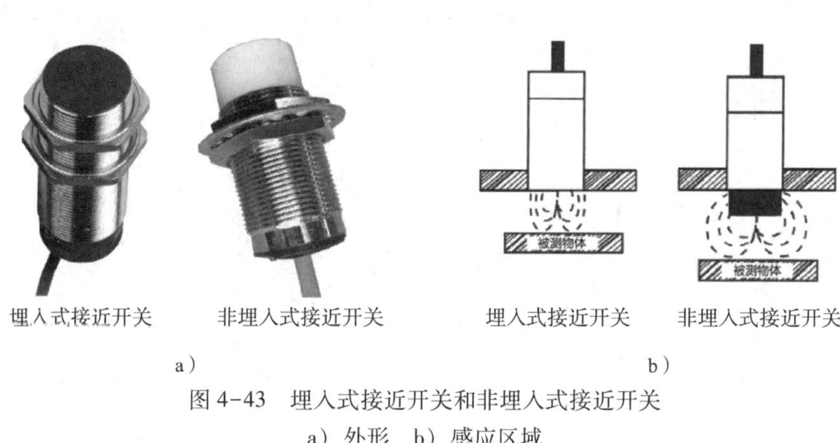

图 4-43　埋入式接近开关和非埋入式接近开关
a）外形　b）感应区域

（2）检测（动作）距离

检测距离是指在规定条件下测定的接近开关的动作距离，即传感器能够做出反应的最大距离。检测距离除了与物理性质有关外，还受多种环境因素影响。当物体朝接近开关方向运动，且靠近了一段距离后，接近开关“感应”到被测物体，开关动作，这一距离叫作检测距离。被测物体的性质不同，其检测距离也不同。

（3）设定（工作）距离

设定距离是指接近开关在实际使用中被设定的安装距离。一般情况下，在此距离内，接近开关不应受环境变化、电源波动等外界干扰而产生误动作。实际使用中设定的安装距离一般为检测距离的 0.8 倍。

（4）响应（动作）频率

响应频率是指每秒钟连续进入接近开关的检测距离后又离开的被测物体的个数或次数。若产品的这项参数太低，被测物体运动较快时可能会造成漏检。有时被测对象以一定频率、逐个移动到接近开关处，再移动到离接近开关较远的位置，如此反复进行，同时使接近开关出现反应时快时慢的现象，即反应频率。不同的接近开关对被测对象的反应能力不一样，所以不同的接近开关，其响应频率也不一样，有些接近开关反应迅速，而有些则反应缓慢。

（5）回差值

回差值也称滞差，是动作距离与复位距离之差的绝对值。滞差越大，对抗被测物体抖动等造成的机械振动干扰的能力就越强，但动作准确度就越差。如图 4-44 所示，当被测物体由 A 点向接近开关移动时，距接近开关为动作距离 d_1时（即 B 点），接近开关输出由低电平跳至高电平；如果此时被测物体继续向 D 点方向（靠近接近开关方向）移动，接近开关保持高电平；如果被测物体向 E 点方向（远离接近开关方向）移动，到达复位距离 d_2（E 点），接近开关输出由高电平跳至低电平，d_1与 d_2的差值即为滞差。如果没有滞差或滞差很小，接近开关在 C 点附近会高低电平来回跳变，会因为环境干扰引起误动作。所以在选用接近开关时，要特别注重回差值的选定，许多商家会将回差值设为现场可调，可根据现场环境设定合理的回差值。

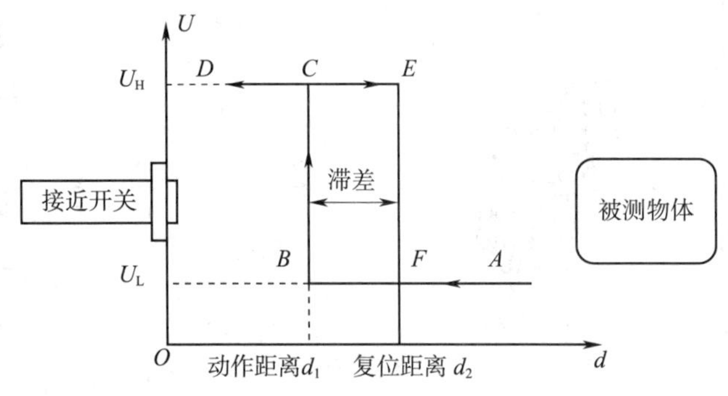

图 4-44　接近开关的滞差

（6）标准检测体

标准检测体是指获得上述参数时使用的检测物体尺寸和材料。实际物体与标准物体有差异时，检测距离等参数会有不同，其变化情况参见后文分析。

（7）输出形式

常用的输出形式有直流二线、直流 NPN 三线、直流 PNP 三线、交流二线等。

4. 影响检测距离的因素

（1）被测物体尺寸

当被测物体厚度一定且尺寸较小时，电感式接近开关的检测距离受尺寸影响较大；当被测物体边长大于 30 mm 时，检测距离基本不再受被测物体边长的影响。

（2）被测物体材料

电感式接近开关是利用电磁作用工作的，因此只对金属导电物敏感，对木块、塑料、陶瓷等非金属物体不起作用。其检测距离也随被测金属的不同而差距较大，表 4-2 以铁为基准列出常用金属被测物体材料对电感式接近开关动作距离的影响。

表 4-2　常用金属被测物体材料对电感式接近开关动作距离的影响

材料	铁	镍铬合金	不锈钢	黄铜	铝	铜
动作距离	100%	90%	85%	30%~45%	20%~35%	15%~30%

（3）被测物体厚度

被测物体的厚度对检测距离有较大影响。对铜、铝等非磁性材料，随着被测物体厚度增大，检测距离明显减小；而对铁、镍等磁性材料，物体厚度超过 1 mm 时，检测距离稳定。

（4）金属表面镀层

多数情况下镀层会使电感式接近开关的检测距离缩小，因此，在选用传感器时要考虑镀层的影响，条件允许的情况下最好事先清除检测位置的镀层。

二、常用的接近开关

1. 光电式接近开关

（1）工作原理

光电式接近开关（图 4-45）是能够将光束发射器和接收器间光的强弱变化转化为电流变化，达到探测目的的传感器。

图 4-45　光电式接近开关

光电式接近开关由发射器、接收器和检测电路三部分组成。发射器中用光电元件（发光二极管或激光二极管）将输入电流转换为光信号射出，利用被检测物对光束的遮挡或反射，由接收器中的光敏元件（光敏二极管或三极管）根据接收到的光线强弱或有无对目标物体进行探测。

光电式接近开关能够检测的物体不限于金属，适用于良好光线传播环境下的所有物体；同时光电式接近开关的输出回路和输入回路在电气上隔离，因此它在许多场合下都得到了应用。

（2）分类

根据检测方式的不同，光电式接近开关主要有以下几种。

1）漫反射式光电开关。漫反射式光电开关是一种集发射器和接收器于一体的传感器，其检测示意图如图 4-46 所示。被检测物体经过时，将光电开关发射器发射的足够量的光线反射到接收器，于是光电开关就产生开关信号。当被检测物体表面光亮或其反光率较高时，漫反射式光电开关是首选的传感器。

2）镜反射式光电开关。镜反射式光电开关也是集发射器与接收器于一体的传感器，如图 4-47 所示。光电开关发射器发出光线，在发射器与反射镜之间没有物体时，光线经反射镜反射回接收器；当被检测物体经过且完全阻断光线时，接收器接收不到光线，就会产生开关量的变化。在对表面光亮的物体进行检测时，有一种偏振反射式光电开关，可以减少玻璃反射造成的错误响应。

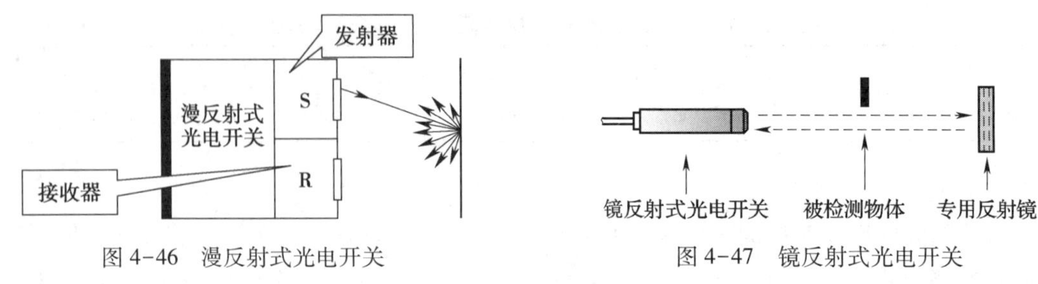

图 4-46　漫反射式光电开关　　　　图 4-47　镜反射式光电开关

3）对射式光电开关。对射式（遮挡式）光电开关包含结构上相互分离且光轴相对放置的发射器和接收器，如图 4-48 所示。发射器与接收器之间没有物体遮挡时，发射器发出的光线直接进入接收器；当被检测物体经过发射器和接收器之间且阻断光线时，光电开关就产生开关信号变化。当检测物体不透明、距离较远时，多采用对射式光电开关。

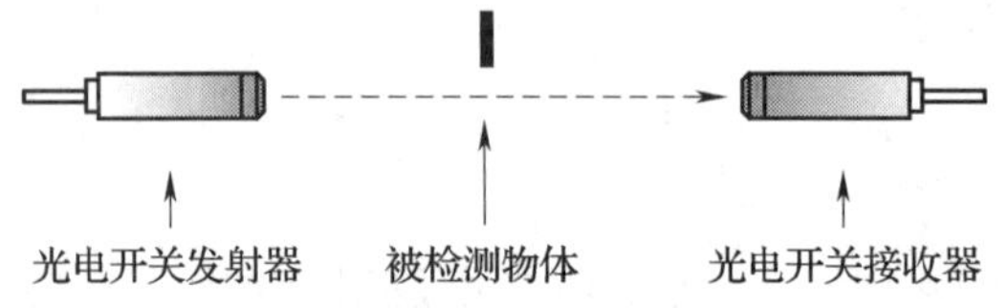

图 4-48　对射式光电开关

4）槽式光电开关。槽式光电开关通常是标准的 U 字形结构，如图 4-49 所示。发射器和接收器分别位于 U 字形槽的两边，并形成一光轴，当被检测物体经过 U 字形槽且阻断光轴时，光电开关就产生开关信号变化。槽式光电开关适合检测高速运动的物体及分辨透明与半透明物体。

5）光纤式光电开关。光纤式光电开关采用塑料或玻璃光纤传感器来引导光线，以实现被检测物体不在相近区域时的检测，其检测示意图如图 4-50 所示。光纤式光电开关又分为对射式和漫反射式。

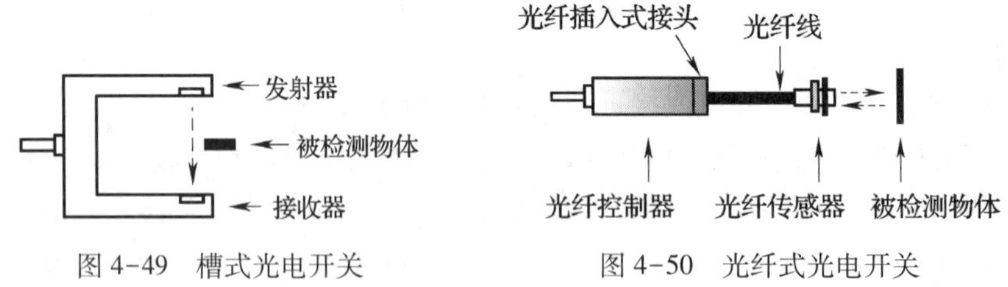

图 4-49　槽式光电开关　　　　图 4-50　光纤式光电开关

（3）性能参数

光电式接近开关的指标中除了包含接近开关共有的性能参数外，还有一些特殊属性，具体如下。

1）检测方式：可分为漫反射式、镜反射式、对射式等。

2）表面反射率：表示光电式接近开关发射的光线被待检测物体表面反射回来的比率。

对于漫反射式光电开关，检测距离和物体的表面反射率决定了光电开关能否感受到物体的变化。表面反射率与物体材料、表面粗糙度等有关，常用材料的表面反射率见表 4-3。

表 4-3　常用材料的表面反射率

材料	表面反射率	材料	表面反射率
白画纸	90%	不透明黑色塑料	14%
报纸	55%	黑色橡胶	4%
餐巾纸	47%	黑色布料	3%
包装箱硬纸板	68%	未抛光的白色金属表面	130%
洁净松木	70%	有光泽浅色的金属表面	150%
干净粗木板	20%	不锈钢	200%
透明塑料杯	40%	木塞	35%
半透明塑料瓶	62%	啤酒泡沫	70%
不透明白色塑料	87%	人的手掌心	75%

3）环境特性：光电式接近开关应用的环境是影响其长期可靠工作的重要因素。

2. 电容式接近开关

（1）工作原理

图 4-51 所示的电容式接近开关是一种以单个极板为检测端的电容式传感器。它由高频振荡电路、检波电路、放大电路、整形电路及输出电路组成，如图 4-52 所示。平时检测电极与大地之间构成电容器，成为振荡电路的组成部分。当被检测物体靠近检测电极时，被检测物体会被极化。被检测物体越靠近检测电极，检测电极上的电荷就越多，由于 $C=Q/V$，随着电荷增多，静电电容 C 增大，振荡电路的振荡减弱，甚至停振。振荡电路的振荡与停振状态通过检测电路转换为开关信号后向外部输出。

图 4-51　电容式接近开关

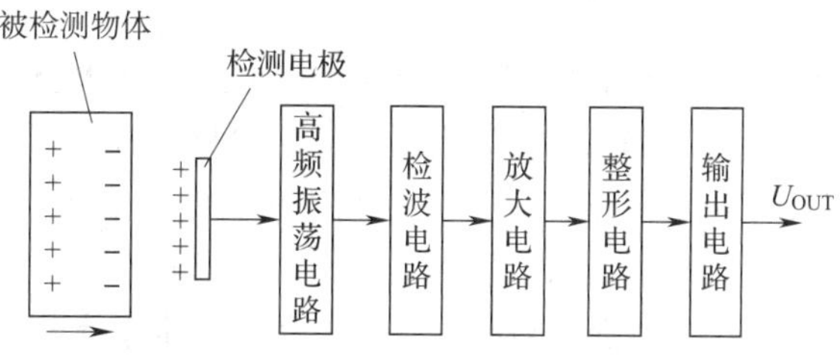

图 4-52　电容式接近开关结构框图

从工作原理可以看出，电容式接近开关的输入是检测电极与被检测物体间的距离，输出是开关信号；电容式接近开关对金属和非金属被检测物体都可以起作用，检测范围较宽。

电容式接近开关的典型结构如图 4-53 所示，主要由检测电极、检测电路、引出线及外壳等组成。检测电极设置在传感器最前端，检测电路装在外壳内并由树脂灌封。在传感器内部还设有灵敏度调节电位器，当被检测物体和检测电极之间有不灵敏的物体时，可通过调节该电位器来调整工作距离。电路中还装有指示灯，当传感器动作时，指示灯亮。

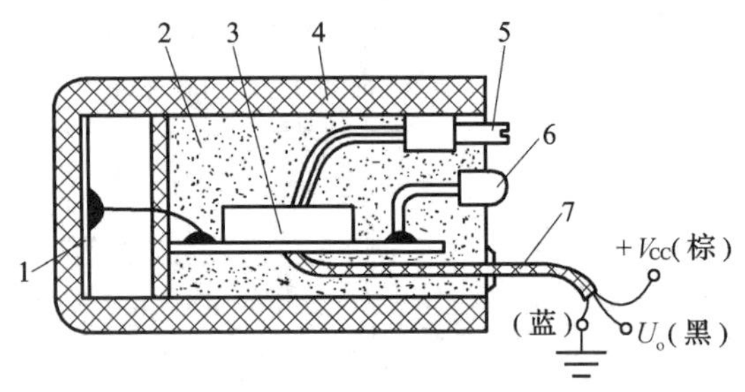

图 4-53　电容式接近开关的典型结构

1—检测电极　2—树脂　3—检测电路　4—外壳　5—灵敏度调节电位器　6—指示灯　7—引出线

（2）特性

1）电容变化与工作距离的关系。通过实验发现，当实际工作距离为数毫米时，电容式接近开关检测电极的电容急剧减小，因此，要求选型和安装时一定要注意传感器的额定检测距离及其影响因素。

2）检测距离与被检测物体的关系。电容式接近开关的检测距离与被检测物体的材质、尺寸、吸水率等有很大关系。当被检测物体是接地金属时，振荡电路很容易停振，灵敏度最高，检测距离最大；当被检测物体为玻璃、塑料等绝缘体时，灵敏度较差，检测距离需要乘上修正系数，可以利用灵敏度调节电位器适当提高灵敏度，以增大检测距离。

3）动作频率。电容式接近开关有直流型和交流型。直流型电容式接近开关的动作频率一般为 100~200 Hz，而交流型接近开关的动作频率为 10~20 Hz。

三、接近开关的输出

工业自动化行业中使用的各类接近开关，大量采用直流三线式的输出形式，其输出部分在结构上广泛采用 OC 门的方式，根据采用的三极管不同又有 PNP 型和 NPN 型之分。下面以 NPN 常开型接近开关为例说明其结构和工作过程。

如图 4-54 所示，传感器输出端 U_o连接 OC 门的基极，OC 门的集电极连接到 OUT 端，发射极连接到 GND 端。当被检测物体未靠近接近开关时，$I_b=0$，OC 门截止，OUT 端为高阻态；当被检测物体到达动作距离时，$I_b>0$，OC 门的 OUT 端对地导通，该端口对地为低电平。通常传感器在$+V_{CC}$和 OUT 端之间内部连接有电阻和发光二极管，OC 门导通时发光二极管亮，否则熄灭，据此可以判断是否有物体靠近接近开关。直流三线制方式下，通常棕色引出线为正电源，蓝色引出线接地（电源负极），黑色引出线为输出端，有常开、常闭之分。

接近开关与负载的典型连接方式如下。

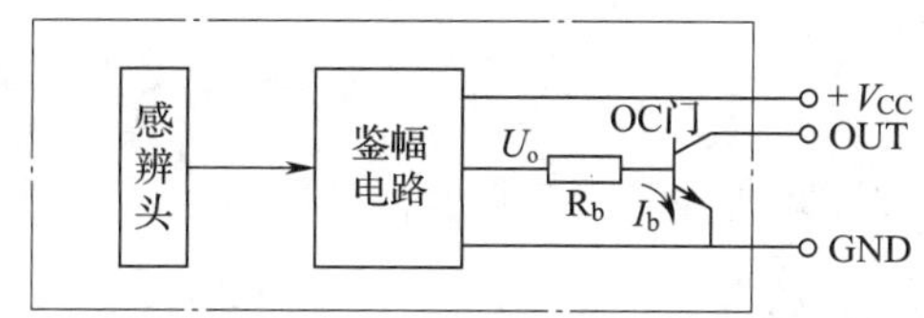

图 4-54 直流 NPN 三线常开型接近开关输出部分框图

1. 接近开关与继电器连接

图 4-55a 所示为接近开关与中间继电器的接线图。中间继电器 KA 跨接在$+V_{CC}$和 OUT 端之间，作为控制电路的负载，且并联续流二极管 VD。接近开关动作后，OC 门导通，KA 线圈得电，触点动作并控制其他回路工作；接近开关复位，KA 线圈产生的瞬间高压形成的电流经续流二极管释放，不会使 OC 门击穿。

2. 接近开关与 PLC 连接

图 4-55b 所示为与日系 PLC（如三菱、欧姆龙等）的接线图。OUT 端、GND 端分别与 PLC 的输入端和对应的 COM 端连接，$+V_{CC}$连 PLC 的+24 V 输出端或外接电源。与欧美系（如西门子）的 PLC 共用时多采用 PNP 型接近开关。

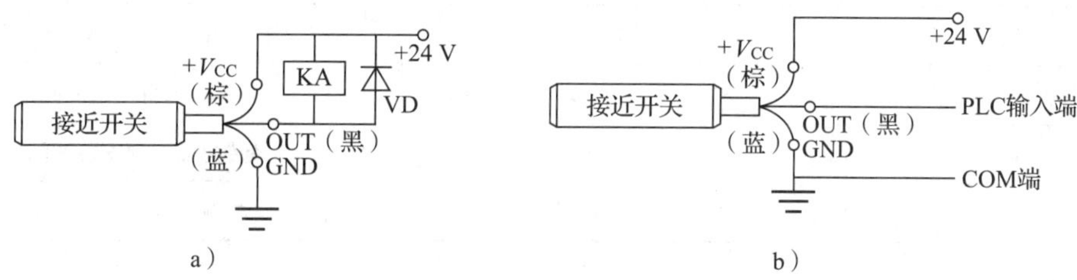

图 4-55 直流三线式接近开关与负载的连接

a）与中间继电器连接 b）与 PLC 连接（日系）

四、接近开关的安装

1. 光电式接近开关的安装

光电式接近开关的安装方式和安装尺寸如图 4-56 所示。图中 S_n、S_{n1}、S_{n2}为光电式接近开关的检测距离。

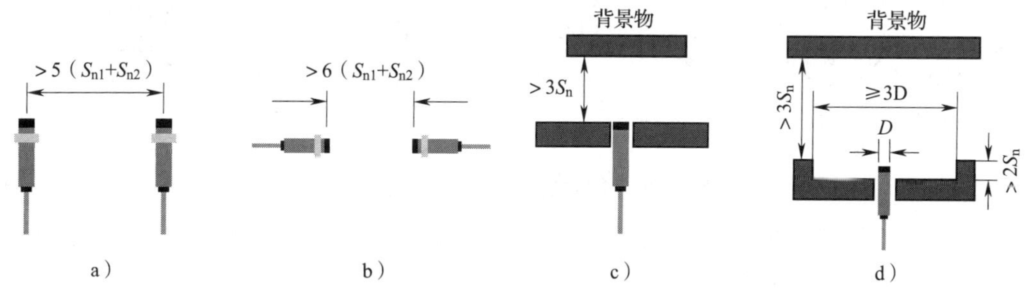

图 4-56 光电式接近开关的安装方式和安装尺寸

a）平行安装 b）相对安装 c）埋入式安装 d）非埋入式安装

2. 电容式接近开关的安装

(1) 安装距离

电容式接近开关的安装要求如图 4-57 所示，各部分尺寸标注的含义见表 4-4。

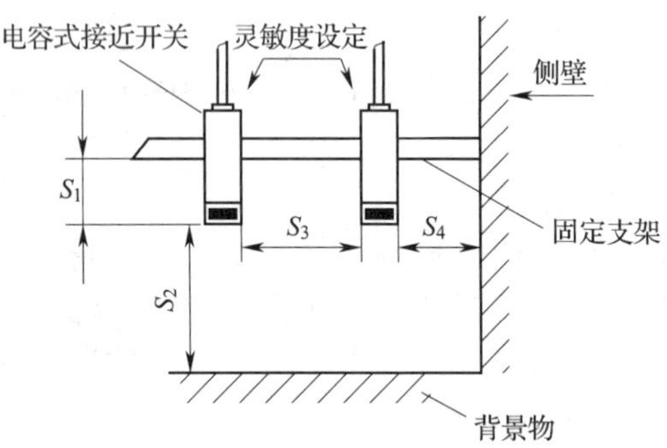

图 4-57 电容式接近开关的安装要求

表 4-4 电容式接近开关安装中的标注及含义

标注	安装距离	说明
S_1	$\geqslant S_n$	检测面与固定支架的间距
S_2	$\geqslant 3S_n$	检测面与背景物的间距
S_3	$\geqslant 5S_n$	多传感器并列安装的间距
S_4	$\geqslant 3S_n$	检测面与侧壁的间距

其中 S_n 为电容式接近开关的额定检测距离。

(2) 灵敏度

安装过程中可根据需要调整电容式接近开关的灵敏度，以适合不同被检测物体。如图 4-58 所示，电位器向右旋转时，灵敏度和检测距离增大，向左旋转则变小；调节时，要在无检测状态下把电位器慢慢向右旋（在开关 ON 位置停止），然后在被检测物体接近时慢慢向左旋（在开关 OFF 位置停止），将电位器调在 ON 和 OFF 位置中间。

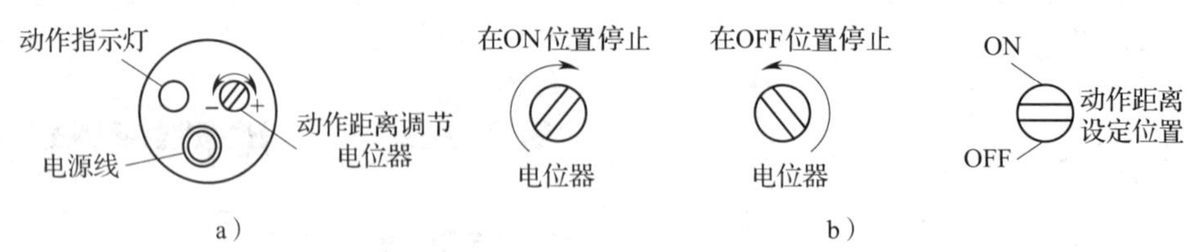

图 4-58 电容式接近开关灵敏度调节
a）调节方法 b）调节过程

知识应用

接近开关在自动化生产线上的应用

一、接近开关的选型

“知识引入”中所述物料分拣自动化生产线在位置 B 处需要检测有无物品运送过来，无论是何种材质都需要传感器作出反应。在学习过的几种接近开关中，光电式接近开关检测范围宽、响应速度快，在光线传播良好的室内环境下适用，考虑采用这类传感器。因为被检测物体的反光率较高、检测距离短，因此，优先选择漫反射式光电开关。选型时主要考虑品牌、检测距离、输出形式。品牌方面国外有日本的欧姆龙，韩国的奥托尼克斯，德国的 SICK、TURCK 等，国产品牌有瑞科、三友、泸龙等。最后选择中山三友的 SG-M12A 型，其为圆柱形直接反射型，检测距离为 5 cm，输出形式选 NPN 常开型。

图 4-40 中，位置 C 处需要检测物品的材质，以区分金属和非金属，可采用电感开关，其适合于分拣导电金属物体。位置 D 处需要检测非金属物体，可采用电容式接近开关来分拣。根据检测距离、工作电压等参数为 C、D 位置选择三友的 SL-12N4C 电感开关和 SC-18N10C 电容开关，分别为 M12 和 M18 圆柱形，塑料外壳，输出形式为直流三线 NPN 常开型。其他工作参数见表 4-5。

表 4-5　接近开关的工作参数

参数	说明		参数	说明
安装形式	埋入式		工作电压	直流型：10~30 V
检测距离	电感式	4 mm	检测频率	≤400 Hz
	电容式	10 mm		
电流输出	≤200 mA		环境温度	-10~65 ℃

二、接近开关的安装与调试

利用直角形支架将接近开关安装在传送带侧面，旋转接近开关紧固螺母，调整其与待检测物体间的距离。电容式接近开关在使用中可根据材质调节开关后部的多圈电位器，以调整灵敏度。

调试时，将金属和非金属被检测物品分别放到物料分拣生产线三种接近开关前面，观察接近开关尾部工作指示灯和 PLC 输入侧 LED 指示灯的状态，调整接近开关的锁紧螺母，保证光电式接近开关对各类物品都有反应（电感式接近开关只对金属物品有反应，而电容式接近开关对非金属物品也有反应）。连接好其他电气回路后可进行软、硬件的联合调试。传送带将被测工件从侧面输送到各个接近开关面前，观察工作指示灯的状态，保证物体到来时有开关信号输送给 PLC。

课题六　液位传感器

学习目标

◇了解液位传感器的常用类型和特点。
◇了解电容式液位传感器的工作原理。
◇熟悉电容式液位传感器的测量转换电路。
◇掌握电容式液位传感器的使用方法。
◇能正确选择和使用电容式液位传感器。

知识引入

在生产和生活中，常常需要精确知道储液容器中液位的高低，所用的测量方法为液位测量，对应的传感器为液位传感器（液位计）。液位测量有进行点位监测的定点测量，也有实现实时监控的连续测量。液位传感器既可用于容器中液体容量的计量，又可用于监视或控制液位。典型应用如汽车油箱油量检测系统，通过油位传感器来检测油箱中油量的变化，将其转换为电路中电流的变化，传送给车载计算机，经过处理和计算，送给仪表盘显示油量信息或发出报警信号，如图 4-59 所示。

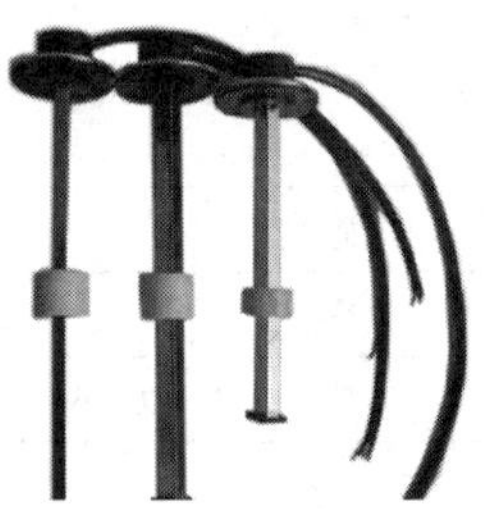

图 4-59　油箱油量检测及油位传感器

知识讲解

一、常用的液位传感器

液位传感器是一种特殊的位移传感器，被测介质是各种性质不同的液体。液位检测按照检测原理可分为直读法、浮力法、静压法、电容法、超声波法等，在实际工程中，常用的液位传感器主要有浮球式液位传感器、静压式液位传感器、磁致伸缩式液位传感器、超声波液位传感器、电容式液位传感器。在使用或选用液位传感器时，要特别注重考虑被测介质的性质与特点，如液体的黏稠度、浑浊度、杂质含量、液面气泡波浪等。如何在众多种类的液位传感器（图 4-60）中合理选型是实际工程中的重要环节，因此，首先要熟悉常用液位传感器的工作特点、适用场合等。

图 4-60　液位传感器

1. 浮球式液位传感器

浮球式液位传感器的类型很多，一种典型的干簧管浮球式液位传感器如图 4-61 所示。该液位传感器由磁性浮球、测量导管、接线盒及安装件等组成，测量导管内装有若干个干簧管。

干簧管是由两片磁簧片（通常由铁和镍两种金属组成）密封在玻璃管内，玻璃管内充满氮气或惰性气体。两片磁簧片呈重叠状，中间留有空隙，当接近磁场时，两片磁簧片接触，簧片吸合，导通电路；当磁场消失后，两片磁簧片由于本身的弹性而释放，磁簧片分开，断开电路。浮球随着液位（界面）上下浮动时，浮球内永磁体的磁场作用于测量导管内的干簧管，相应高度的干簧管闭合，致使输出电阻 R_x 变化（图 4-61b），外加电源即可得到正比于液位的电压信号，测得液位。

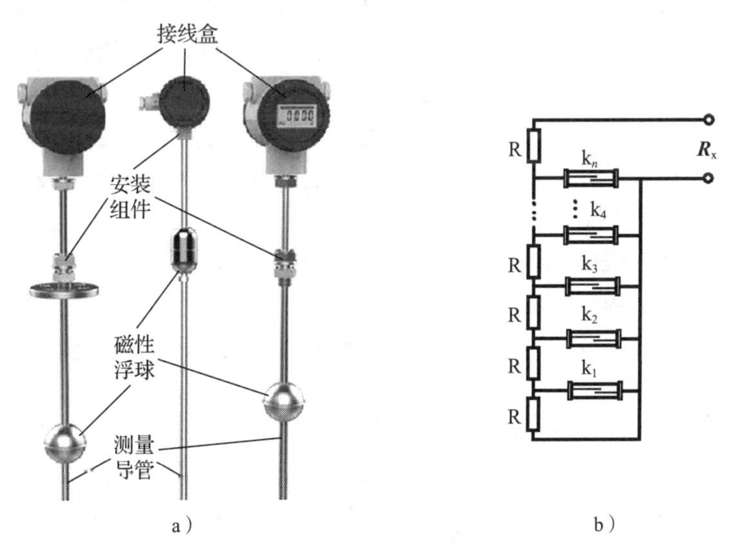

图 4-61　干簧管浮球式液位传感器
a）外形　b）电路

浮球式液位传感器价格便宜，经济实用，液位性能稳定，抗干扰能力强，但测量精度不高，可以用于测量黏度较大的液体。因为浮球式液位传感器是接触式测量，易结垢，不适用于食品卫生行业的监测。

2. 静压式液位传感器

静压式液位传感器（图 4-62）的测量原理是通过测量液体底部的压力，计算出液位高度。

液体重力为：

$$G = mg = \rho Vg = \rho hSg$$

式中 ρ——液体密度；

V——液体体积；

h——液体高度；

S——液体底部截面积。

液体重力也可以表达为：

$$G = pS$$

式中 p——液体作用在底部的压力（物理中的压强）；

S——液体面积。

由此计算出液位为：

$$h = \frac{p}{\rho g}$$

在液体底部安装压力传感器，测得压力值（选择相对压力或表压传感器，即压力传感器的参考压力腔要与环境压力相通），即可测出液位。为了保证测量的精度和稳定性，一般选用硅压力传感器测量液体静压。此外也可以选用压差传感器测量液位。

静压式液位传感器的优点是不受液面高度、液面气泡波浪的影响，测量范围大，无可动部件，可靠性高，使用寿命长，可广泛应用于各种工业过程中的检测与控制。但是液面高度越高，要求的静压式液位传感器精度也越高，长时间使用时，静压式液位传感器需要重新校准；容器更换液体时，因液体密度发生变化，也要对其重新进行校准。

3. 磁致伸缩式液位传感器

物质除了有热胀冷缩的现象，在磁场和电场的作用下也会导致物体尺寸的伸长或缩短。铁磁性物质在外磁场作用下，其尺寸伸长（或缩短），去掉外磁场后，其又恢复原来的长度，这种现象称为磁致伸缩效应。利用磁致伸缩效应进行液位测量的传感器称为磁致伸缩式液位传感器。

磁致伸缩式液位传感器主要由探测杆、电路变送器和浮子三部分组成，如图 4-63 所示。在非磁性的探测杆内装有磁致伸缩线，探测杆外配有浮子，可随液位沿探测杆上下移动，浮子内有一组磁环，周围形成磁场。磁致伸缩式液位传感器工作时，电路变送器发出电流脉冲，称为起始脉冲，沿磁致伸缩线向下传播，当脉冲电流磁场与浮子磁环磁场相遇时，浮子周围的磁场发生变化，两个磁场在探测杆的磁致伸缩线上产生扭力，形成返回脉冲。返回脉冲以固定的速度向上传播，由电路变送器接收，通过检测电路，可以准确测量起始脉冲和返回脉冲之间的时间差，并以此计算出浮子的实际位置，从而测得液位。

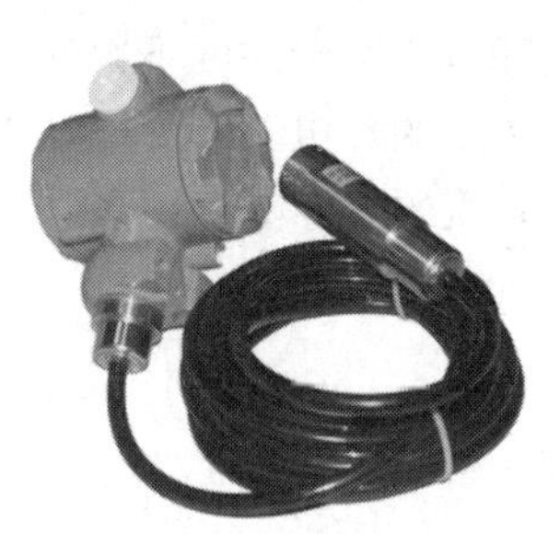
图 4-62　静压式液位传感器

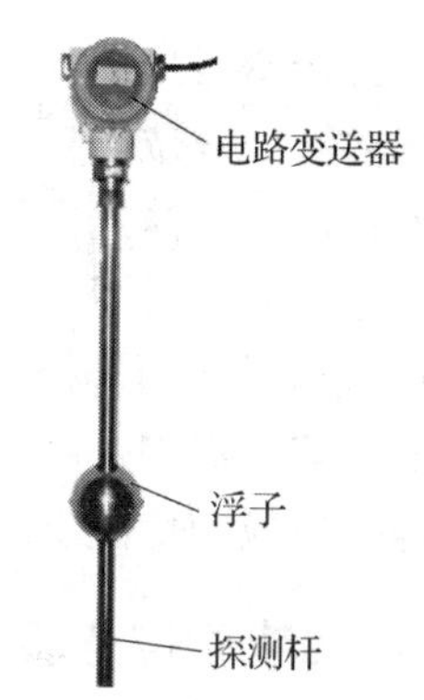

图 4-63　磁致伸缩式液位传感器

磁致伸缩式液位传感器安装简单，适宜于高精度液位测量，绝对误差仅为 1 mm，但液体密度变化和温度变化会带来测量误差，适合于精度要求较高、被测介质比较清洁的场合的液位测量，也可用于两种不同液体之间界面界位的测量。

4. 超声波液位传感器

超声波液位传感器（图 4-64）是利用超声波在气体、液体和固体介质中传播的回声测距原理检测液位的，根据测量介质不同分为气介式、液介式和固介式三类，工作原理将在模块六中介绍。超声波液位传感器不直接与被测介质接触，可以测量各种介质的液位和固体颗粒、粉末的位置，测量精度高，使用寿命长，安装维护方便，广泛用于测量腐蚀性和侵蚀性液体的液位。但其不能用于测量液面有气泡和悬浮物的液位，因为气泡和悬浮物会影响超声波的反射或折射。此外受到超声波传播能量损耗的影响，其不适用于吸波环境，如泡沫、粉尘、蒸汽等监测领域。

5. 电容式液位传感器

电容式液位传感器（图 4-65）是一种因液位变化引起极板间介质变化，最终产生电容变化的变介质型电容传感器，具有阻抗高、功率小、动态范围大、响应速度快、零漂小、结构简单、环境适应性强等优点，主要用于液位的测量、控制和报警系统，液位的连续测量及储量的测量等。

电容式液位传感器适合用于塑料、玻璃等容器，传感器紧贴于水箱外壁使用，一般不用于检测金属水箱，且周边 2 cm 内不能有金属或磁场，以免造成干扰。

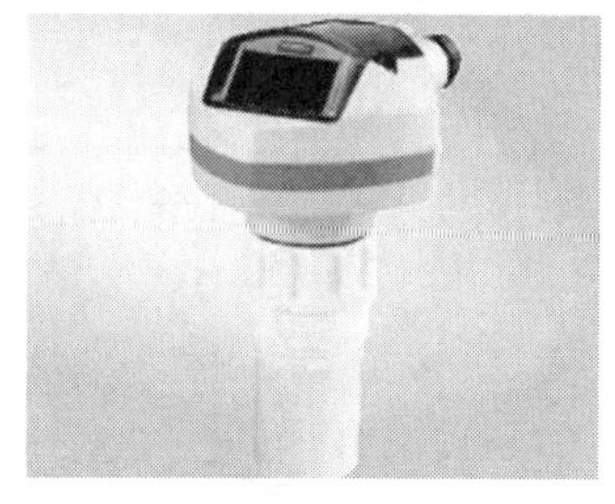
图 4-64　超声波液位传感器

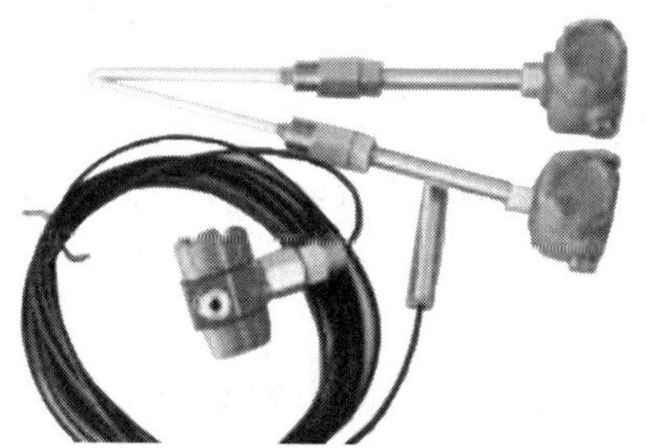
图 4-65　电容式液位传感器

电容式液位传感器从结构上看有缆式、杆式、筒式、绝缘筒式、双杆式等。缆式适用于各种导电水溶液的液位测量；杆式适用于黏度不大、不易结垢的酸、碱、盐的水溶液等导电介质的液位测量；筒式探杆内外的电极采用不锈钢管，适用于黏度不大的非导电介质的液位测量；绝缘筒式适用于测量各种对不锈钢无腐蚀作用的导电、非导电、半导电介质的液位；双杆式适用于测量强腐蚀性介质的液位，要求介质的电导率≥10^{-3} S/m。

上述各液位传感器中，电容式液位传感器价格低廉，结构简单，在包括汽车液位检测在内的液位检测中应用广泛。

二、电容式液位传感器的工作原理

电容式液位传感器外形和原理图如图 4-66 所示。当被测液面高度变化时，两同轴电极间的介电常数随之发生变化，从而引起电容量的变化。假设被测介质的介电常数为 ε_1，液位以上部分介质的介电常数为 ε_2，则其电容量为：

$$C=\frac{2\pi\varepsilon_1 H}{\ln(D/d)}+\frac{2\pi\varepsilon_2(L-H)}{\ln(D/d)}$$

式中 H——传感器插入液面的深度；

L——传感器两电极的有效长度；

D、d——外电极的内径和内电极的外径。

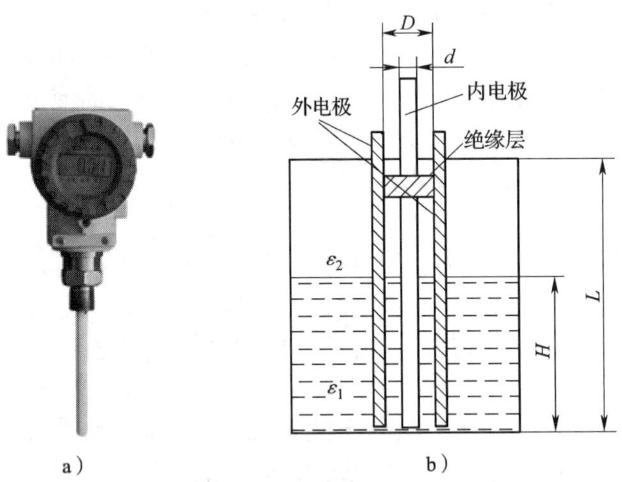

图 4-66　电容式液位传感器

a）外形　b）原理图

设 C_0为液面深度 $H=0$ 时的电容，则有：

$$C_0=\frac{2\pi\varepsilon_2 L}{\ln(D/d)}$$

液面深度增至 H 时电容的变化量为：

$$C_x=C-C_0=\frac{2\pi(\varepsilon_1-\varepsilon_2)}{\ln(D/d)}H$$

由上式可见，如果测量出电容变化量 C_x，就可测出液面高度 H。两种介质的介电常数差值 $\varepsilon_1-\varepsilon_2$越大、极径 D 与 d 相差越小，传感器的灵敏度越高。上述原理也可用于导电介质液位的测量，传感器极板必须与被测介质绝缘。电容式液位传感器测量时应保证两种介质介电常数的变化一致，否则介电常数的变化会直接导致误差的产生。

电容式液位传感器通常由探极和变送器组成，普通的液位传感器两者一般是分离的，用屏蔽电缆或无线射频方式相连，以方便安装在环境恶劣的现场，如高温、振动、腐蚀、危险及需要远方设定的场合。条件较好的情况下可考虑选用使用更方便的一体化电容式液位传感器。

三、电容式液位传感器的测量转换电路

电容式液位传感器由于受结构尺寸及测量对象介电常数等的限制，电容量通常不大，液位变化引起的电容变化值更小，往往只有几皮法到几百皮法。因此，要准确而无干扰地测量这些电容及其变化值，必须正确设计测量电路，将信号转换成易于测量的电信号。电容式液位传感器的典型测量电路有高频交流电桥电路和利用电容充放电原理构成的测量电路。

1. 高频交流电桥电路

高频交流电桥电路如图 4-67 所示。电桥由两个电感臂 L2、L3 和两个电容臂 C1、C_x 组成，由电感 L1 的高频振荡电源供电。被测电容 C_x 接入测量臂，而另一参照臂中接有可变电容 C1，用以调整电桥平衡。线圈 L0 起到高频滤波功能，R_e 用来调整测量范围。当液位变化时，C_x 的电容量变化，电桥不平衡，输出电流，经二极管 VD 整流后，在毫安表中显示出液位高低。这种电路结构简单，调整方便，但精度不高，线性较差。

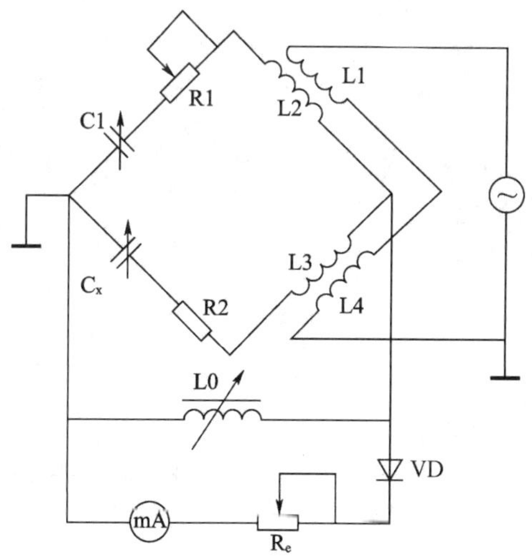

图 4-67　高频交流电桥电路

2. 利用电容充放电原理构成的测量电路

利用电容充放电原理构成的测量电路框图如图 4-68 所示。电容式液位传感器把液位

变化转变为电容变化，测量电路利用电容充放电原理将其转化为电流变化，与调零单元的输出电流比较后，再经直流放大，送显示仪表或远传。晶体振荡器用来产生高频方波，经分频器分频后通过屏蔽电缆与显示仪表相连，可减小传输电缆分布电容和外部干扰的影响。

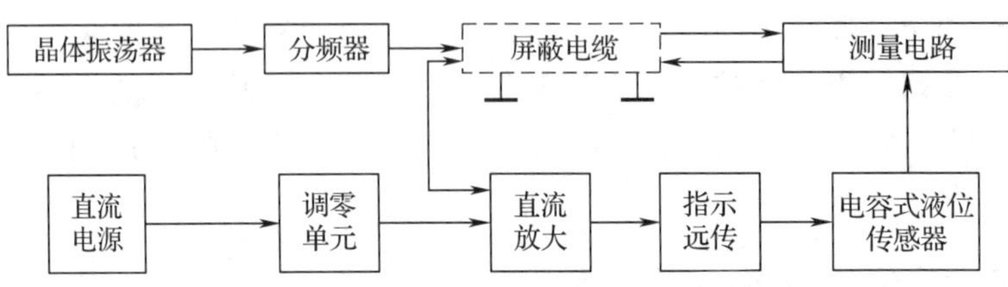

图 4-68　利用电容充放电原理构成的测量电路框图

四、电容式液位传感器的使用

安装方式上电容式液位传感器除双杆式结构之外，其他结构均可选择螺纹、法兰或支架三种安装，安装使用极为方便。有时为了液体的安全，电容式液位传感器还可以通过阀门引流至旁路进行液位测量，如图 4-69a 所示。注意探极的外绝缘层可根据不同的介质选择相应的绝缘材料，正常工作中探极与被测液体之间处于绝缘状态。安装时一定要保护好探极的外绝缘层，一旦损伤，将导致液位传感器的使用寿命缩短或安装失败。

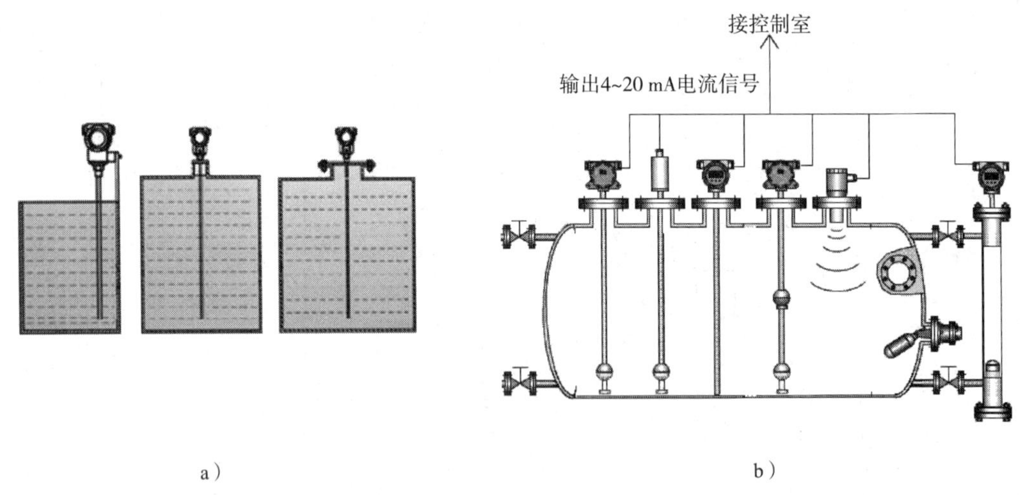

图 4-69　电容式液位传感器的安装方式和典型应用
a）常见安装方式　b）典型应用

探极安装结束后，应使其浸入液体，探极与液体（或金属容器外壁）的绝缘电阻大于 20 MΩ（将探极与变送器的连接暂时断开），然后对量程进行标定，具体方法如下。

拧下保护盖，可以看到调零和满程电位器，外接标准电源及电流表；变送器中没有液体时，调节调零电位器，使之输出电流为 4 mA；变送器加液到满量程，调节满程电位器，使之输出电流为 20 mA；重复以上步骤 2~3 次，直到信号正常；调节完毕，拧紧保护盖。

电容式液位传感器与电源和相关电气元件的接线方式如图 4-70 所示。

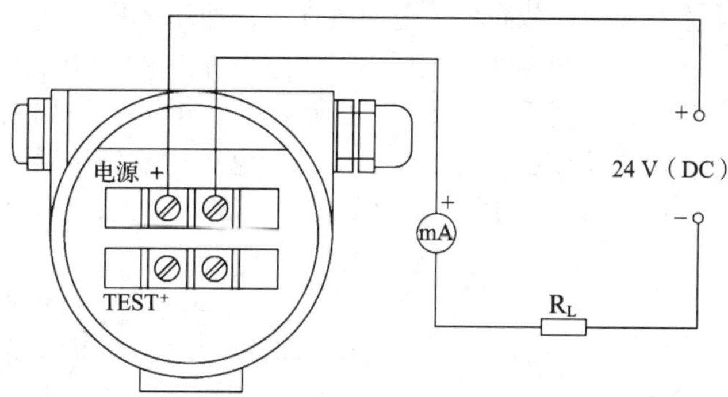

图 4-70　电容式液位传感器与电源和相关电气元件的接线方式

知识应用

液位传感器在汽车油箱中的应用

一、液位传感器的选型

通常采用电位器式（浮子型）液位传感器和干簧管式液位传感器进行汽车油箱油位检测。将这两种液位传感器与电容式液位传感器列表对比，见表 4-6。

表 4-6　油位检测传感器对比

类型	电位器式（浮子型）	干簧管式	电容式
优点	技术成熟，成本低，具有一定的可靠性	结构简单，结实耐用	无机械运动结构；用于不同油箱时修改程序即可；电路与燃油完全隔离，安全可靠
缺点	电刷长期浸泡在油中，易接触不良、老化；机械方式改变阻值，易磨损和接触不良，使指示不准确	传感器杆体外套的浮子易卡住；干簧管体积较大，安装数量有限；输出阻值易产生跳变，显示精度低	不能检测导电液体

可见，传统油位检测的传感器均存在长期使用可靠性不高的问题，而电容式液位传感器因没有运动部件，耐冲击，安装方便，可靠性高，因此，新车型可选用新型射频电容式液位传感器，如 CR-6061，它采用射频电容检测电路，可适应各种复杂场所的要求，主要性能指标如下。

检测范围为 10~1 000 mm，精度 0.5 级，承压范围 -0.1~0.6 MPa，探极耐温 -20~125 ℃，工作环境温度 -20~70 ℃，输出信号 4~20 mA 电流或 0~5 V 电压，供电电源 DC 12~28 V（典型值 24 V）。

二、油箱油量检测系统的组建

油量检测的思路为：在油箱截面积一定的条件下，油箱体积（油量）与高度成正比，因此可以用油位高度 H 反映油量多少；同时，可通过设计使液位与油量表指针的偏转角成比例。据此组建的油箱油量检测系统如图 4-71 所示，其由电容式液位传感器、电桥、放大器、两相电动机、减速器及显示装置等组成。其中电容式液位传感器是电桥的一个臂，C0 为标准电容，R1 和 R2 为标准电阻，RP 为调整平衡的电位器，可由电动机驱动转动。

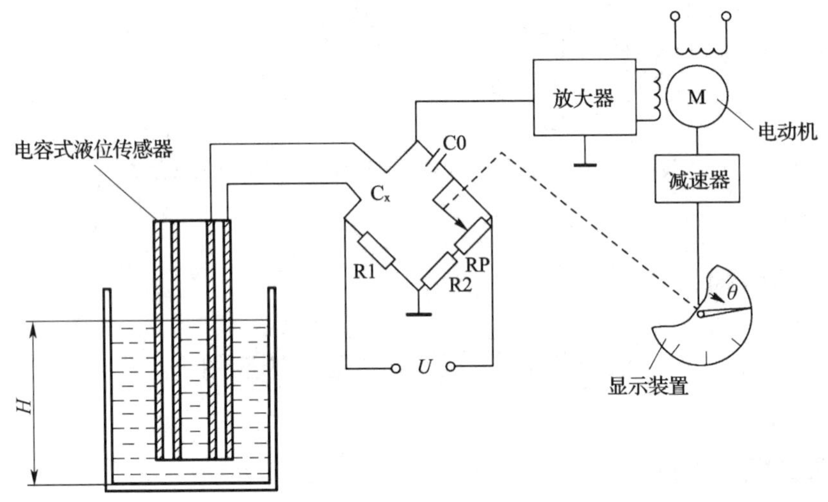

图 4-71 油箱油量检测系统

当油箱中无油时，传感器电容 $C_x=C_{x0}=C_0$（C_{x0}为零点电容），电位器 RP 阻值为零，显示装置指针指在零位，电桥平衡，无电压输出；当油箱中的油面升高到 H 时，$C_x=C_{x0}+\Delta C_x$，电桥失去平衡，有电压输出。输出电压经放大后，驱动电动机转动，带动显示装置指针转动，转过一定角度后重新获得平衡。电动机停转，显示装置指针停在偏转角 θ 上。可以验证，显示装置指针的偏转角 θ 与油箱油量的液面高度成比例。知道了液面高度，也就可以计算出对应的油量值。

知识链接

位移传感器的类型、位移的测量方法及特点

一、位移传感器的类型

学习了几种位移传感器后，可对这类传感器的类型作一小结。位移传感器按工作原理分主要有电阻式、应变式、电感式、电容式、霍尔式、超声波式、光栅式、电涡流式、磁栅式以及角度编码器等，常用的位移传感器外形见表 4-7。

表 4-7　常用的位移传感器外形

形式	位移传感器外形	形式	位移传感器外形
电阻式	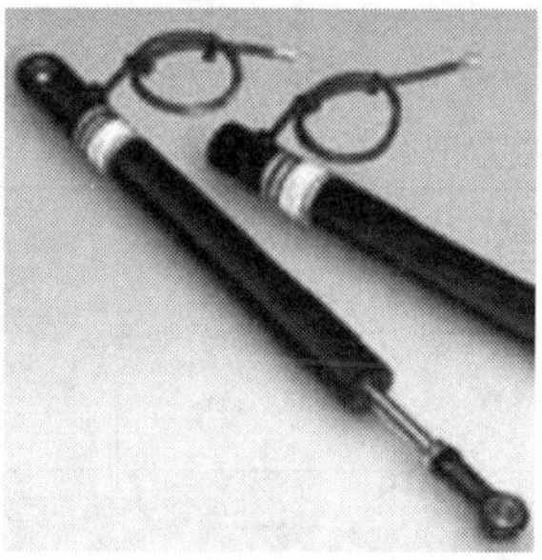	电容式	
应变式		霍尔式	
电感式		超声波式	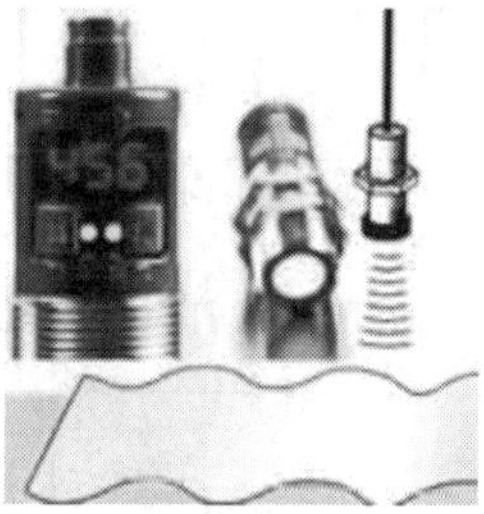
光栅式	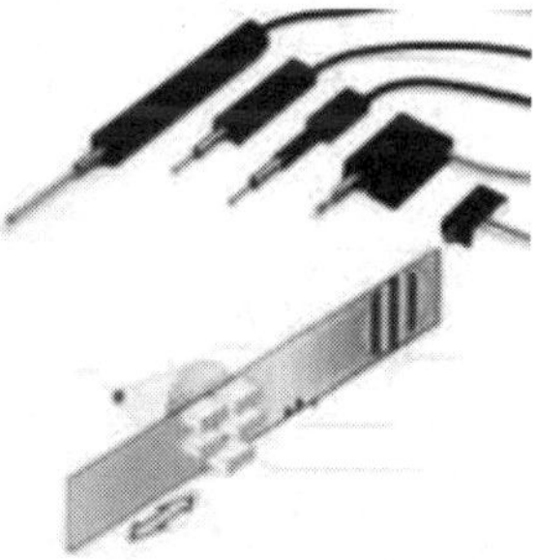	磁栅式	
电涡流式	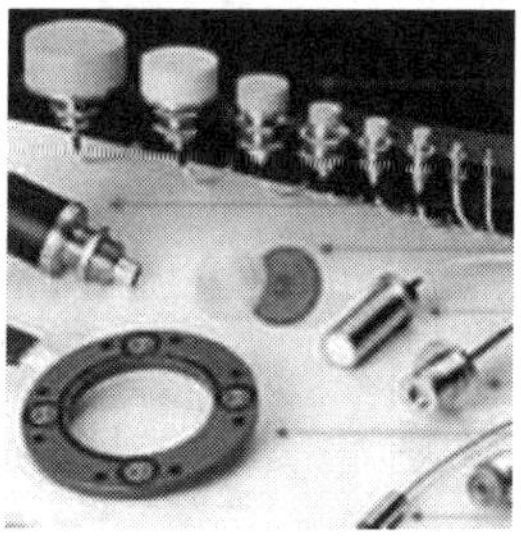	角度编码器	

二、位移的测量方法及特点

各种位移的测量方法及特点见表 4-8。

表 4-8　各种位移的测量方法及特点

类型		测量范围	准确度	直线性	特点
电阻式	滑线式　线位移 角位移	1~300 mm* 0~360°	±0. 1% ±0. 1%	±0. 1% ±0. 1%	分辨率较高，可用于静态或动态测试。机械结构不牢固
	变阻器　线位移 角位移	1~1 000 mm* 0~360°	±0. 5% ±0. 5%	±0. 5% ±0. 5%	结构牢固，使用寿命长，但分辨率低，电噪声大
应变式	非粘贴	(−0. 15%~+0. 15%) 应变	±0. 1%	±1%	不牢固
	粘贴	(−0. 3%~+0. 3%) 应变	±（2%~3%）	—	—
	半导体	(−0. 25%~+0. 25%) 应变	±（2%~3%）	满刻度的 20%	牢固，使用方便，需温度补偿
电感式	自感式变气隙型	−0. 2~+0. 2 mm	±1%	±3%	只适用于微小位移测量
	螺管型	1. 5~2 mm	—	0. 15%~1%	测量范围较宽，使用方便、可靠，动态性能较差
	特大型	200~300 mm	—	—	—
	差动变压器	±（0. 08~75）mm*	±0. 5%	±0. 5%	分辨率高，受到杂散磁场干扰时需屏蔽
	电涡流式	±（2. 5~250）mm*	±（1%~3%）	<3%	分辨率高，易受被测物体材料、形状、加工质量影响
	同步机	0~360°	±（0. 1°~7°）	±0. 5%	可在 1 200 r/min 的转速下工作，坚固，对温度和湿度不敏感
	微动同步器	−10°~+10°	±1%	±0. 05%	线性误差与变压比和测量范围有关
	旋转变压器	−60°~+60°	—	±0. 1%	—
电容式	变面积式	0. 001~100 mm*	±0. 005%	±1%	介电常数受环境湿度、温度的影响
	变间距式	0. 001~10 mm*	±1%		分辨率很高，但测量范围很小，只能在小范围内近似保持线性
霍尔式	—	−1. 5~+1. 5 mm	0. 5%	—	结构简单，动态特性好
感应同步器	直线式	0. 001~10 000 mm*	2. 5 μm /250 mm	—	模拟和数字混合测量系统，数字显示。直线式感应同步器的分辨率可达 1 μm
	旋转式	0~360°	±0. 5 rad	—	

续表

类型		测量范围	准确度	直线性	特点
光栅式	长光栅	0.001~10 000 mm*（可接长）	3 μm/1 m	—	长光栅分辨率为 0.1~1 μm
	圆光栅	0~360°	±0.5 rad	—	
磁栅式	长磁栅	0.001~10 000 mm*	5 μm /1 m	—	测量时工作速度可达 0.2 m/s
	圆磁栅	0~360°	±1 rad	—	
编码器	接触式	0~360°	0.000 001 rad	—	分辨率高，可靠性高
	非接触式	0~360°	0.000 000 01 rad	—	

注：标＊的内容是这种传感器能够达到的最大可测位移范围，每种规格的传感器有一定的工作量程，工作量程一般小于此范围。

模块五　振动的测量

振动是一种常见的物理现象。如图 5-1 所示，振动是物体在其平衡位置附近做周期性往复运动的运动形式，如桥梁的振动、钟摆的摆动、汽车运行的颤动等。振动的存在会影响机器的正常运转，使机床的加工精度、仪器的灵敏度下降，严重时还会造成机器或建筑的毁坏；但同时，利用振动现象的特点，可以设计制造众多的设备和仪器，如振动压路机、振动筛、振动示波器等。因此，测量和分析振动现象，合理利用其特点设计机器设备，抑制其可能带来的危害就十分必要了。

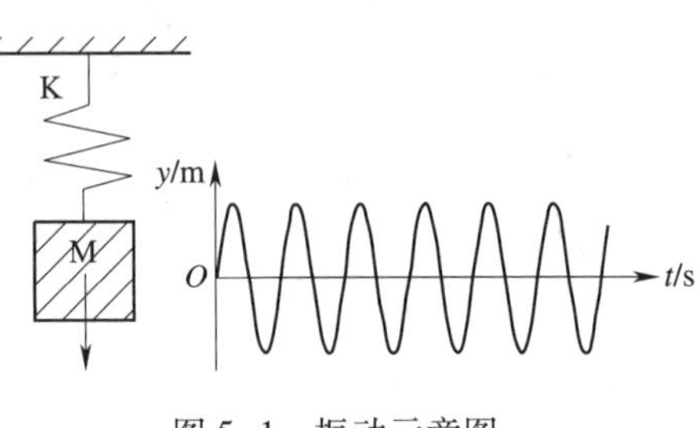

图 5-1　振动示意图

课题一　压电式振动传感器

学习目标

◇了解振动的基础知识。

◇了解振动传感器的常见类型。

◇熟悉压电效应的概念和常用的压电材料。

◇掌握压电式传感器的工作原理。

◇熟悉压电式振动传感器的结构、测量电路和技术指标。

◇了解振动测量系统的组成。

◇能正确选择和使用压电式振动传感器。

知识引入

徜徉在博物馆琳琅满目的展品前，或许不会有人觉察到隐藏在角落里的安全卫士——玻璃打碎报警装置，它们虽不起眼，但对各种珍稀文物的安全起着至关重要的作用。这种装置的结构可用如图 5-2 所示的框图表示，工作过程为：当玻璃打碎时会发出几千赫兹甚至更高频率的振动，粘贴在玻璃上的高分子压电薄膜感受到这一振动并将振动信号转换成电压输出，经放大、滤波、比较处理后传送给集中报警系统（执行机构）。

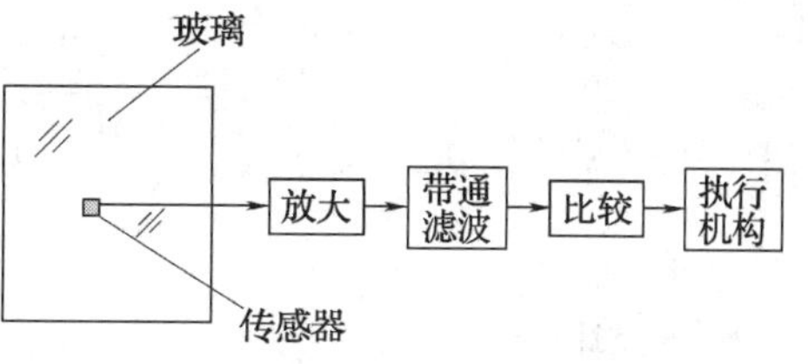

图 5-2　玻璃打碎报警装置结构框图

从图 5-2 中可以看出，传感器作为信息传送的首道门槛，是报警装置的核心部件之一。这里用到的高分子压电薄膜属于压电式振动传感器，压电式振动传感器是依据压电效应工作的高分子材料自发电式传感器。

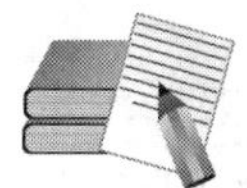

知识讲解

一、振动的基础知识

1. 振动的类型及单位

物体围绕平衡位置的往复运动构成振动。它的形式多种多样，有机械振动、土木振动、运输工具振动等。按照振动频率，振动分为高频、低频和超低频振动；按照振动原因，振动分为自由振动、强迫振动和自激振动。

衡量物体振动强度的大小通常有三个标准，即振动的三个测量值：振动位移、振动速度和振动加速度。振动位移用 s 表示，单位为 mm 或 m；振动速度用 v 表示，单位为 m/s 或 mm/s；振动加速度用 a 表示，单位为 m/s^2。振动位移、振动速度和振动加速度之间一一对应，可通过微积分运算进行换算。在实际应用中，描述振动物理性质的最常用基本参量是加速度，测量振动的传感器也称为加速度传感器或加速度计。工程上还常用重力加速度 g 作为单位，两者的换算关系为 1 $g \approx 9.81$ m/s^2。

另一个与振动强度密切相关的指标——振动烈度，是为评定设备振动状态而引入的测量值。国际标准化组织规定，将频率为 10~1 000 Hz 的振动的速度的均方根值称作振动烈度，将该指标对照国际标准 ISO 2372，可以确定风机、泵、电动机等旋转设备的振动状态。

2. 振动的相关概念

振动是围绕平衡位置的往复运动，描述不同的振动可用频率、幅值、相位三个参数进行区别，因此，通常称频率、幅值、相位为振动的三要素。

（1）频率

周期是物体振动一次所需的时间，通常用 T 表示（图 5-3），单位为秒（s）。频率是周期的倒数，即每秒钟物体振动的次数，用 f 表示，单位为赫兹（Hz）。

（2）幅值

振动物体偏离平衡位置的最大距离为振动的幅值，简称振幅。在振动位移测量中常用 x 表示，单位为毫米（mm）。工程上又常将振幅细分为单峰值、峰峰值和有效值等指标。

单峰值是振动的最大点处距平衡位置的距离；峰峰值是振动的波峰与波谷之间的距离；有效值即均方根值，定义为 $x_{\mathrm{RMS}}=\sqrt{\frac{1}{T}\int_0^T t\mathrm{d}t}$ 。通常，用振动测量仪器测得的位移振幅指的是峰峰值。

（3）相位

相位是振动在时间先后关系上或空间位置关系上相互差异的标志，通常用 φ 表示（图 5-3），振动相位是以角度为单位。振动相位差为 0°，称为同相振动；振动相位差为 180°，称为反相振动。

二、振动传感器的类型

振动传感器也称加速度传感器，是一种将机械量转变为电量的转换装置，并根据一定的规律将被测量转换成电信号或其他所需形式的信息输出，以满足信息传输、处理、存储、显示、记录和控制的要求，工程上也称它为拾振器。振动传感器有时并不是直接将被测量转变为电量，而是将要测的机械量作为振动传感器的输入量，形成另一个易于变换的机械量，最后由机电变换部分再将其变换为电量。根据振动传感器测量过程中是否与测量点接触以及工作参数不同，可以做如图 5-4 所示分类，外形如图 5-5 所示。

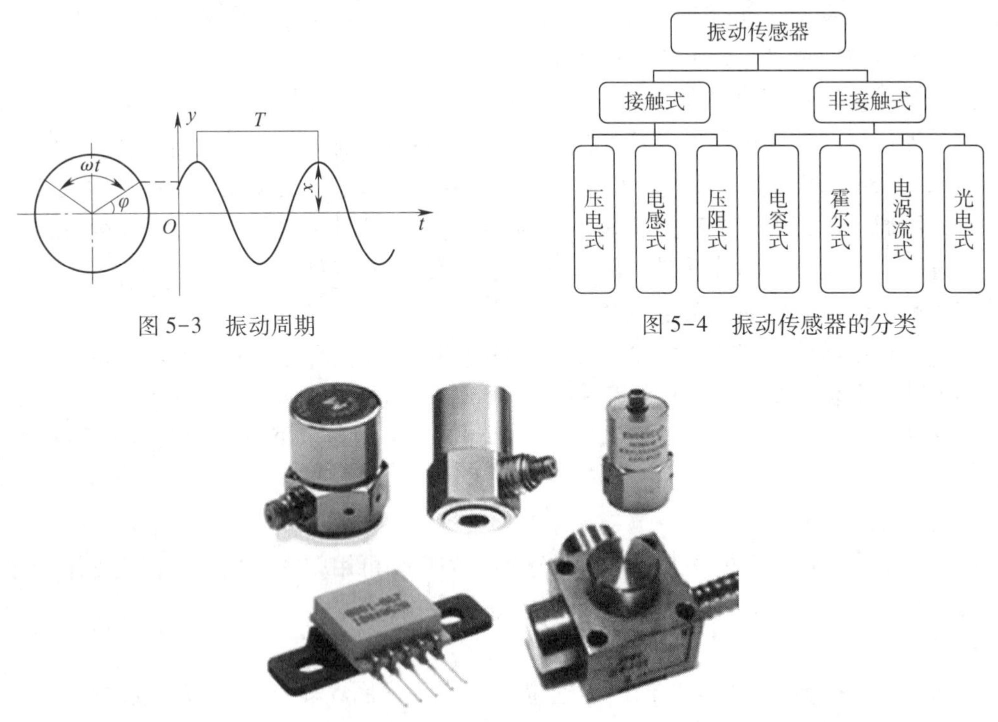

图 5-3　振动周期

图 5-4　振动传感器的分类

图 5-5　振动传感器外形图

最常用的振动传感器有压电式、压阻式、电容式、电感式以及光电式。压电式传感器由于具有测量频率范围宽、量程大、体积小、质量轻、对被测件的影响小以及安装使用方便等优点，成为最常用的振动传感器。随着配套二次仪表的完善及低噪声、小电容、高绝缘电阻电缆的出现，其使用更加方便，在生物医学、声波测井等许多技术领域获得广泛的应用。

三、压电式传感器的工作原理

1. 压电效应与压电材料

压电效应是某些物质沿一定方向上受到外力作用变形时，内部被极化，其表面产生电荷，外力去除后又重新回到不带电状态的现象。具有压电效应的物质称为压电材料（或压电元件），常见的压电材料有压电单晶体、多晶体压电陶瓷和高分子压电材料等，如图 5-6所示。

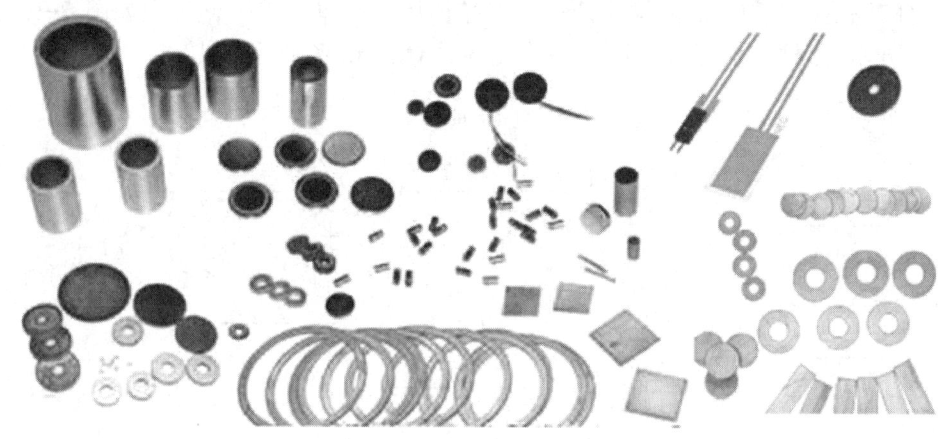

图 5-6 压电材料

压电单晶体的典型代表是石英晶体（图 5-7），其突出优点是性能稳定，力学强度高，绝缘性能好。石英晶体有三个晶轴：z 轴（光轴）、x 轴（电轴）和 y 轴（机械轴）。当沿着 x 轴和 y 轴对石英晶体施加力时，始终在垂直于 x 轴的表面上产生电荷，构成压电效应；而沿着 z 轴方向施加力时则不会产生压电效应。石英晶体受压力或拉力时，电荷的极性如图 5-8 所示。

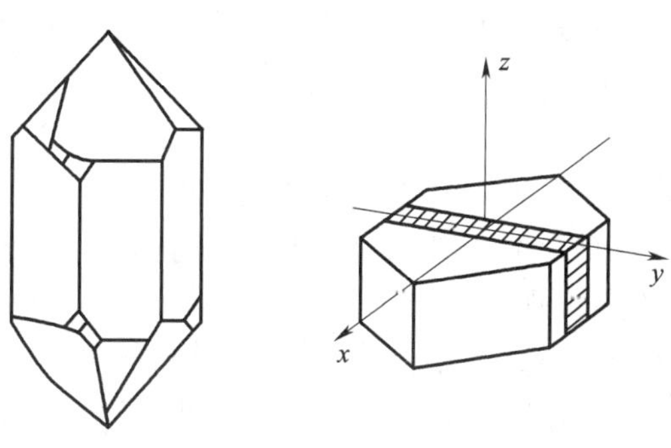

图 5-7 石英晶体

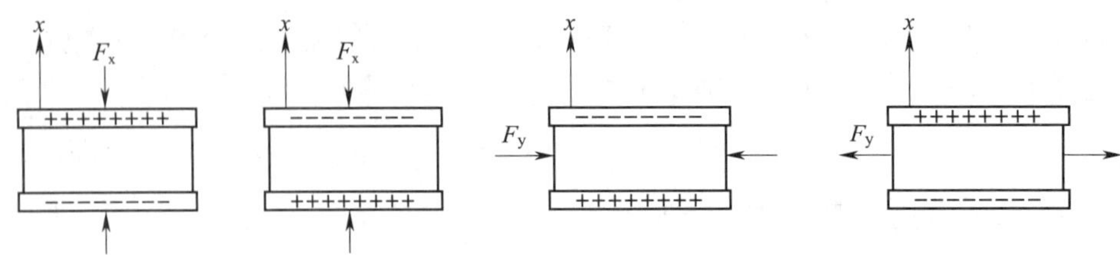

图 5-8　石英晶体受力方向与电荷极性的关系

但是石英晶体也存在价格昂贵、压电常数较小、受到外力作用时产生的电荷量较小等不足，因此多用在标准传感器、高精度传感器中。一般测振装置中多采用压电陶瓷作为压电元件。

压电陶瓷是人工制造的经极化处理的多晶体压电材料，其极化过程如图 5-9 所示。常用的压电陶瓷材料有钛酸钡（BaTiQ3）、锆钛酸铅系列（PZT）和铌镁酸铅系列（PMN）。

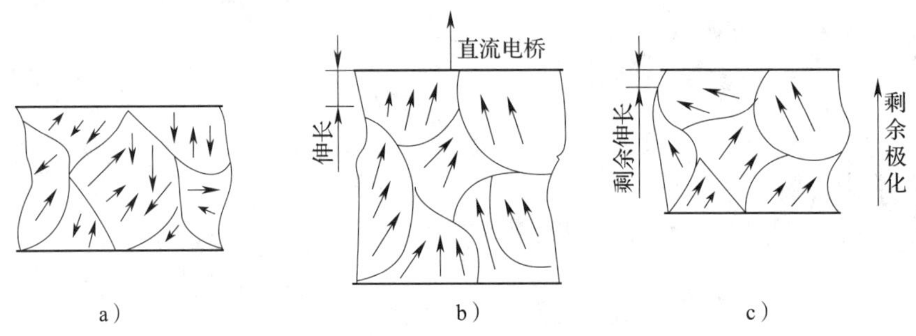

图 5-9　压电陶瓷的极化过程

a）极化前　b）极化　c）极化后

某些合成高分子聚合物薄膜经延展拉伸和电场极化后，具有一定的压电性能，这类薄膜称为高分子压电薄膜，它既保持了高分子压电薄膜的柔软性，又具有较高的压电系数。高分子压电材料是近年来发展很快的新型材料。典型的高分子压电材料有聚偏二氟乙烯（PVF2 或 PVDF）、聚氟乙烯（PVF）等，是一种柔软的压电材料，不易破碎，可根据需要制成薄膜或电缆套管等，用在一些不要求定量测量的场合，如防盗、振动测量等领域，缺点是温度升高时灵敏度会降低，因此不宜暴晒。

2. 工作原理

压电式传感器是以某些物质的压电效应为基础，根据在外力作用下压电材料表面产生电荷量的大小与外力成正比的原理来实现非电量的测量，如图 5-10 所示。在压电晶片的两个工作面上蒸镀金属膜，构成两个电极，当压电晶片受到压力 F 的作用时，分别在两个极板上积聚数量相等而极性相反的电荷。

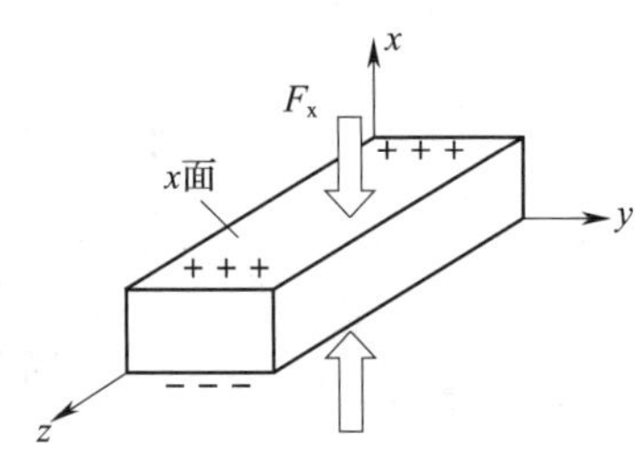

图 5-10　压电式传感器的工作原理

在 x 轴方向上施加压力 F_x 时，在 x 面上产生的电荷为：

$$Q = d_{11}F_x$$

式中　d_{11}——压电材料的压电常数，如石英晶体 $d_{11}=2.3\times10^{-12}$ C/N。

在 y 轴方向施加力时，在 x 面上产生的电荷为：

$$Q = -d_{11}\frac{l}{\delta}F_y$$

式中　l、δ——石英晶体的长度和厚度。

可见，压电效应产生的电荷量与外部作用力 F 成正比，与压电常数 d 及晶体切面尺寸有关；沿 y 轴的压力引起的电荷极性与沿 x 轴的压力引起的电荷极性相反，如果力的方向改变了，压电材料表面的电荷极性也随之改变。

想要测得力 F 的大小，只要测量产生的电荷量即可。由于传感器产生的电荷量会在测量电路中漏失，在动态力的作用下电荷才能够得到不断的补充，从而对外部测量电路形成稳定的电流输出。因此，压电式传感器通常适用于动态测量，除了测量振动以外，还可以测量动态力等。

四、压电式振动传感器的结构

压电式振动传感器（图 5-11）由压电元件、质量块、预压弹簧、基座、外壳等部分组成，如图 5-12 所示。整个部件装在外壳内，用螺栓固定。压电元件用高压电系数的压电陶瓷制成，两个压电元件并联。质量块采用高密度金属块，以对压电元件施加预荷载。

图 5-11　压电式振动传感器

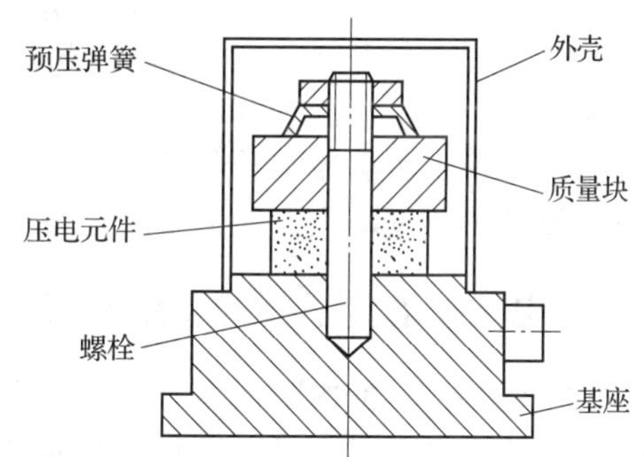

图 5-12　压电式振动传感器的基本结构

测量时，将基座与被测物体刚性地连接在一起，使质量块感受与物体完全相同的运动。当被测物体产生加速度时，质量块将产生惯性力 F_1，其方向与加速度方向相反，大小为 $F_1=m\times a$。此惯性力与预紧力 F_0叠加后作用在压电元件上，使得作用在压电元件上的压力 F 为：

$$F = F_0 + F_1 = F_0 + ma$$

压电元件上产生与加速度 a 对应的电荷，即：

$$Q = d_{11}F = d_{11}(F_0 + ma)$$

与 ma 对应的是电荷的增量：$\Delta Q = d_{11} \times ma$。

在压电传感器中，常用两片或多片压电元件组合在一起使用。由于压电材料是有极性的，因此接法有两种，如图 5-13 所示。图 5-13a 所示为并联接法，其输出电容为单片的 n 倍（$C' = nC$），输出电压相同（$U' = U$），极板上的电荷量为单片电荷量的 n 倍，即 $Q' = nQ$；图 5-13b 所示为串联接法，这时有 $Q' = Q$，$U' = nU$，$C' = C/n$。以上两种连接方式中，并联接法输出电荷量大，本身电容大，适用于测量以电荷量作为输出的场合，如压电式振动传感器；串联接法输出电压较高，本身电容小，适用于以电压作为输出量以及测量电路输入阻抗很高的场合，如电子打火器。

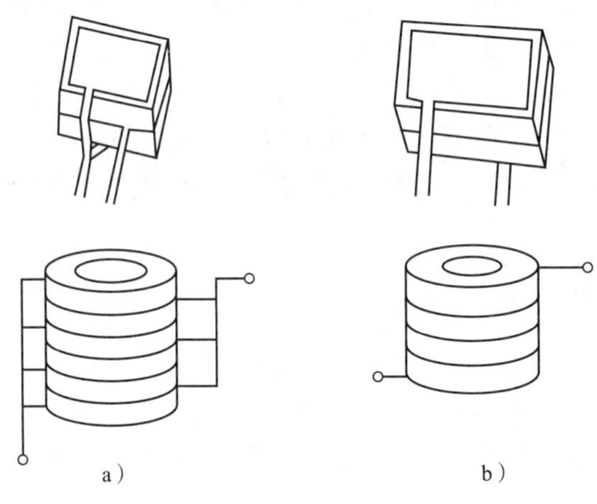

图 5-13　压电元件的接法
a）并联接法　b）串联接法

压电元件在压电传感器中必须有一定的预应力，这样可以保证在作用力变化时，压电元件始终受到压力，同时也保证了压电元件的输出与作用力的线性关系。

五、压电式振动传感器的测量电路

压电式振动传感器的内阻很高，而输出信号微弱，因此不能直接显示和记录，需经测量电路进行放大、调整。测量电路由前置放大器、带通滤波器、归一化放大器三部分组成。前置放大器完成电荷到电压的转换；带通滤波器能有效抑制信号中的干扰分量；归一化放大器可用于调整放大器的灵敏度。

压电式振动传感器要求测量电路的前级输入端要有足够高的阻抗，这样才能防止电荷迅速泄漏导致测量误差变大。压电式振动传感器的前置放大器有两个作用：一是把传感器的高阻抗输出变换为低阻抗输出；二是把传感器的微弱信号进行放大。

1. 前置放大器

压电式振动传感器可以等效为一个电荷发生器与电容并联，如图 5-14a 所示。压电式振动传感器与测量仪表连接时，还必须考虑电缆电容 C_c、放大器的输入电阻 R_i 和输入电容 C_i 以及传感器的泄漏电阻 R_a，如图 5-14b 所示。

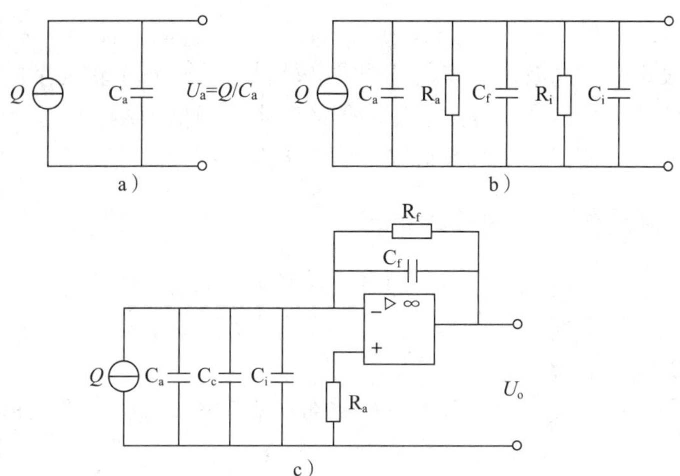

图 5-14　压电式振动传感器等效电路

a）压电式振动传感器理想等效电路

b）压电式振动传感器实际等效电路　c）压电式振动传感器接电荷放大器的典型电路

对于压电式振动传感器来说，放大电路有两种形式：电压放大器和电荷放大器。电压放大器是由电阻作为反馈元件的，将压电式振动传感器的输出电压进行放大，其输出电压受电缆分布电容的影响，当电缆的长度改变时需要对传感器灵敏度重新进行标定，使用不方便；电荷放大器是由电容作为反馈元件的，其输出电压与输入电荷量成正比。压电式振动传感器接电荷放大器的典型电路如图 5-14c 所示，电荷放大器的输出电压为：

$$U_o=\frac{-AQ}{C_i+C_c+C_a(1+A)C_f}\approx-\frac{Q}{C_f}$$

式中　A——运算放大器的放大倍数。

由上式可以看出，由于引入了电容负反馈，电荷放大器的输出电压仅与传感器产生的电荷量及放大器的反馈电容有关，电缆电容等其他因素对灵敏度的影响可以忽略不计，这样不仅可以得到稳定的输出信号，还能改善低频特性。因此，压电式振动传感器的放大电路通常采用电荷放大器。

在进行振动测量时，将压电元件产生的电荷输出给电荷放大器，则电荷放大器输出电压的增量为：

$$\Delta U_o=-\frac{\Delta Q}{C_f}=\frac{-d_{11}ma}{C_f}$$

由上式可知，电荷放大器输出电压的增量与加速度 a 成正比。因此，只要测出输出电压，即可获得被测物的加速度。如果在电路中增加积分电路，则还可测出被测物的振动速度和振动位移量。

2. 滤波器

由于振动传感器测得的现场振动信号是全波段信号，由各种频率的信号叠加而成，其中也混有干扰信号，因此，为了去除干扰信号，获得有效频率段信号，通常在放大电路后加滤波器。根据滤波效果的不同，滤波可分为低通滤波、高通滤波、带通滤波和带阻滤波；根据使用手段不同，滤波可分为硬件滤波和软件滤波。对于较复杂的测试系统，多采用硬件滤波和软件滤波相结合的方式。滤波器的种类、规格很多，在实际应用中可以根据要求的技术指标购买滤波器模块，也可以根据要求自行搭建滤波器。

六、压电式振动传感器的技术指标

压电式振动传感器的技术指标包括静态技术指标和动态技术指标。静态技术指标包括量程、精度、灵敏度、分辨率、稳定性等。动态技术指标可以从时域和频域两方面来考虑，主要是响应时间和有效带宽。

振动测试应用面广，很多传感器生产厂家都有系列产品提供，选择传感器时，主要考虑下列技术参数。

1. 灵敏度

灵敏度即每一单位输入得到的输出量。压电式振动传感器的输出为电荷量，输入为加速度，因此灵敏度就是 pC/g（g 为标准重力加速度，1 $g \approx 9.81$ m/s^2）或 pC/（ms^{-2}）。压电式振动传感器灵敏度的范围一般为 10~100 pC/g。灵敏度并不是越高越好，应根据需要进行选择。高灵敏度传感器可用于测量微弱振动，如寻找地下管道泄漏点、测量楼房基础或机床床身的振动等；低灵敏度传感器的动态范围很宽，可测量打桩机的冲击振动，进行汽车的撞击试验等。例如，土木工程和超大型机械结构的振动为 0.1~10 g，可选择灵敏度为 300~3 000 pC/g 的振动传感器；特殊的土木结构（如桩基）和机械设备的振动为 10~100 g，可选择灵敏度为 20~200 pC/g 的振动传感器；冲击、碰撞测量量程为 1 000~100 000 g，可选择灵敏度为 0.02~2 pC/g 的振动传感器。

2. 测量范围

常用的测量范围为 0.1~100 g，冲击振动可选用 100~10 000 g，路桥、地基等微弱振动往往选择 0.001~10 g 的高灵敏度低频加速度传感器。

3. 横向灵敏度

压电式振动传感器的受力是有方向的，纵向受力作用在压电元件上，与振动测量方向一致是有效信号。但压电元件在横向受到外力时，因为压电效应在纵向表面也会产生电荷，传感器也会有输出信号，这就是横向灵敏度。横向灵敏度通常以相当于纵向灵敏度的百分数来表示，因此在测量振动时，除了产生有用的纵向压电效应，还产生有害的横向灵敏度，它表征压电式振动传感器的质量优劣。一个好的压电式振动传感器，其横向灵敏度应低于 5%。

4. 频率范围

压电式振动传感器应在有效频率段信号稳定，曲线完整不失真，且避开机械结构的谐振点，因此在选择压电式振动传感器时，还应考虑传感器的频率范围。多数压电加速度传感器的频率范围为 0.1 Hz~10 kHz。其频率范围下限之所以大于 0 Hz，是因为这种传感器不适于静态值的测量。

同时还需明确，除考虑频率范围、测量范围、灵敏度等主要特性参数是否符合要求，体积、质量是否符合结构需要外，还要考虑工作环境、温度等条件能否满足现场测试的要求。传感器的稳定性是传感器好坏的重要标志之一，振动测量中常见的不稳定因素是传感器灵敏度漂移和零点漂移。

在选用、购买传感器时，要全面了解传感器的各项技术指标，可根据厂家提供的技术指标进行参考。如某传感器生产厂家提供的某款压电式振动传感器的技术指标见表 5-1。

表 5-1　某款压电式振动传感器的技术指标

型号（KD 系列）	技术指标									
	灵敏度 /（pC/g）	安装谐振频率 /kHz	使用频率范围 /Hz	最大横向灵敏度比	最大量程 /g	使用温度范围 /℃	输出端位置	质量 /g	尺寸/（mm×mm）	适用场合及特点
1 100	100	≤6	0. 2～2. 5 k	<5%	100	−20～100	顶端	110	ϕ26×36	用于大型构件的测量，如土木结构、大型钢结构等低振动、低频场合
1 100 C	100	≤6	0. 2～2. 5 k	<5%	100	−20～100	侧端	110	ϕ26×31	
1 300	300	≤3	0. 2～1 k	<5%	30	−20～100	顶端	200	ϕ33×37	
1 300 C	300	≤3	0. 2～1 k	<5%	30	−20～100	侧端	200	ϕ33×28	

七、振动测量系统

振动测量装置可以看作一个系统，其组成如图 5-15 所示。测量工作的顺利完成要靠振动传感器、信号调理电路、屏蔽电缆（抗干扰）、信号采集和处理装置等各部分的共同作用。测量数据是依次经过各个环节后得到的，误差存在于各环节中，其中影响最大的是传感器和放大电路。因此，在精心选择传感器的同时，还要匹配合适的放大电路，才能得到满足要求的振动测量系统。振动测量系统是解决实际工程问题的常用手段，它利用振动传感器采集振动信号，研究振动的变化规律，分析振动形成的原因。

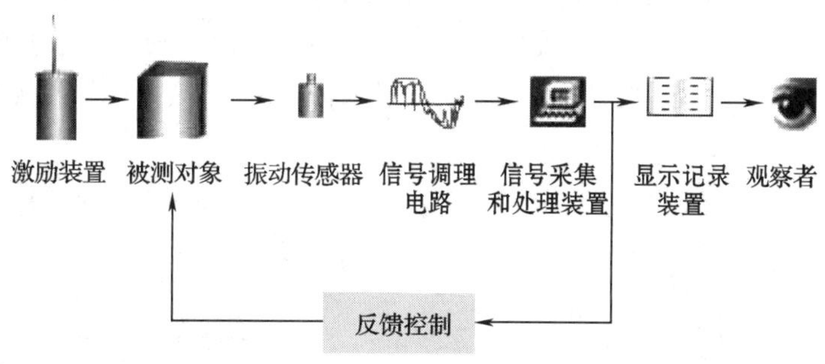

图 5-15　振动测量系统的组成

下面以系统灵敏度的计算为例说明振动传感器与测量系统间的关系。

例：已知振动测量系统中电荷放大器的灵敏度为 10 mV/pC，振动传感器的灵敏度为 83 pC/g，要求在忽略振动测量系统其他环节影响的情况下，计算振动测量系统的灵敏度。

解：

因为忽略振动测量系统中其他环节的影响，振动测量系统的灵敏度近似为：

$$
\begin{aligned}
S &= S_c \times S_d \\
&= 83\ \text{pC}/g \times (10 \times 10^{-3})\ \text{V/pC} \\
&= 0.83\ \text{V}/g
\end{aligned}
$$

式中　S_c——振动传感器的灵敏度；

　　　S_d——电荷放大器的灵敏度。

知识应用

压电式振动传感器在报警装置中的应用

在“知识引入”所述玻璃打碎报警装置中，传感器需紧贴着橱窗玻璃安装，因此要求传感器小巧轻便，也就说明磁电式速度传感器在该场合下不适用；同时，玻璃振动的幅值很小，橱窗在日常使用时易移动位置，利用电涡流式传感器进行非接触测量也不方便。那么压电式振动传感器是否合适呢？应选择何种压电材料呢？

根据压电式振动传感器的特点，这种类型的传感器满足该报警系统的要求；同时，玻璃打碎时发出信号的频率在数千赫兹，通用型压电式振动传感器测量频率范围为0.5 Hz～5 kHz，这点也完全可以满足需求。

早期常采用以石英晶体或压电陶瓷为核心的普通小型压电式振动传感器，随着工业的进步，目前多已改为高分子压电薄膜结构的传感器。图 5-16 所示为高分子压电薄膜振动感应片，高分子薄膜厚约 0.2 mm，用聚偏二氟乙烯（PVDF）薄膜裁制成小块，表面喷涂透明电极，用保护膜覆盖。使用时，将压电薄膜传感器（图 5-17）用 502 胶水等瞬干胶粘贴在玻璃上，当玻璃破碎瞬间，压电薄膜感受到剧烈振动，表面产生电荷，在输出引脚间产生窄脉冲电压，经电缆输送到集中报警装置，报警装置将检测到的振动信号进行放大、滤波后，与标准信号比较，发现信号异常，超出标准值，则驱动报警电路，完成报警功能。轻盈、透明的膜状振动传感器粘贴在玻璃表面，不易被察觉，兼顾了安全和美观的要求。

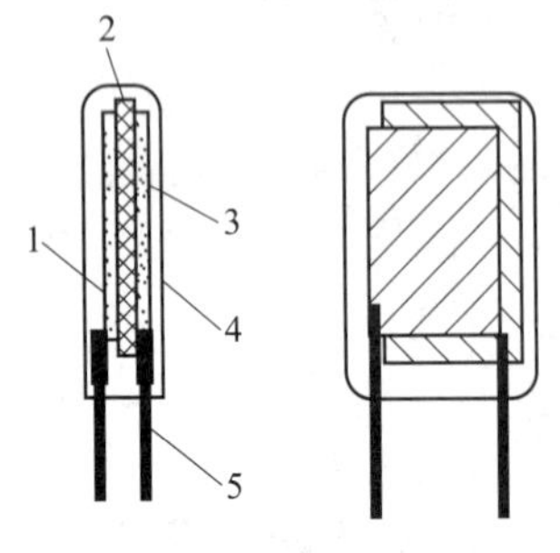

图 5-16　高分子压电薄膜振动感应片

1、3—透明电极　2—PVDF 薄膜

4—保护膜　5—引脚

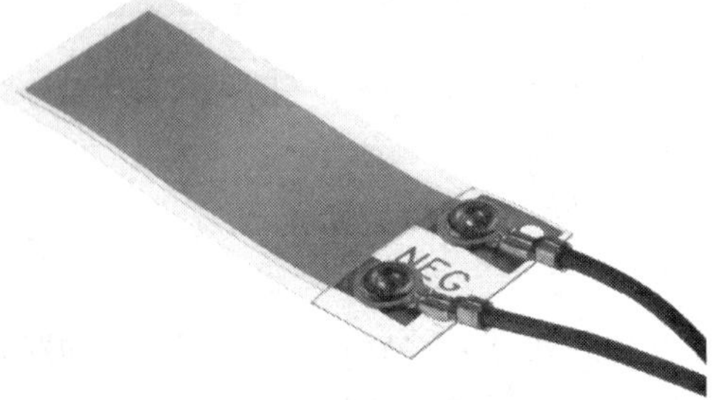

图 5-17　压电薄膜传感器

课题二　微硅加速度传感器

学习目标

◇了解微硅加速度传感器的特点及类型。
◇了解压阻式、电容式微硅加速度传感器的工作原理。
◇掌握微硅加速度传感器的使用方法。
◇能正确安装与使用微硅加速度传感器。

知识引入

据统计，全球每年约有 120 万人死于交通事故，其中约 20%是由于正面碰撞事故导致的。安全气囊的发明，大大减少了这类事故的发生。随着汽车电子技术的进步，安全气囊产品进一步发展，出现了带诊断单元的安全气囊，它由传感器、计算机处理系统、气体发生器及气囊等部件组成。在撞车的瞬间，传感器采集撞车信号，计算机对信号进行识别、处理，点燃气体发生器，在驾驶员和乘客面前充起气囊，保护驾驶员和乘客的头部与胸部不受损伤或降低损伤程度（图 5-18）。加速度传感器可将汽车碰撞的加速度转换为电信号，目前多采用微硅集成加速度传感器。

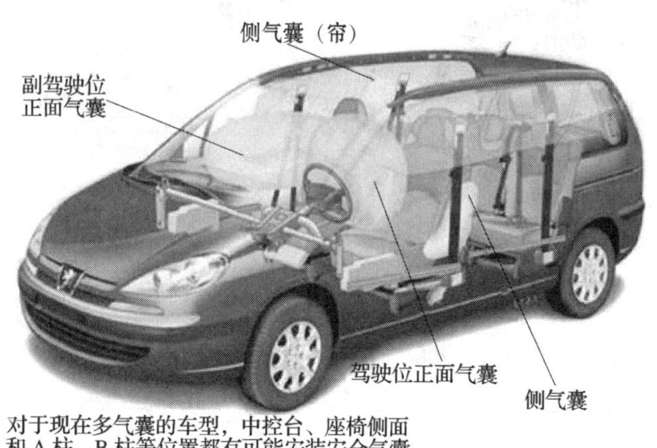

图 5-18　汽车安全气囊系统

知识讲解

微硅加速度传感器是一种重要的力学量传感器，是通过测量力的大小计算出加速度的。随着生产加工成本的降低，其应用越来越广泛，如手机的计步器功能，人在走动时会产生一定规律性的振动，而微硅加速度传感器可以检测振动的过零点，计算出人所走的步数或跑步的步数，从而计算出人所移动的位移；相机的防手抖功能，用微硅加速度传感器检测手持设备的振动/晃动幅度，当振动或晃动幅度过大时锁住照相快门，则拍摄的图像永远是清晰的。如今三维微硅加速度传感器已开始用于检测空间加速度，为军事、工业自动控制、医疗等领域服务。

一、微硅加速度传感器的特点及类型

微硅加速度传感器是在硅片上微细加工、集成制作而成的加速度传感器，并将测试、控制电路集成于一体，有利于大规模批量生产，具有体积小、质量轻、精度高、响应快、灵敏度高、易于小型化等优点，而且能够在强辐射作用下正常工作，因此近年来发展迅速，其外形如图 5-19 所示。它是以半导体制造技术为基础发展起来的，采用了半导体技术中的光刻、腐蚀、薄膜等一系列技术或材料，也称之为微机电系统（microelectromechanical system，MEMS）。MEMS 是一种先进的制造技术平台，侧重于超精密机械加工，并涉及微电子、材料、力学、化学、机械学诸多学科领域。

图 5-19　微硅加速度传感器

微硅加速度传感器是集成在单片集成电路上的加速度测量系统，经过多年的研究和开发，关于微硅加速度传感器的设计已经形成了一套比较成熟的理论体系。目前，这种传感器已有压阻式、电容式、隧道式、共振式、热对流式等几种类型。

二、压阻式微硅加速度传感器的工作原理

压阻式微硅加速度传感器的体积小，频率范围宽，量程大，直接输出电压信号，不需要复杂的电路接口，大批量生产时价格低廉，可重复生产性好，可直接测量连续的加速度和稳态加速度，但其对温度的漂移较大，对安装应力和其他应力也较敏感，因此不适合某些小量程加速度的测量。

压阻式微硅加速度传感器的结构如图 5-20 所示。压阻式微硅加速度传感器的弹性元件一般采用硅梁和外加质量块结构形式。质量块由悬臂梁支撑，在悬臂梁上制作应变电

阻，连接成惠斯通电桥，利用压阻效应来检测加速度。在惯性力作用下质量块上下运动，悬臂梁上应变电阻的阻值随应力的作用而发生变化，引起电桥输出电压变化，实现对加速度的测量。压阻式微硅加速度传感器采用半导体工艺，将传感器与测量电路集成在一起，属于机电一体化产品。压阻式微硅加速度传感器的原理框图如图 5-21 所示。

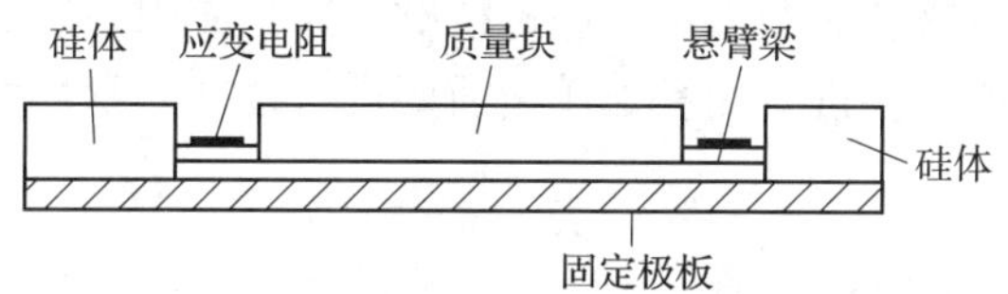

图 5-20　压阻式微硅加速度传感器的结构

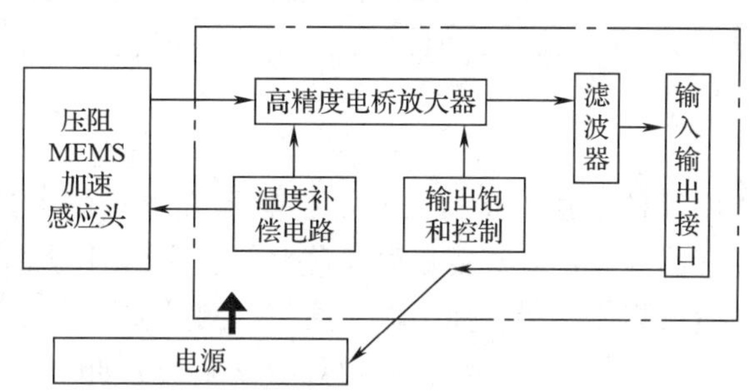

图 5-21　压阻式微硅加速度传感器的原理框图

三、电容式微硅加速度传感器的工作原理

电容式微硅加速度传感器的内部结构如图 5-22 所示，它是一种基于差动电容的加速度传感器。用半导体微细加工的方法在单晶硅上制作三个多晶硅层，组成两个差动电容 C1 和 C2，第一层和第三层为不动极板，第二层的悬臂梁及质量块是动极板，在加速度作用下质量块做惯性运动，动极板上下移动，使两组电容的电容量发生变化。没有加速度时，$C_1=C_2$；产生加速度时，悬臂梁带动质量块移动，改变了中间极板与固定极板的相对位置，引起电容量变化，$C_1\neq C_2$。通过一定的测量电路将两个电容量的差值变化转换为电量输出，就能够测得相应的加速度值。这种传感器将振荡器、相敏检波器、放大器等检测电路集成在一起，就组成电容式微硅加速度芯片，如图 5-23 所示。

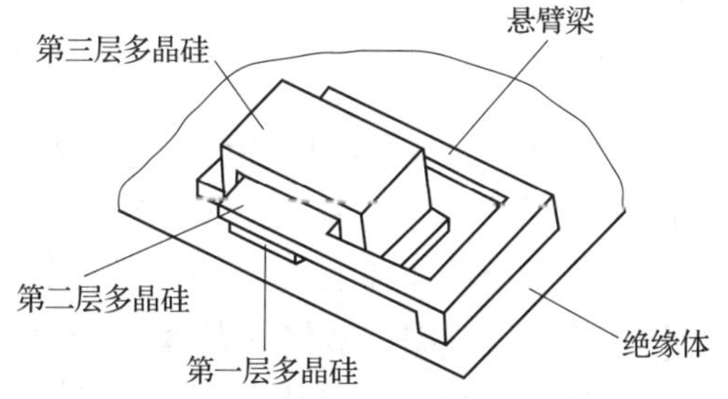

图 5-22　电容式微硅加速度传感器的内部结构

图 5-23　电容式微硅加速度芯片

四、微硅加速度传感器的使用方法

1. 校准方法

微硅加速度传感器在出厂时，厂家会提供传感器输出性能表或输出的数学表达式，但有效期一般为一年，超过该有效期需重新进行校准。因为使用一段时间后传感器的灵敏度及其零点输出会改变，所以在进行测量工作之前要进行校准。常用的校准方法有绝对法和相对法。

（1）绝对法

将被校准传感器固定在校准振动台上，用激光干涉测振仪直接测得振动台的振幅，使振动台的振动值成为标准测量值，再测量被校准传感器的输出值，从而确定被校准传感器的灵敏度。绝对法校准精度较高，但因设备和技术比较复杂，故仅适合计量部门使用。

（2）相对法

相对法又称背靠背比较校准法。将待校准的传感器和经过国家计量部门严格校准过的、精度等级较高的传感器背靠背地安装在振动台上，承受相同的振动，用标准传感器测得振动台的振动值，作为被测传感器的标准输入值，再测量被测传感器的输出，就可以计算出该频率点待校准传感器的灵敏度。常见的相对法校准系统如图 5-24 所示。

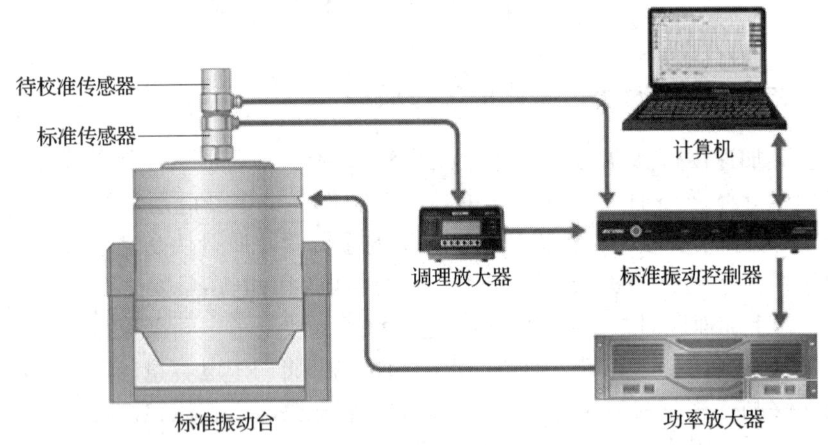

图 5-24　常见的相对法校准系统

2. 安装方法

振动测量中，微硅加速度传感器的安装位置与方向对于测量精度特别重要。微硅加速度传感器的安装位置（测量点）不同，所得到的测定值会有较大差异。测量点的选择首先要根据测量目的来确定，如测量齿轮箱振动，可将测量点选在轴承座上，同时应对各测量点做好标记，以保证每次测定的部位不变。另外还要注意，测定部位的表面应是光滑洁净的，以避免脏污对振动传递造成衰减。压电式微硅加速度传感器的安装固定通常有如下几种方式可供选择，安装示意图如图 5-25 所示。

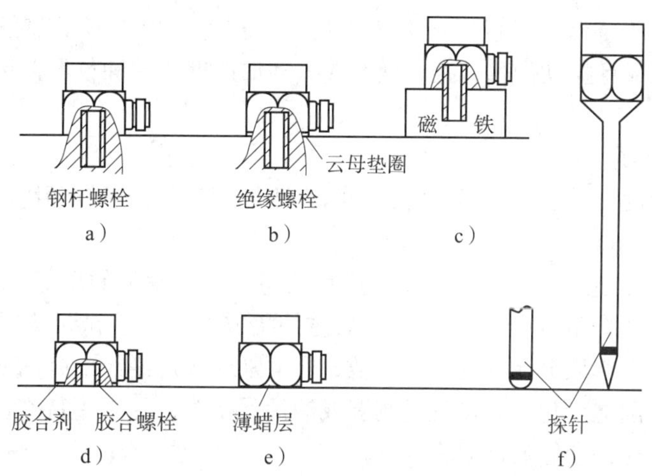

图 5-25　压电式微硅加速度传感器的安装示意图

a）钢螺栓　b）绝缘螺栓和云母垫圈　c）磁铁吸附　d）胶合　e）蜡和橡胶泥黏附　f）手持探头

（1）螺栓安装

用于长期监测振动机械工作状态时可以在被测工件表面钻孔，然后用双头螺栓将传感器牢固地固定在监视点上（传感器底面有螺栓孔）。安装前建议对工件表面进行打磨，以配合经过研磨处理的传感器底面，保证安装牢靠。

（2）磁吸盘安装

短时间监测中、低频振动时，可用磁吸盘将钢质传感器底座吸附在监测点进行测量。这种安装方式不破坏被测物体外形，传感器安装、移动方便，在现场应用非常普遍。不足之处是会使传感器的频率响应范围有所降低，在进行冲击测量时要考虑所测高频部分有无失真现象，对表面为铜、铝等非铁磁性物体进行测量时也不适用。

（3）粘贴安装

当被测物体不允许钻孔且振动微弱时，可以选用 502 瞬干胶、环氧树脂胶、双面胶带等黏结剂将传感器粘在监测点工件表面。但要注意，传感器底座与被测物体间的胶层越薄越好，否则同样会使高频响应变差，测量频率上限有所下降。

（4）云母片安装

当被测物体的工作温度较高（100 ℃左右），为使传感器正常工作，需用厚度为 0.02 mm 左右的云母片垫在测量点和传感器之间，再采用螺栓安装，从而有效地隔离高温物体，同时测量频率上限下降幅度也很小。

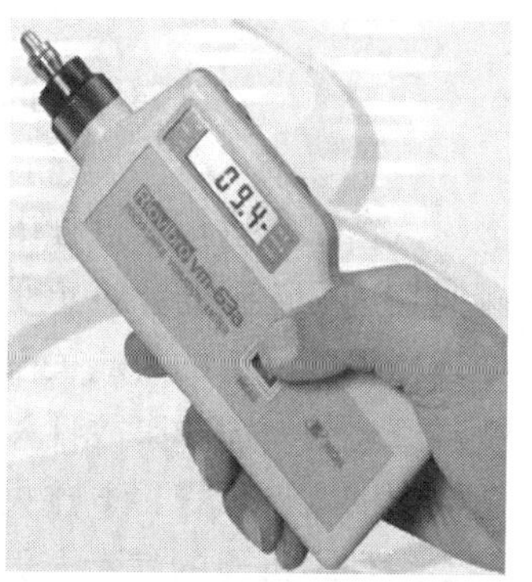

图 5-26　手持式测振仪

（5）工装安装

为适应特殊场合的需要，有时需要自制一些传感器安装块进行安装。

此外，在对测量点的振动进行定期巡检时，也可采用图 5-26 所示的手持式测振仪。其传感部分是带有磁吸头的压电式微硅加速度传感器，通过屏蔽电缆连接到上部螺纹上；显示部分采用长条型液晶屏，不同挡位分别显示振动位移、振动烈度或振动加速度。这种仪器使用方便，但测量误差较大，可重复性差。

3. 使用注意事项

引起微硅加速度传感器测量误差的原因除去测量频率外，还有环境影响及噪声，因此使用时应注意以下几点。

（1）采取防护措施，减小环境影响造成的测量误差。常见的恶劣环境有高温、潮湿、电磁场，处在这种场合下的传感器如不采取防护措施，会给测试带来较大误差。环境温度、湿度的变化会引起压电元件的压电常数、介电常数以及绝缘电阻的变化，从而使传感器的灵敏度等参数随之变化。测试现场潮湿或油污严重时，除采用特殊设计的传感器，还可采取在接头处用热缩套管或硅胶密封等措施，有条件的情况下，还可模拟现场温度情况做系统标定，以提高测试结果的可信度。

磁场和声波也会使传感器的输出产生误差。为有效消除强磁电场对测试的影响，可采取对传感器进行二次屏蔽、将测试系统的一点接地、将传感器做绝缘安装或把电荷放大器浮地绝缘以防止产生接地回路电流等措施。

（2）注意消除噪声和采取抗干扰措施。噪声主要来源于电缆噪声与接地回路噪声。在电缆被突然拉动或振动时，会产生电缆噪声，特别在测量频率较低时影响更大。解决方法是选择低噪声电缆，同时将传输电缆固定，避免其运动。当系统内多个电路各自接地而各接地点间又有电位差时，会产生接地回路噪声，解决方法是使整个测量系统在一点接地。

4. 测试系统标定与测量结果分析

选定了传感器和调理电路后，需要将各部分连接起来，标定测量系统灵敏度。要求不高的情况下可以在实验室利用加速度标定仪进行标定。

测量结果常表现为大量不连续的数据，需要检测人员做进一步分析。目前常用的振动信号分析方法主要有时域法和频率法两种。

知识应用

微硅加速度传感器在汽车安全气囊系统中的应用

汽车在高速行驶过程中突然受到物体撞击时实际上是产生了较大的加速度，系统中的碰撞加速度传感器能将感受到的加速度信息转换为电信号送往控制单元，控制单元中的微处理器根据设定的对应关系，对加速度的大小及作用时间进行处理和识别，以判断是事故性碰撞还是一般非事故性碰撞。当确认是事故性碰撞时，控制单元输出点火信号给气体发生器中的电点火管，电点火管点火后引燃气体发生剂，产生大量具有一定压力的气体，向气囊组件中折叠的气囊充气。气囊充气后迅速膨胀，冲破气囊盖形成充满气体的弹性体，将驾驶员和乘客的头部、胸部托住，起到保护作用。

这里的振动测量需要传感器的量程较大，测量频率较宽，这些特点微硅加速度传感器都具备。同时为了减轻汽车自重与保证汽车的高可靠性，需要传感器的体积小、功耗小、可靠性高。微硅加速度传感器由于将敏感、传感和测量转换电路乃至电源都集成在一块芯片上，无疑在这种使用场合下具有较强的竞争力。因此，汽车行业大量引进这种传感器，高档汽车上甚至装有上百个微硅加速度传感器。

课题三　冲击传感器

学习目标

◇了解冲击的概念及对冲击传感器的要求。

◇掌握压电式冲击传感器、冲击开关的结构和原理。

◇熟悉影响冲击传感器测量的环境因素。

◇能正确选用压电式冲击传感器。

知识引入

物体自由落体坠落至地面，是日常生活中最常见的冲击。冲击会给系统（结构、设备或人体）带来一定的损伤和破坏，跌落或碰撞会造成对内部元器件的巨大冲击，缩短机电系统的使用寿命，生活中 80% 的电子产品是由于跌落或碰撞导致的损坏。跌落冲击测试是电子产品在出厂前常做的可靠性试验之一，主要包括裸机跌落冲击测试和包装跌落冲击测试。裸机跌落冲击测试主要考量产品在正常使用过程中抗意外跌落冲击的能力；包装跌落冲击测试考量包装件在运输或搬运过程中受到垂直跌落时对产品的保护能力。通常电子产品在出厂前应抽取一定数量的产品进行跌落冲击试验（图 5-27 所示为跌落冲击试验设备），以检查其抗冲击能力。

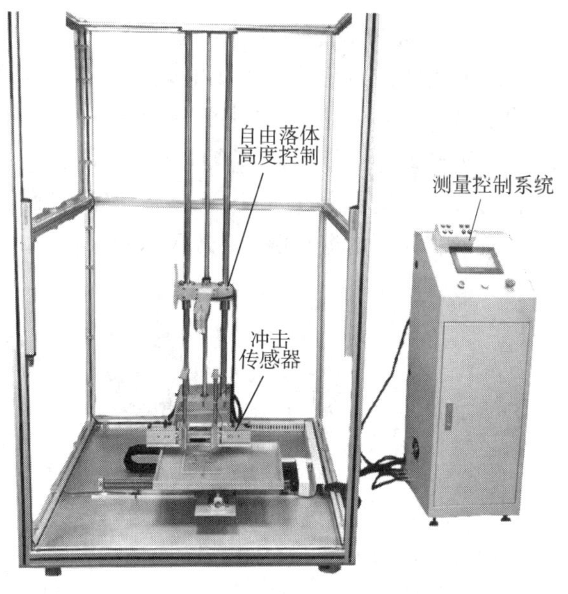

图 5-27　跌落冲击试验设备

知识讲解

一、冲击的概念及对冲击传感器的要求

冲击实质上是一种特殊的振动现象，其特殊之处在于：加速度值可达 1 000~100 000 g，在短时间内有很强的能量释放，冲击的振幅很大，并随着时间的推移迅速衰减。衰减速度由振动体的弹簧刚度和阻尼系数（表示摩擦阻力大小的常数）决定。日常生活中的冲击很常见，如高空抛物，很小的物体包含巨大的能量；汽车在启动、制动以及速度突然改变时都要受到冲击；国家对某些特殊设备进行强检，压力锅炉、压力容器等必须做冲击试验检验。冲击并不完全是坏事，在许多工艺技术领域，人们利用冲击进行工作，如铆接结构、高速锤锻、建筑打夯等。

振动测量中使用的传感器并不是都可以用作冲击传感器，测量振动速度、振动位移的振动传感器一般不能用于冲击测量。冲击传感器所要记录的参数为冲击过程中的加速度值，因其加速度值较大，传感器的灵敏度不需要很大。常用的冲击传感器有压电式冲击传感器、冲击开关等。

二、压电式冲击传感器

1. 压电式冲击传感器的结构

压电式冲击传感器基于压电效应工作，量程大，灵敏度相对较低，体积小，质量轻，有的仅为 0.6 g，按测量方法可分为单轴和三轴结构。图 5-28 所示为常见的压电式冲击传感器。压电式冲击传感器主要应用于火箭分离、碰撞、爆炸等试验场合，可应用在汽车制动启动检测、地震检测、报警系统、智能玩具、环境监视、工程测振、地质勘探以及铁路、桥梁、大坝的振动测试与分析等方面。

 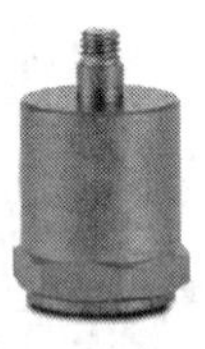  

图 5-28　压电式冲击传感器

内部结构按照敏感材料晶体片感受振动的方式及安装形式分为压缩型、剪切型和挠曲型。常用的压电式冲击传感器的内部结构如图 5-29 所示，压电元件受力方式如图 5-30 所示。

压缩型结构如图 5-29a 所示，压电元件—质量块—弹簧系统装在圆形中心支柱上，支柱与基座连接，属于中心压缩型，在本模块课题一已经进行了详细讲解。这种结构有较高的共振频率，但测试对象和环境温度变化将影响压电元件的输出特性，引起传感器温度漂移。

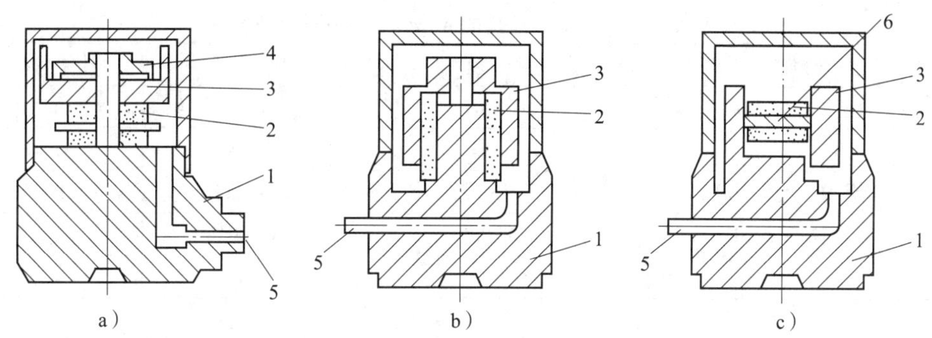

图 5-29 压电式冲击传感器的内部结构
a）压缩型 b）剪切型 c）挠曲型
1—基座 2—压电元件 3—质量块 4—弹簧片 5—输出端 6—悬臂梁

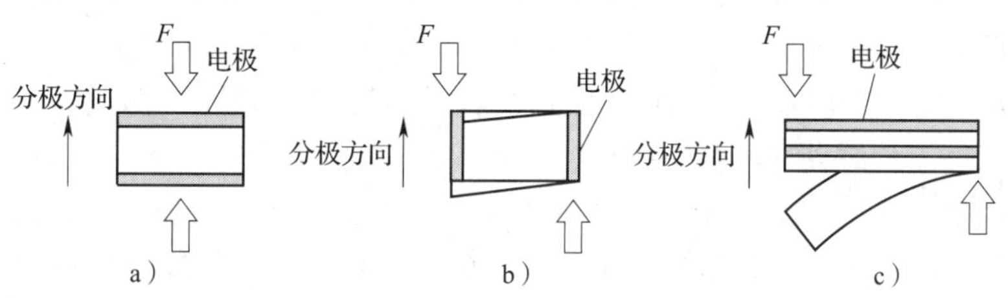

图 5-30 压电元件受力方式
a）压缩型 b）剪切型 c）挠曲型

剪切型结构如图 5-29b 所示，它的基座向上延伸，如同一根圆柱，管式压电元件（极化方向平行于轴线）套在这根圆柱上，环形质量块套在环形压电元件上。如果传感器感受到向上的振动，质量块受到惯性力的作用，该力作用在压电元件上产生剪切应力，使其产生剪切形变。由于压电效应产生电荷，即可测量冲击加速度，受力方式如图 5-30b 所示。剪切型结构还分为平面剪切、三角剪切和环型剪切。这种结构形式的传感器灵敏度高，横向灵敏度小，而且能减小基座应变的影响。剪切型压电传感器容易小型化，可有很高的固有频率，所以频率响应范围宽，适用于测量高频振动。但是由于压电元件、金属圆柱以及环形质量块之间黏结较难，装配成功率较低。此外，由于黏结剂会随温度增高而变软，因此最高工作温度受到限制。

挠曲型结构如图 5-29c 所示，压电元件粘贴在悬臂梁的侧面，悬臂梁的自由端装配质量块，固定端与基座连接。振动时，悬臂梁弯曲，侧面受到拉伸压缩，使压电元件发生形变，在压电效应的作用下产生电荷，从而输出电信号，受力方式如图 5-30c 所示。悬臂梁也可用圆板代替，在圆周装配质量块，在圆板表面安装压电元件。挠曲型压电传感器的固有共振频率低，灵敏度高，适用于低频测量。这种结构的传感器的灵敏度可以做得很高，可以测量到微小的振动，力学强度和谐振频率都很低，因此，可以测量到很低的频带和很小的加速度，缺点是体积大。

冲击传感器选用不同的结构设计和不同性能的压电材料，可以满足各种不同的使用要求。表 5-2 给出了三种基本结构的冲击传感器的一般性能。

表 5-2　三种基本结构的冲击传感器的一般性能

结构类型	压缩型	剪切型	挠曲型
灵敏度/(pC/g)	170	17	4 900
电容量/pF	1 000	900	7 000
频率响应范围/Hz	4～8 000	2～7 000	1～100
固有振动频率/Hz	32 000	30 000	1 200
耐振性/g	1 000	2 500	50

由上表可以看出，压缩型频率响应范围高于剪切型，剪切型对环境的适应性优于压缩型。在压电式冲击传感器中，剪切型传感器有着优异的特性，而且剪切型传感器的信噪比、横向或交叉灵敏度都很低，对基座应变、瞬变温度和高强度的噪声均不敏感。此外，由于它的温度误差小，体积小，因此应用广泛。现在在航空发动机试车台上，以及许多机种的发动机振动监视系统中，已普遍采用剪切型压电式冲击传感器来测量振动，如配用电荷放大器测量速度、位移时，选用剪切型产品获得的信号波动小，稳定性好。

2. 压电式冲击传感器的测量系统

压电式冲击传感器与二次仪表（电荷放大器）配套使用，组成测量系统，如图 5-31 所示。在测量时，随着连接电缆长度的增加，电缆的分布电容增大，绝缘漏电阻变小。如果采用的是电荷放大器，加大反馈电容可以使电缆对测量的影响得到缓解。但当连接电缆很长时，其影响就不可忽视了，而且电荷放大器的反馈电容并不能无限制增大。为了克服上述缺点，人们采用内装电荷放大器的方法，把电荷放大器装在传感器的壳体之中，以消除连接电缆的影响。

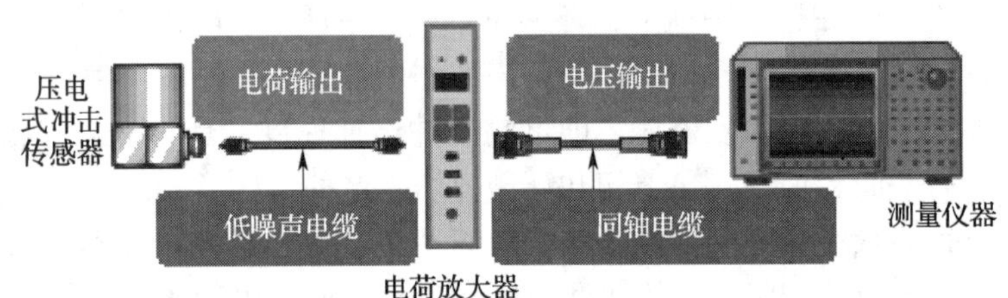

图 5-31　压电式冲击传感器的测量系统

3. 内置电路冲击传感器

在冲击测量中，如测量飞机救生舱的弹射加速度时，对传感器的要求非常苛刻，要求传感器结构紧凑，测试系统简化，因此出现了集传感器、阻抗变换器乃至数据采集存储设备于一体的数字化集成电路传感器。内置的概念是将放大电路置于冲击传感器内，成为具有电压输出功能的传感元件。内置电路冲击传感器可分为双电源（四线）和单电源（二线、带偏置，又称 ICP）两种。目前，内置电路冲击传感器一般是与数据采集仪配套，在国内较多用于机械故障、桩基检测，不少在线监测项目也使用该类产品。ICP 型冲击传感器的供电和信号输出共用一根线，其特点是输出阻抗低，抗干扰，噪声小，性价比高，安装方便（尤其适用于多点测量），稳定可靠，抗潮湿，抗粉尘，抗有害气体。

内置电路冲击传感器的灵敏度用以下公式计算：

传感器灵敏度（mV/g）= 最大输出电压（mV）/被测加速度值（g）

一般传感器输出电压范围在 0~5 V。如选用目前最为通用的灵敏度为 100 mV/g 的传感器，可测 50 g 以内的振动；如测量 100 g 的振动，则用灵敏度为 50 mV/g 的传感器，以此类推。

这些传感器因内置放大电路，信号可以直接送入信号采集设备，从而省略了电荷放大器，降低了成本。内置电路冲击传感器内置放大器和电子、机械滤波器，输出有电压型和电荷型，测量上限可达 100 000 g。

联想 ThinkPad 便携式计算机就内置了冲击传感器，能够动态地检测出便携式计算机在使用中的振动，并根据这些振动数据智能地选择关闭硬盘还是让其继续运行，这样可以最大限度地保护由于振动（如颠簸的工作环境）或者不小心摔了计算机所造成的硬盘损害，以保护里面的数据。此外，目前很多数码相机和摄像机中也有冲击传感器，用来检测拍摄时手部的振动，并根据这些振动自动调节相机的聚焦。

三、冲击开关

冲击开关（又称开关式加速度传感器）作为冲击传感器的一种，主要用于一些安全装置上作为开关器件或发火机构，按结构分为电子式冲击开关和机械式冲击开关两种。

电子式冲击开关由冲击传感器、电荷放大器、滤波电路、比较器组成。在冲击传感器中加比较电路，当冲击高于阈值时，冲击开关输出为高或低电平，驱动继电器进行开关控制。电子式冲击开关可以用于冲击过载保护、振动机械控制以及安全保护和防盗报警等。

机械式冲击开关是利用加速度急剧变化时产生的较大的惯性力，使传感器内的惯性零件运动，从而接通或断开电路，输出开关信号。

冲击开关的形式很多，下面以永磁钢球式冲击开关为例作简要说明。

永磁钢球式冲击开关的结构如图 5-32 所示。平时钢球在磁铁吸力的作用下位于远离触点一侧，输出端子为常开状态。当传感器受到加速度作用且钢球产生的惯性力大于磁铁的吸力时，钢球在惯性力的作用下向前运动，接通触点，使输出由常开状态转为闭合状态。为保证触点接触的可靠性，钢球一般要求镀金，钢球接通触点的维持时间取决于加速度在一定幅值下持续时间的长短。

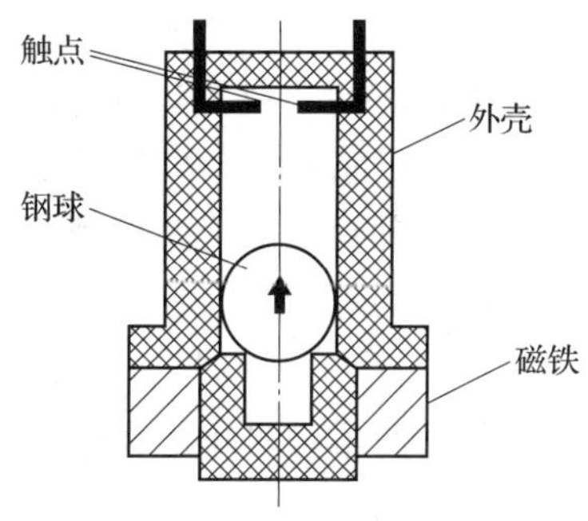

图 5-32 永磁钢球式冲击开关的结构

电动车防盗报警电路中常常使用永磁钢球式冲击开关。搬动电动车时，如果冲击达到一定阈值，钢球在惯性力作用下克服磁铁吸力，向前运动，接通触点，使输出由常开状态转为闭合状态，经驱动电路，使继电器闭合，接通报警电路电源，进行报警，如图 5-33 所示。

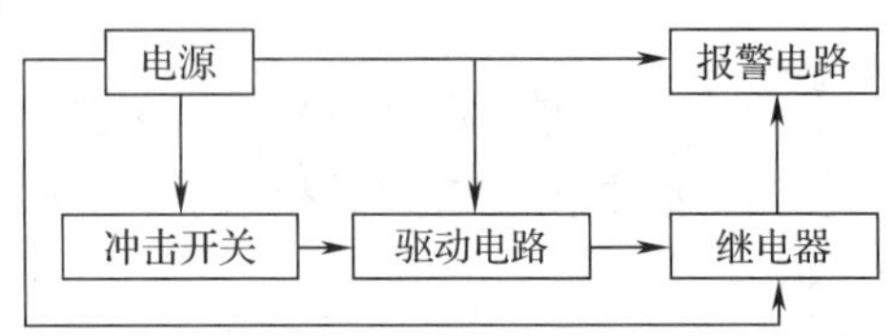

图 5-33　电动车防盗报警电路框图

四、影响冲击传感器测量的环境因素

某些测试现场的环境较为恶劣，需要考虑的因素较多，如防水、高温、安装位置、强磁电场及地电回路等，这些均会给测量带来很大的影响。

1. 防水

防水包括浅水防水和深水防水，其中以深水防水为难，如三峡工程永久船闸闸门的振动监测，水深近百米，它涉及地线回路干扰、高压渗水、导线防护、长期可靠性等诸多问题。

2. 高温

多数厂商给出的传感器温度范围为传感器可用值，而不是使传感器维持灵敏度的温度范围，实际上，高温时传感器灵敏度偏差较大，特殊用户应联系厂商获取专用的高温时的灵敏度指标，灵敏度指标是保证测试准确的关键。

3. 位置限制

冲击传感器永久安装在现场会受到人为碰撞，应选择工业型长期监测冲击传感器，它采用外加防护罩、三角法兰安装，具有对地绝缘、防尘的作用。对出线方向有要求的可向制造商提出。对于不能触及的部位，可用手持式冲击传感器（带长探针）测量。

4. 绝缘、地电回路及磁电场

对磁电场较强的测试现场，应选择特殊外壳材料的冲击传感器和专用导线，此类研究国内还比较少。对于两点接地、潮湿等现场，要解决好测试干扰问题，可采用浮地或绝缘型冲击传感器，同时要考虑导线接头的防护。为了克服两点或多点接地产生的地电回路电流对测试的影响，可以选用浮地或绝缘传感器。没有特殊要求且干扰不大的工况，可用绝缘传感器，而永久型监测或干扰大的工况则应采用浮地型。这两种传感器的区别在于绝缘型产品的外壳为信号地，而浮地型产品的外壳为屏蔽层。

5. 附加质量

在振动结构上安装的冲击传感器的质量如果小于被测点自身动态质量的 1/10，即可认为对被测信号的影响可以忽略。

知识应用

压电式冲击传感器在工程中的应用

在“知识引入”所述实例中，为了进行有效的冲击测量，选择了内置式集成冲击传感器，其特点为：频率范围宽；动态范围宽，一般测量加速度可以达到 30 000 g；对冲击振动的频响特性好；安装、使用方便，体积小，质量轻。

跌落冲击测试过程中，冲击传感器检测到的力和加速度响应信号，通过放大、滤波、峰值采样、A/D 转换、信号分析和处理，得到冲击测量值，最后通过数字显示和打印输出，其原理框图如图 5-34 所示。

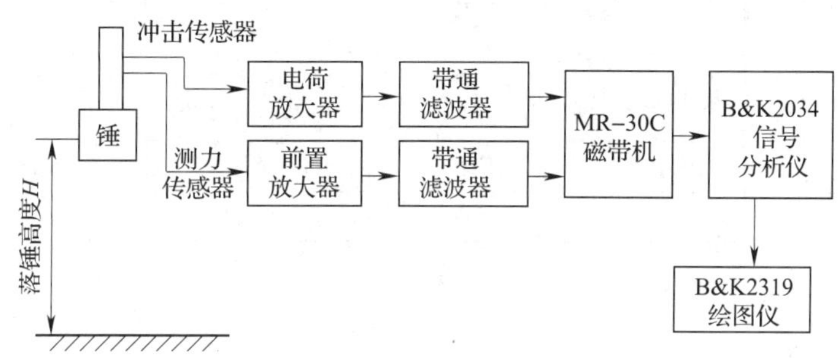

图 5-34　跌落冲击测试原理框图

根据测试原理，测试方法采用自由落体落锤式瞬态冲击法。采用自由落体形式，能很方便地实现对产品的冲击测试与控制。跌落分为自由跌落和重复自由跌落。自由跌落可以确定产品在搬运过程中因装卸而坠落的适应性，或确定安全要求的牢固等级。重复自由跌落可以确定连接器、小型遥控装置等可能频繁跌落到硬表面的元件装置，经受反复跌落的适应性。跌落冲击测试完成后，还应测试产品的性能指标。如果测试前后数据基本一致，说明该批产品通过了跌落冲击测试。

在选用冲击传感器时，可以向厂家索要相关的产品目录。根据测量要求，首先对比冲击传感器量程、灵敏度、谐振频率等参数，然后根据安装要求、信号接口，选择合适的型号。表 5-3 给出了几种压电式冲击传感器的性能参数。

表 5-3　几种压电式冲击传感器的性能参数

型号	350B02	350B03	350B04	350B21	350B23
灵敏度（±30%）/(mV/g)	0.1	0.5	1.0	0.05	0.5
量程/g	±50 000	±10 000	±5 000	±100 000	±10 000
频率响应范围（±1 dB）/Hz	4~10 k	0.4~10 k	0.4~10 k	1~10 k	0.4~10 k
频率响应范围（±3 dB）/Hz	2~25 k	0.2~25 k	0.2~25 k	0.5~3.5 k	0.2~25 k
谐振频率/Hz	≥100 k	≥100 k	≥100 k	≥200 k	≥100 k

续表

型号	350B02	350B03	350B04	350B21	350B23
分辨率（1~10 kHz）/Grms	0.5	0.04	0.02	0.3	0.04
线性度（每 10 kg）	≤2.5%	≤2.0%	≤2.0%	≤0.5%	≤2.0%
横向灵敏度	≤7%	≤7%	≤7%	≤7%	≤7%
抗冲击/N	±1 470	±490	±490	±1 960	±490
温度范围/℃	-18~66	-18~66	-18~66	-54~93	-18~66
激励电压/V	DC 20~30	DC 20~30	DC 20~30	DC 18~30	DC 20~30
输出电阻/ Ω	≤200	≤200	≤200	≤100	≤200
外壳材料	钛	钛	钛	钛	钛
尺寸（高×直径）/（mm×mm）	9.5×ϕ19.1	9.5×ϕ25.9	9.5×ϕ25.9	9.5×ϕ18.5	9.5×ϕ19.1
质量/g	4.2	4.5	4.5	4.4	4.5
接头	集成电缆	10~32（同轴电缆插座代码）	10~32（同轴电缆插座代码）	集成电缆	集成电缆
接头位置	顶端	顶端	顶端	侧端	顶端
安装螺纹	1/4-28	1/4-28	1/4-28	1/4-28	1/4-28

知识链接

振动传感器的性能比较和使用注意事项

一、常用振动传感器的性能比较

为了加深对常用振动传感器的理解，下面将四种现场应用较多的振动传感器的性能进行比较，见表 5-4。

表 5-4　常用振动传感器的性能比较

名称	工作原理	特点	应用领域
电涡流式振动位移传感器	电涡流效应；输出信号与振动位移成正比	非接触测量；能做静态和动态测量；材料不同会影响传感器线性范围和灵敏度；需外加电源和前置放大器，安装复杂	振动位移的测量；旋转机械中转轴的振动测量
磁电式振动传感器	电磁感应原理；输出信号与振动速度成正比	安装简单，适用于大多数机器环境；无须外加电源，振动信号可直接使用；体积较大，活动部件易损坏，低频响应不好；标定较麻烦，只可做动态测量，价格较贵	汽轮发电机组振动测量
压电式振动传感器	压电效应；输出信号与振动加速度成正比	体积小，质量轻，结构紧凑，不易损坏；环境噪声、传感器安装方式对测试影响较大；价格较贵，需设电荷放大器	振动测量、冲击测试、动平衡校准等

续表

名称	工作原理	特点	应用领域
微硅加速度传感器	压阻效应，或电容变化；输出信号与振动加速度成正比	由于将敏感、传感和测量转换电路乃至电源都集成在一块芯片上，测量频率范围较宽，可靠性高，体积小，功耗小	高档汽车中振动测量

二、使用注意事项

制造商给出的加速度传感器的频响曲线是用螺钉刚性连接安装时的曲线，一般将曲线分成两段：使用频率和谐振频率。使用频率是按灵敏度偏差给出的，有±10%、±5%、±3 dB。谐振频率一般是避开不用的，但也有特例，如轴承故障检测。选择加速度传感器的频率范围上限应高于被测试件的振动频率。有倍频分析要求的加速度传感器频率响应应更高。土木工程一般是低频振动，加速度传感器频率响应范围可选择0. 2 Hz~1 kHz；机械设备一般是中频段，可根据设备转速、设备刚度等因素综合估算振动频率，选择0. 5 Hz~5 kHz的加速度传感器，如发电机转速在3 000 r/min时，除以60 s，此时它的主频率为50 Hz；碰撞、冲击测量高频居多。

加速度传感器的安装方式不同也会改变使用频率（对振动值影响不大）。安装面要平整、光洁，安装应遵循方便、安全的原则。如给出同一只加速度传感器不同安装方式的使用频率：螺钉刚性连接（±10%误差）为10 kHz；环氧胶或502粘接安装为6 kHz；磁力吸座安装为2 kHz；双面胶安装为1 kHz。由此可见，安装方式不同，对测试频率的响应影响很大，应注意选择。加速度传感器的质量、灵敏度与使用频率成反比，如果要提高传感器的灵敏度，可以增大质量块的质量，但使用频率会降低，在选用传感器时，需要进行全面考虑。

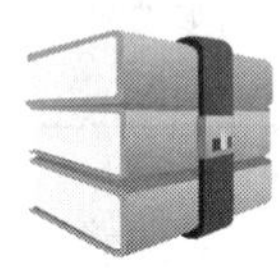

模块六　流量的测量

流量测量在生产和生活中发挥着重要作用，如汽车厂借助流量测量来衡量发动机的效率，石油化工行业利用流量传感器掌握流体的流量变化，供水、供气部门则用水表、煤气表计量消耗的资源数量等。

课题一　涡轮流量计

学习目标

◇了解流量的基本概念。
◇熟悉涡轮流量计的结构和工作原理。
◇熟悉涡轮流量计测量系统的组成。
◇了解涡轮流量计的特点。
◇掌握涡轮流量计的选择和使用方法。
◇能进行涡轮流量计的选型、安装和接线。

知识引入

工业过程控制是以温度、压力、流量、液位等连续变化的参数为控制对象的控制方式，是工业自动化的重要分支。图 6-1 所示的过程控制实验装置可以模拟小型电热锅炉的运行，完成多种过程控制实验。设置在进水管路上的流量传感器，将测得的流量传送给控制器——PLC，在控制器中与预先设定的值进行比较，然后输出控制指令给执行器，控制三相水泵的运转，从而保证流量稳定在设定值附近。

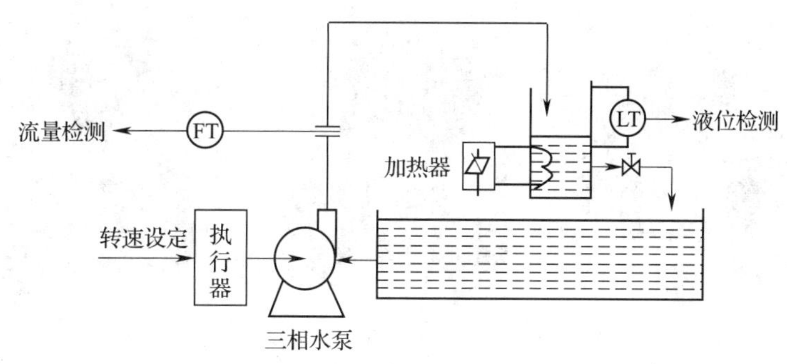

图 6-1　过程控制实验装置示意图

知识讲解

一、流量的基本概念

流体在单位时间内流过管道或设备横截面的数量称为流量，也称瞬时流量。流量按测量对象不同可分为体积流量、质量流量和能量流量三类。现场液体、气体等在某一时间段内通过某一管道截面的流体总量，称为累积流量。日常中水表、煤气表的读数，记录的都是累积流量。传统的气体计量以体积为单位，如我国目前天然气贸易计量是质量指标下的体积流量。由于体积计量受到压力、温度、压缩因子等诸多方面的影响，计量结果不够准确，因此，我国逐渐开始用质量流量计直接测量天然气流量。而为了真正反映天然气的品质和真实价值，国外已发展到使用天然气能量计量进行贸易结算。

在国际单位制中，体积流量的单位为米^3/秒（m^3/s），质量流量的单位为千克/秒（kg/s）。在工程中常用的流量单位有计量体积流量的米^3/时（m^3/h）、升/时（L/h）以及计量质量流量的千克/时（kg/h）、吨/时（t/h）。

流量测量中使用的传感器称为流量计。测量体积流量的流量计称为体积流量计，测量质量流量的流量计称为质量流量计。流量计按测量原理分为差压式、速度式、容积式和质量式四大类。各种流量测量仪表既有其特定的适用性，又有其局限性，流量测量仪表的先进与否是相对而言的。

二、涡轮流量计的结构和工作原理

涡轮流量计是通过测量放置在流体中的涡轮的旋转速度，利用流体流速与涡轮转速的近似线性关系而确定流体流量的，其外形如图 6　2 所示。

其工作原理是：在管道中心安放一个涡轮，两端由轴承支撑，当流体通过管道时，冲击涡轮叶片，对涡轮产生驱动力矩，使涡轮克服摩擦力矩和流体阻力矩而产生旋转，在一定的流量范围内，对一定的流体介质，涡轮的旋转角速度与流体流速成正比，由此，流体流速可通过涡轮的旋转角速度得到，从而计算出通过管道的流体流量。

图 6-2　涡轮流量计外形

涡轮流量计的结构如图 6-3 所示，主要由涡轮、导流器、壳体和传感线圈等组成。壳体 10 前端固定有辐射状布置的导流片 3，导流片中心为导流体 2，导流片和导流体用于调整流体的形状，不锈钢涡轮 8 通过轴 4 和 9 支撑在导流体上。磁电式传感器安装在非导磁的壳体上，永久磁铁 7 产生的磁力线穿过壳体，经涡轮叶片形成磁回路。

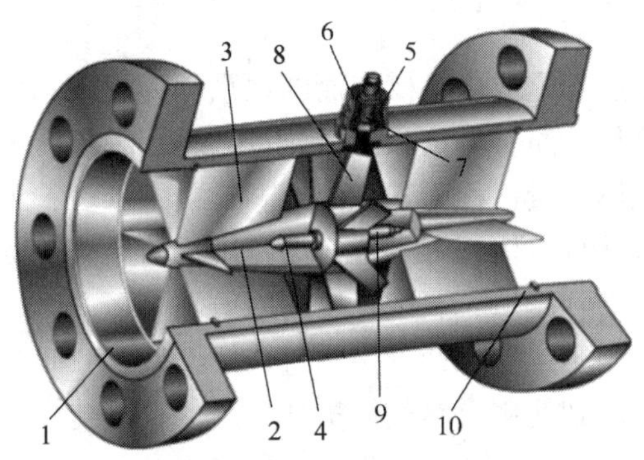

图 6-3　涡轮流量计的结构

1—导流器压圈　2—导流体　3—导流片　4、9—轴　5—传感线圈
6—前置放大器　7—永久磁铁　8—涡轮　10—壳体

涡轮的转速通过装在机壳外的传感线圈来检测，当涡轮叶片切割由壳体内永久磁铁产生的磁力线时，就会引起传感线圈中的磁通变化，传感线圈将检测到的磁通周期变化信号送入前置放大器，对信号进行放大、整形，产生与流速成正比的脉冲信号，送入转速与流量换算电路，得到并显示累积流量值；同时也将脉冲信号送入频率电流转换电路，将脉冲信号转换成模拟电流量，进而指示瞬时流量值。这种流量计所输出脉冲信号的频率 f 与所测流体体积流量 q_v 之间成正比关系，即：

$$f = Kq_v$$

式中　K——传感器的仪表系数（单位为 1/L 或 $1/m^3$），在使用范围内 K 为常数，在流量计的校验合格证上会标明。

三、涡轮流量计测量系统的组成

涡轮流量计的传感元件（磁电式传感器）所产生的信号是脉冲型的微小电压，需要经前置放大器放大、整形后方能输出可供使用的脉冲信号。因此，涡轮流量计测量系统通常由涡轮流量计、前置放大器和流量积算显示仪等组成，如图 6-4 所示。前置放大器通常与传感器集成在一起，流量计厂家一般会提供多种组合方式，选定后只要配备流量积算显示仪即可使用（有些流量积算显示仪也集成在传感器上）。涡轮流量计输出的脉冲信号有效值在 10 mV 以上时，也可以直接输送给集散控制系统（DCS）中的检测计算机，利用计算机上的组态监控程序实现流量的积算、显示、报警等。

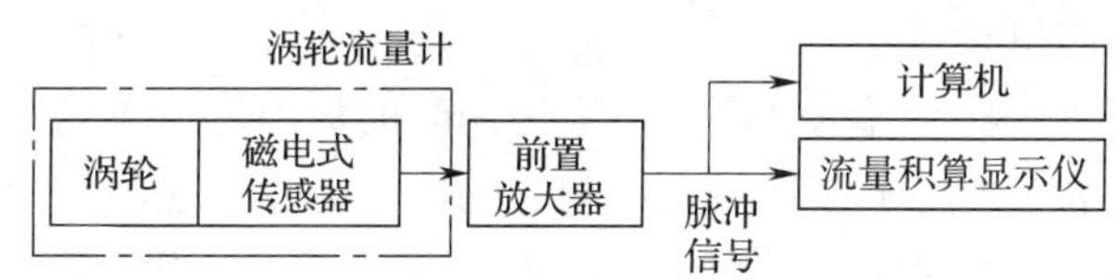

图 6-4　涡轮流量计测量系统的组成

流量计的输出信号可以是频率信号、0~5 V 电压信号、4~20 mA 电流信号。如果将该信号传给多功能智能流量转换器，则可以实现瞬时流量、累积流量、温度和压力（需要输入温度、压力信号）等多种参数的计算和显示，这类智能仪表通常备有标准的 RS-232、RS-422、RS-485、Modem 通信输出，方便与计算机通信或实现远程数据传输。

四、涡轮流量计的特点

涡轮流量计是过程控制中常用的流量传感器，具有精度高、测量范围宽、重复性好、压力损失小、数字信号输出等特点。涡轮流量计多用于封闭管道环境下的介质流量测量，相比同类流量计量工具，它适合于测量黏性较低且无强腐蚀性的清洁液体介质，目前在石油化工、冶金矿产、城市燃气管网、食品、造纸等行业有着大量的应用。这种传感器具有如下优点。

（1）精度高，测量精度可达 0.2%~0.5%。

（2）测量范围宽，最大和最小线性流量比通常为 10∶1 和 6∶1，适用于流量变化幅度大的场合。

（3）重复性好，短期重复性可达 0.05%~0.2%。

（4）数字信号输出，输出与流量成正比的脉冲信号，便于远距离传送和计算机处理，抗干扰能力强。

（5）压力损失小，安装维修方便，结构简单，耐腐蚀。

但同时，传感器也存在一些使用局限性，具体如下。

（1）不能长期保持校准特性，需要定期校验。

（2）对被测介质的清洁度要求较高，含有悬浮物或磨蚀性液体时容易造成轴承磨损或卡住。

（3）普通型不适用于较高黏度的介质，会使传感器的线性变差。

（4）流体的物理性质和环境条件对流量计量的影响较大。

（5）为保证测量精度，要求传感器上下游的直管段较长，安装空间较大。

五、涡轮流量计的选型和安装

1. 涡轮流量计的选型

（1）测量的流体

涡轮流量计适于测量洁净（或基本洁净）的低黏度气体或液体，如水、轻油、石油溶剂、酸、碱、液氧、液氮、液氢及空气、氧气等。

（2）涡轮流量计的口径

涡轮流量计的口径一般由流量范围决定。使用时的最小流量不得低于该口径允许测量的最小流量，最大流量不得高于该口径允许测量的最大流量。在断续使用的场合（每日运行 8 h 以下），一般按实际使用最大流量的 1.3 倍选择，连续使用（每日运行 8 h 以上）时按实际使用最大流量的 1.4 倍选择。

（3）管道长度

传感器上游直管段长度 L 与管道内径 D 的比值一般应满足下列关系：

$$L/D = 0.35R/f$$

式中 f——管道内壁摩擦系数，一般可取为 0.017 5；

R——旋涡速度比，取决于上游局部阻流件类型。

对管路情况不清楚时，一般可取上游直管段长度不小于 $20D$，下游直管段长度不小于 $5D$。

（4）主要部件的材质

涡轮流量计本体最好选用不锈钢材料以防腐蚀；流量计轴承一般有碳化钨、聚四氟乙烯、碳石墨三种材质，碳化钨的精度最高，常作为工业控制的标准件，其他两类在化工场所应优先考虑。

其他还需要考虑流体温度、流体的公称压力、环境条件、压力损失等指标。

2. 涡轮流量计的安装

（1）涡轮流量计在安装前可先与显示仪或示波器接好连线，通上电源，用口吹或用手拨叶轮，使其快速旋转，观察有无显示。当有显示时再安装传感器。

（2）涡轮流量计一般为水平安装，流体流向必须和箭头指向一致，确需垂直安装时，流体方向必须向上。

（3）与传感器连接的前后管道的内径应与传感器口径一致，管道中心和传感器中心一致。

（4）在流量计的连接管道中安装旁路管道和截止阀，以利于启动保护和维修。

（5）当流体中含有杂质时，应加装过滤器，过滤器网目一般为 20~60 目。

（6）分离式流量计和放大器之间的间距一般为 3~5 m，传感器输出信号采用双芯屏蔽电缆传输至信号检测放大器的输入端。

（7）传感器应远离外界电场、磁场，必要时应采取有效的屏蔽措施，以避免外来干扰。

知识应用

涡轮流量计在过程控制系统中的应用

一、控制方案设计

在“知识引入”所述过程控制实验装置中，要实现对温度、压力、液位、流量等过程参数的检测和控制，需要根据控制要求组建控制系统，选择测量传感器及其他硬件，并设计控制算法和控制程序。

过程控制系统组成框图如图 6-5 所示。模拟锅炉中的液位、出水温度、进水压力、流量等参数经过四种传感器的测量、变换后送入 PLC 的模拟量输入端口，PLC 对这些数据进行处理、运算后，将控制指令经模拟量输出端口传送给执行器。采用超小型 PLC 为控制器，用上位机组态监控画面进行过程控制系统的操作和监控。上位机通过 PPI 编程电缆和 PLC 进行串口通信，实现控制程序编制、过程参数设定及显示等。

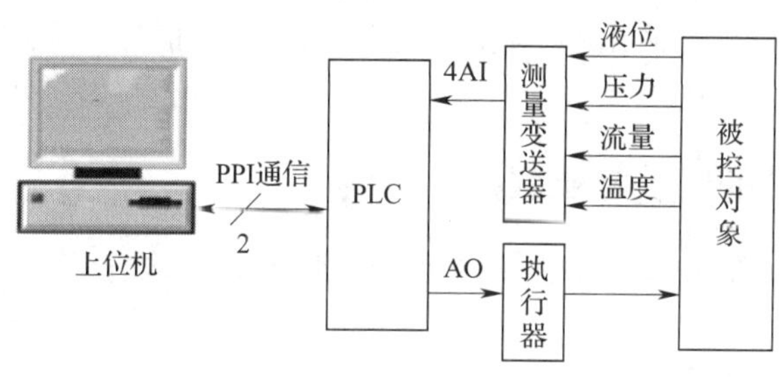

图 6-5　过程控制系统组成框图

二、测量仪表选型

1. 流量计的选型

这里优先选择精度高、重复性好、结构简单、维修方便的涡轮流量计，实验室条件下短时工作、测量介质纯净的特点恰好避开了该传感器不适合长期连续使用和测量黏度大流体的弱点。

该实验装置的最大流量约为 0.8 L/h，为断续使用工况，因此可根据其流量的 1.3 倍计算，据此选择流量测量范围为 0.2～1.2 L/h、公称通径（口径）为 15 mm 的 LWGY-10A 型一体化智能涡轮流量计（技术参数见表 6-1），液晶显示器可同时显示 4 位瞬时流量及 8 位累积流量。

表 6-1 涡轮流量计技术参数

技术参数	说明
仪表口径及连接方式	15 mm，螺纹连接
精度等级	2%~5%
量程比	10∶1
仪表材质	316（L）不锈钢
被测介质温度	-20~120 ℃
环境条件	温度-10~55 ℃，相对湿度 5%~90%，大气压力 86~106 kPa
输出信号	DC 4~20 mA 电流信号
供电电源	DC 24 V
信号传输线	2×0.3 mm（二线制）

2. 其他检测仪表的选型

液位测量采用压力变送器，测量量程为 0~500 mm；压力测量采用压力变送器，测量量程为 0~100 kPa；温度测量采用 PT100 热电阻温度传感器和数显温度变送仪，测量量程为 0~100 ℃。各类传感器的输出均为标准 4~20 mA 电流信号，在送显示仪显示的同时，送入 PLC 的模拟量输入模块。

三、涡轮流量计的安装与接线

涡轮流量计的精度在很大程度上取决于安装情况，合理安装可降低旋涡流对测量的影响。

1. 涡轮流量计的安装及使用要求

（1）在该实验装置中将涡轮流量计水平安装在进水管路的低位（管道倾斜在 5°以内）。

（2）涡轮流量计进水侧管道长度不小于 20*D*（*D* 为公称内径），出水侧不小于 5*D*。前后管道上均安装截止阀以方便维修，同时设置旁通管道，如图 6-6 所示。

（3）涡轮流量计安装时传感器上指示流向的箭头应与流体的流动方向相符。

（4）涡轮流量计使用时上游的截止阀必须全开，避免上游部分的流体产生不稳流现象。

2. 涡轮流量计的接线方法

该涡轮流量计的接线端子在中继箱内。如图 6-7 所示，电缆从中继箱的引出线口接入，电源正负极分别接中继箱的端子“+”和“-”，涡轮流量计的输出为端子“A”和“-”，用 250 Ω 负载电阻将 4~20 mA 电流信号转换为电压信号输出。

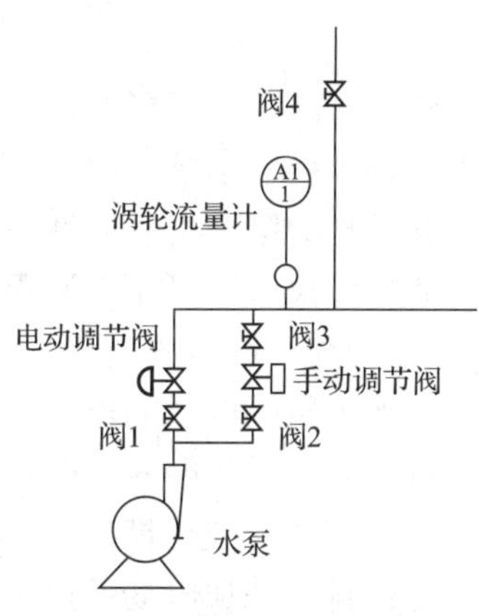

图 6-6　涡轮流量计的安装

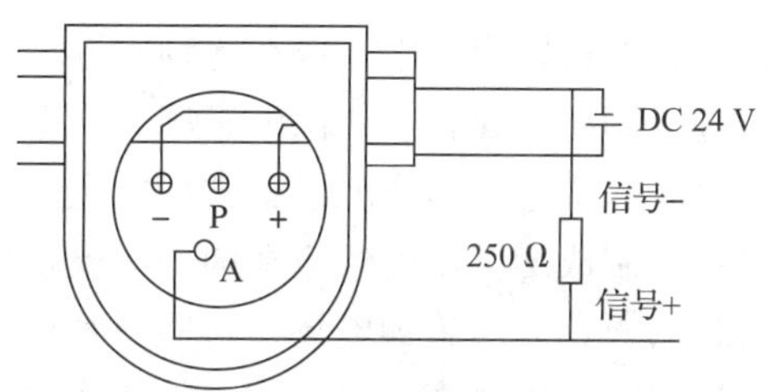

图 6-7　涡轮流量计的接线

课题二　超声波流量计

学习目标

◇了解超声波的概念。
◇掌握超声波流量计的工作原理。
◇了解超声波流量计的特点和分类。
◇掌握超声波流量计的选择和使用方法。
◇能根据现场要求选择和安装超声波流量计。

知识引入

管道运输因经济、便携、安全被广泛应用于石油、天然气等的运输中。但随着管线延长，易发生管道泄漏事故，会影响生产并导致环境污染和人员损伤，因此，管道流量监测对保障管道运输安全有重要意义（图 6-8）。

图 6-8　输油管流量监测

知识讲解

超声波流量计是集成电路技术和检测技术发展的产物，由于响应速度快、非接触式测量且对流体不产生扰动和阻力，因此在大口径管道计量中得到广泛应用。

一、超声波的概念

人类耳朵能听到的声波频率为 20 Hz～20 kHz，当声波的振动频率小于 20 Hz 或大于 20 kHz 时，人耳便听不见了。频率高于 20 kHz 的声波称为超声波。超声波方向性好，穿透能力强，能量较为集中，能在各种不同介质中传播，且传播的距离远，可用于测距、测速、清洗、焊接、碎石、杀菌消毒等，在医学、军事、工业、农业上有很多的应用。

超声波探头也称为换能器，常用的是压电式换能器，其是利用压电材料的压电效应和逆压电效应制成的。压电效应在前面的模块中已经讲过，不再赘述。逆压电效应是指当在压电材料的极化方向施加电场，这些材料就在一定方向上产生机械变形或机械应力，当外加电场撤去时，这些变形或应力也随之消失的物理现象。压电材料因外加电场而产生机械振动，调节交变电场就可以产生高频机械振动，即超声波。因此，将这种电能和声能能够相互转换的器件称为换能器，其中，将电能转换成声能的器件称为发射换能器，将声能转换成电能的器件称为接收换能器。发射换能器和接收换能器通常是分开使用的，但也可以共用一个。发射探头采用适当的发射电路，利用压电元件的逆压电效应，把电能加到压电元件上，使其产生超声波振动，超声波以某一角度射入流体中传播；接收换能器则利用压电效应，通过接收超声波并将其转换为电能，实现信号检测。换能器通常由压电元件和声楔构成。压电元件一般用压电陶瓷制造，为圆形薄片，沿厚度方向振动；而声楔则起到固定压电元件，使超声波以合适的角度射入流体的作用，如图 6-9 所示。

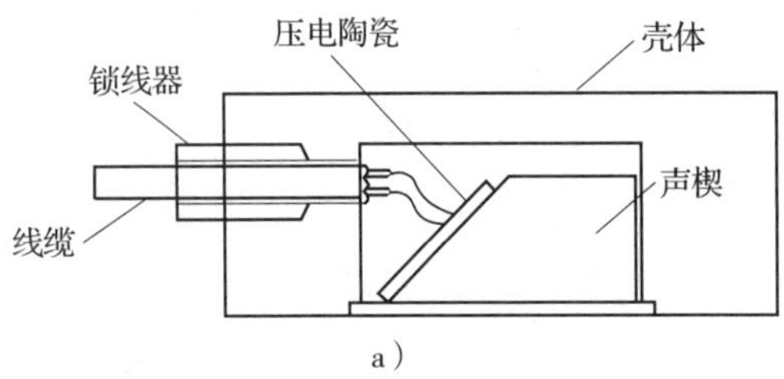

a）

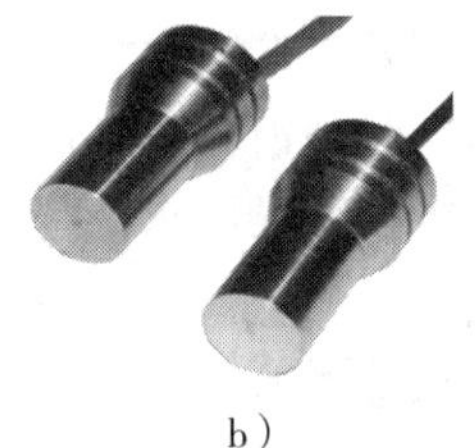

b）

图 6-9　压电式超声波换能器

a）结构示意图　b）外形

二、超声波流量计的工作原理

超声波在流动的流体中传播时，通过接收穿过流体的超声波可以检测出流体的流速，从而换算成流量。一般来说，超声波流量计是测量体积流量的。

超声波流量计由超声波换能器、转换器及流量显示系统等组成，如图 6-10 所示。超声波换能器将电能转换为超声波能量，将其发射并穿过被测流体，接收器接收到超声波信号，经转换器放大并转换为代表流量的电信号，供显示和积算，实现流量的检测显示。转换器在结构上分为固定盘装式和便携式两类。换能器和转换器之间由专用信号传输电缆连接，在固定测量的场合需在适当的地方装接线盒。

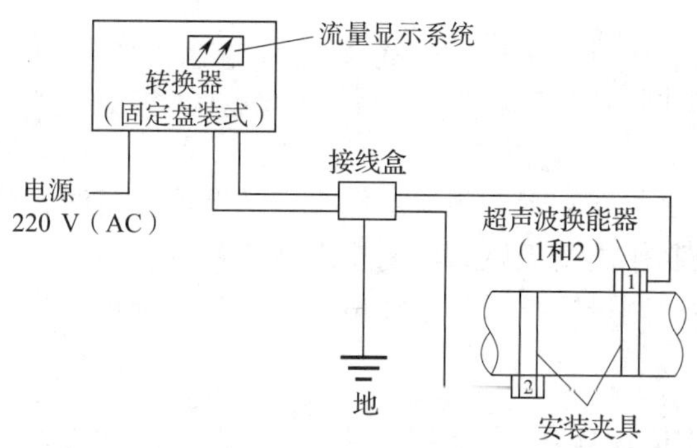

图 6-10 超声波流量计的组成

利用超声波探头检测流量时，转换器的检测方法主要有传播时差法、频率差法、多普勒法等，检测方法不同，测量精度也不同。

1. 时差式超声波流量计

时差式超声波流量计是利用超声波在流动的流体中，顺流传播时间与逆流传播时间之差与被测流体流速的关系获得流量的，其原理图如图 6-11 所示。超声波信号沿流体流动方向（顺流）传播时速度会增大，沿逆流方向传播时速度会减小，因此，对于同一传播距离会有不同的传播速度和传播时间。由顺流传播时间 t_1 和逆流传播时间 t_2 可以计算出传播时间差，然后可求得流体平均流速，计算过程如下。

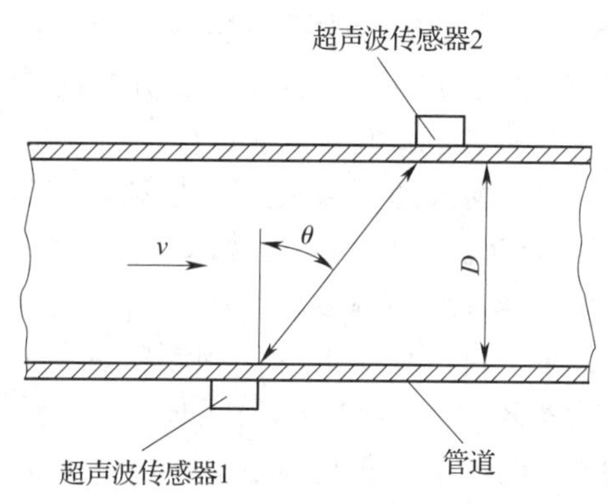

图 6-11 时差式超声波流量计原理图

顺流方向超声波的传播时间 $t_1=\dfrac{D/\cos\theta}{c+v\sin\theta}$，逆流方向超声波的传播时间 $t_2=\dfrac{D/\cos\theta}{c-v\sin\theta}$，则有：

$$\Delta t=\frac{D}{\cos\theta}\cdot\frac{2v\sin\theta}{c^2-v^2\sin^2\theta}$$

由于通常 $c\gg v$，故有：

$$\Delta t\approx\frac{D}{\cos\theta}\cdot\frac{2v\sin\theta}{c^2}$$

则

$$v\approx\frac{\cos\theta}{D}\cdot\frac{c^2}{2\sin\theta}\Delta t$$

$$q=v\cdot S\approx\frac{\cos\theta}{D}\cdot\frac{c^2}{2\sin\theta}\Delta t\cdot S$$

式中 v——测量路径上流体的平均流速；

D——管道直径；

c——超声波声速；

θ——传播路径和流道轴线间的夹角；

S——测量处管道的截面积；

q——体积流量。

由上式可见，在管道条件一定、测量条件一定、声速一定时，流体的流量与传播时间差成正比，因此，可以制作出基于该原理的超声波流量计。但超声波传播速度与环境温度有关，受温度影响将造成测量误差，测量超声波传播频率则可以克服温度的影响，计算过程如下。

顺流方向超声波的传播频率 $f_1=\dfrac{1}{t_1}=\dfrac{c+v\sin\theta}{D/\cos\theta}$，逆流方向超声波的传播频率 $f_2=\dfrac{1}{t_2}=\dfrac{c-v\sin\theta}{D/\cos\theta}$，则有：

$$\Delta f=f_1-f_2=\frac{2v\sin\theta}{D/\cos\theta}=\frac{\sin2\theta}{D}v$$

由上式可知，频率差只与被测流速有关，而与声速 c 无关，所以采用频率差法温度误差较小。由此可见，在测量时，选用相同的传感器，测量方法不同时，测量精度也有所区别。

2. 多普勒式超声波流量计

多普勒式超声波流量计是利用多普勒效应来测定流体的流量的。如图 6-12 所示，发射换能器 A 向流体发射频率为 f_A 的连续超声波信号，由流体中的悬浮物颗粒反射到接收换能器 B。因为悬浮物颗粒的运动，反射过来的超声波产生多普勒频率偏移，频率变为 f_B，f_A 和 f_B 之差即为多普勒频差 f_D。

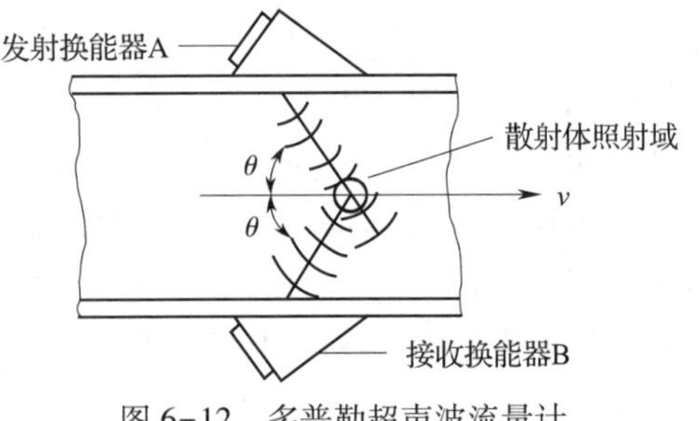

图 6-12　多普勒超声波流量计

设流体的流速为 v，超声波声速为 c，有：

$$f_D=f_A-f_B=\frac{2v\cos\theta}{c}\cdot f_A$$

$$v=\frac{c}{2f_A\cos\theta}\cdot f_D$$

当管道条件、换能器安装位置、发射频率、声速确定后，c、f_A、f_B、θ 即为常数。由上式可知，传感器的输入量流速 v 和输出量多普勒频差 f_D 成正比，通过测量 f_D，可以得到流体的流速，再根据管道流体的截面积，就可求得体积流量。

多普勒超声波流量计的特点是测量精度高，适用于非满管、明渠、水槽流量的测量及含悬浮物颗粒和气泡比较多的流体（如工厂未处理的污水和回流污泥等）的流量测量，不宜用于洁净液体的流量测量。

三、超声波流量计的特点与分类

1. 超声波流量计的特点

相对于传统的流量计而言，超声波流量计具有下列主要特点。

（1）解决了大管径、大流量及各类明渠、暗渠测量困难的问题。有不少一般流量计只适用于圆形管道，而且随着管径的增大造价提高，能耗加大，安装不便。超声波流量计的使用提高了流量测量仪表的性价比。

（2）对介质几乎无要求。超声波流量计不仅可以测量液体、气体，甚至对双相介质（应用多普勒法）的流体流量也可以进行测量；由于利用超声波测量原理可制成非接触式的测量仪表，所以不破坏流体的流场，没有压力损失，并且可解决其他类型流量计所难以解决的强腐蚀性、非导电性、放射性的流体流量测量问题。

（3）超声波流量计的流量测量准确度几乎不受被测流体温度、压力、密度、黏度等参数的影响。

（4）超声波流量计的测量范围度宽，一般可达 20∶1。范围度是指在确保测量精度前提下最大流量和最小流量的比值，如果所测流量在流量计的最大值和最小值范围内，就可以选用该流量计测量。

2. 超声波流量计的分类

根据使用场合不同，超声波流量计可以分为固定式超声波流量计（图 6-13a、图 6-13b）和便携式超声波流量计（图 6-13c、图 6-13d），其主要区别见表 6-2。

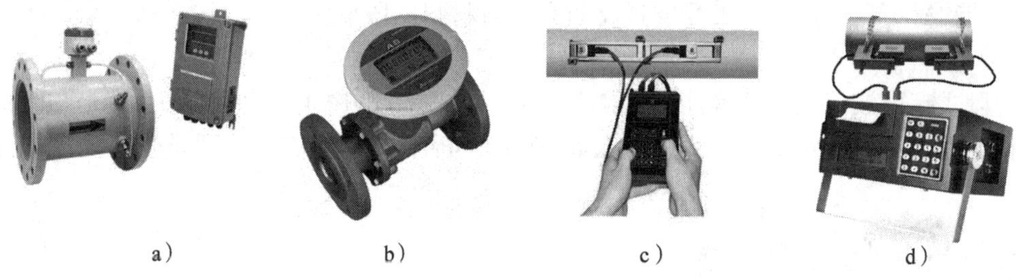

a）　b）　c）　d）

图 6-13　超声波流量计的类型

a）固定分体式　b）固定一体式　c）手持便携式　d）便携式

表 6-2　固定式超声波流量计和便携式超声波流量计的区别

类型	适用场合	供电方式	输出方式
固定式	安装在某一固定位置，对某一特定管道内流体的流量进行长期不间断的计量	要求长期连续运行，使用 220 V 交流电源供电	通常为 4～20 mA 单通道信号输出，供远端显示使用
便携式	具有很大的机动性，主要用于对不同管道的流体流量做临时性测量	既可以使用现场的交流电源，又备有内置充电电池，可以连续工作 5～10 h，方便于不同场合临时性流量测量的需要	用于现场查看当时的流量和短时间内的累积流量，一般无输出信号功能，但通常可以同时存储多个通道的参数，供随时调用

超声波流量计按照换能器的安装方式分类，可以分为外贴式、插入式、管段式三种类型，如图 6-14 所示。

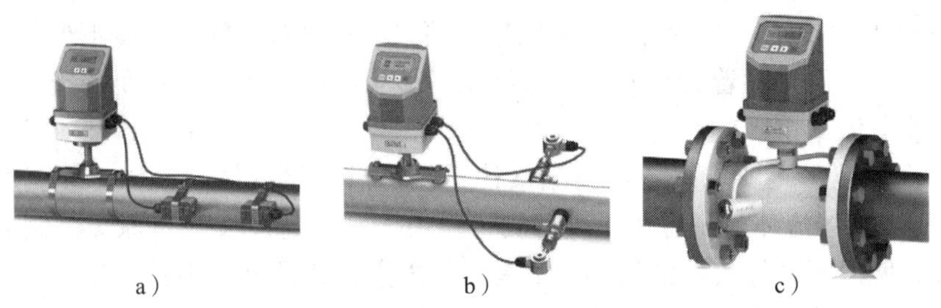

a） b） c）

图 6-14 超声波流量计的安装方式
a）外贴式 b）插入式 c）管段式

（1）外贴式

外贴式超声波流量计在安装换能器时无须管道断流，即贴即用，安装简单，使用方便，只用一套流量计就可测量不同口径管道内液体的流量，性价比高。

（2）插入式

插入式超声波流量计在安装时可以不断流，利用专门工具在管道上打孔，把换能器插入管道内，完成安装。由于换能器在管道内，其信号的发射、接收只经过被测介质，而不经过管壁和衬里，所以测量不受管道材质和管衬材料的限制。

（3）管段式

管段式超声波流量计把换能器和测量管组成一体，解决了某些管道无法测量的难题，测量精度也比其他超声波流量计高，但牺牲了不断流安装的优点，要求切开管道安装换能器。

四、超声波流量计的选择

选择超声波流量计，要在掌握常用超声波流量计的特点及适用场所、被测流体的性质、安装地点及对测量精度的要求的基础上进行。

1. 常用超声波流量计的适用场所

（1）多普勒式超声波流量计

这种流量计只能测量含有适量悬浮颗粒或气泡的流体，对被测介质要求较苛刻，即不能是洁净水，同时杂质含量要相对稳定，且不同厂家的仪表性能和要求也不完全一样。选择此类流量计时既要对被测介质心中有数，又要了解所选流量计的性能、精度和对介质的要求。

（2）便携式超声波流量计

便携式超声波流量计适用于临时性测量，主要用于校对管道上已安装的其他流量仪表的运行状态、进行某区域内的流体状况测试、检查管道的当时流量等，此时选用便携式超声波流量计既方便又经济。

（3）时差式超声波流量计

它主要用来测量洁净流体和杂质含量不高（杂质含量小于 10 g/L，粒径小于 1 mm）的均匀流体，如纯净水、污水等流量的计量，精度可达±1.5%FS（FS 为满量程输出值）。

（4）管段式超声波流量计

这种流量计的精度较高，可达到±0.5%FS，而且不受管道材质、衬里的限制，适用于流量测量精度要求较高的场合。但随着管径的增大，成本也会随之增加，因此，选用中小口径的管段式超声波流量计较为经济。

（5）插入式超声波流量计

如果有足够的安装空间，则使用插入式换能器代替外贴式换能器，可彻底消除管衬、结垢及管壁对超声波信号衰减的影响，测量稳定性更高，也大大减小了维护工作量，而且插入式换能器也可以实现不断流安装，因此其应用范围正在不断扩大。

2. 被测流体的性质

明确介质是水还是其他流体、其黏度系数是多少、透射超声波的能力如何、是否含气泡、固体微粒及其含量是多少等。

3. 流道条件及其对测量精度的要求

对于不同的流道如管道、管渠、明渠和河流应选择对应的流量计。对于长平直段的流道或对测量精度要求不高的场合，可选用较少声道数的流量计；明渠和大口径管道，当测量精度要求较高时，可选用多声道流量计。

此外，还应根据流量计的使用目的和功能要求选择合适的传感器，如用于固定流量监测或收费计量场合，要具有明确的测量精度、不因停电而消失的累积流量记录功能和连续运行能力，一般选用平行多声道或带标准测量管段的单声道超声波流量计，流量计存储单元具有停电后保持测量结果的能力；对测量精度要求不高、移动使用的超声波流量计，可选用带外贴式换能器的便携式流量计；用于压力管道漏水监测的超声波流量计，只要求有较好的相对测量精度，而不要求其绝对测量精度。

五、超声波流量计的使用

超声波流量计在使用中，需要注意以下几个方面的问题。

1. 正确选型

这是超声波流量计能够正常工作的基础。如果选型不当，会造成流量无法测量，或用户使用不便等后果。具体选型原则参照前面的介绍。

2. 合理安装

换能器安装不合理是超声波流量计不能正常工作的主要原因。安装换能器需要考虑位置和安装方式两个问题。确定位置时除保证留有足够的上、下游直管段外，还要特别注意换能器应尽量避开有变频调速器、电焊机等污染电源的场合。在安装方式上，主要有对贴式和 Z 方式、V 方式三种，如图 6-15 所示。多普勒式超声波流量计采用对贴式安装方式；时差式超声波流量计采用 V 方式和 Z 方式，通常情况下，管径小于 300 mm 时，采用 V 方式安装，管径大于 200 mm 时，采用 Z 方式安装。对于既可以用 V 方式安装又可以用 Z 方式安装的换能器，应尽量选用 Z 方式。实践表明，Z 方式安装的换能器超声波信号强度更高，测量的稳定性也更好。

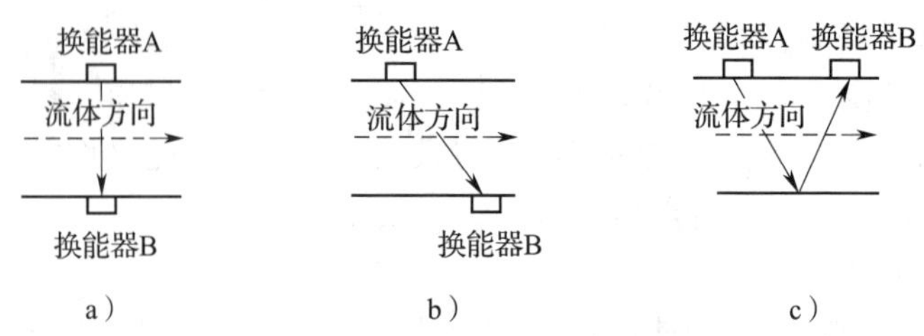

图 6-15　换能器的安装方式
a）对贴式　b）Z 方式　c）V 方式

3. 及时核校

对于现场安装固定式超声波流量计数量大、范围广的用户，可以配备一台同类型的便携式超声波流量计，用于核校现场仪表的情况。应坚持一装一校，即对每一台新装超声波流量计在安装调试时进行核校，确保选位好、安装好、测量准；另外，当在线运行的超声波流量计发生流量突变时，要利用便携式超声波流量计进行及时核校，查清流量突变的原因，弄清楚是仪表发生故障还是流量确实发生了变化。

4. 定期维护

与其他流量仪表相比，超声波流量计的维护量是比较小的。对于外贴式超声波流量计，安装以后无水压损失，无潜在漏水，只需定期检查换能器是否松动，与管道之间的黏合剂是否良好即可；对于插入式超声波流量计，要定期清理换能器上沉积的杂质、水垢等，检查有无漏水现象；如果是一体式超声波流量计，要检查流量计与管道之间的法兰连接是否良好，并考虑现场温度和湿度对其电子部件的影响等。定期维护可以确保超声波流量计的长期稳定运行。

知识应用

超声波流量计在管道流量监测中的应用

一、流量传感器选型

超声波流量计的特点较好地满足了输油管道泄漏检测与定位系统的开发和应用，并充分发挥了超声波流量计的性能特点。如果是临时测量，可以选择便携式超声波流量计；如果是长期使用，可以选择固定式超声波流量计。

二、传感器的安装方案

根据现场管道的特点和测量要求，有两种方案可供选择。

方案一：采用外贴式超声波流量计组建监测系统。优点是系统安装简单、工程量小、校准简便；因为不需要断流安装，对管道正常运行的影响小，投资较少；可以充分利用管道流量计量系统原有的流量计资源，只需换装或新增若干台超声波流量计及 1 台中央控制计算机就可以进行检测，具有较高的性价比。缺点是对安装调试的要求高，管道严重锈蚀和结垢对测量准确度的影响较大。

方案二：采用插入式超声波流量计组建监测系统。优点是工程量不是很大，也可以实现不断流安装，测量准确度高。运行时间在 10 年以上的管道最好采用插入式安装。

三、管道流量监测

在管道中安装流量监测系统，实时检测原油瞬态和累积流量。可以通过通信接口和微波设备将数据送到调度分析中心，最后进行数据的处理与分析，以完成流量监测功能，如图 6-16 所示。

为全面监测管道流体各状态指标，还可以选用智能超声波流量计，其结构框图如图 6-17 所示。智能传感器包括温度、流量、压力等传感器，其将检测的信号送入控制计算机，并通过通信模块传送到生产调度中心，从而实现管道首末端流量差的计算，必要时发出报警信号。

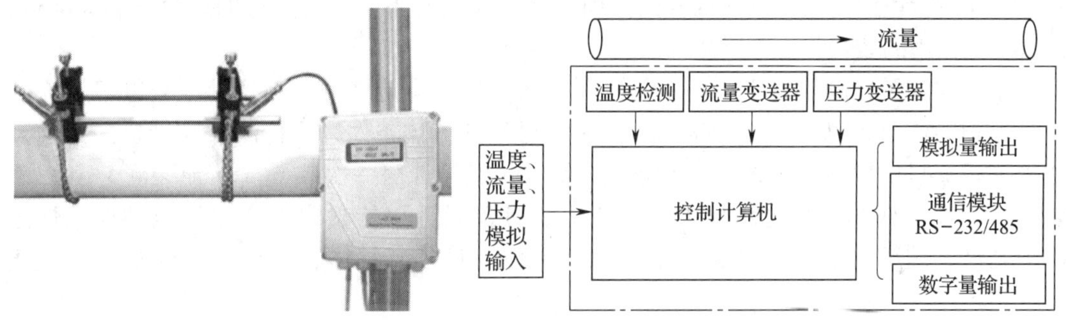

图 6-16　管道流量监测系统示意图　　　图 6-17　智能超声波流量计结构框图

课题三　差压式流量计

学习目标

◇了解差压式流量计的功能和组成。
◇了解差压式流量计的工作原理及主要特点。
◇熟悉差压式流量计的常见类型。
◇掌握差压式流量计的选取原则及使用注意事项。
◇能根据现场要求正确选择和安装差压式流量计。

知识引入

焦炉煤气是焦炭生产的副产物，在轧钢厂通常用作窑炉煤气燃烧器（图 6-18）的燃料。因焦炉煤气中含有萘、铵水合物和焦油等，在传输过程中会从气体中分离，在管道内壁和其他构件上凝结，造成焦炉煤气流量监测困难。针对该情况，测量时可选择结构简单、性能稳定、使用寿命长的差压式流量计。

图 6-18　窑炉煤气燃烧器

知识讲解

一、差压式流量计的功能和组成

流体在管道内流动时，突然遇到截面积变窄，而使压力显著降低的现象，称为节流，具有节流作用的装置称为节流装置。

差压式流量计顾名思义是使用差压传感器测量压力差来测量流量的，它是根据安装于管道中的流量检测件两端产生的压力差、已知的流体条件以及检测件与管道的几何尺寸来测量流量的仪表，如图 6-19 所示。差压式流量计由一次装置（节流装置）和二次装置（差压转换和流量显示仪表）组成。这种流量计以能量守恒定律和流动连续性定律为基准，用于测量封闭管道中单相稳定流体（液体、气体、蒸汽）的体积流量或质量流量。

传统的差压式流量计由节流装置、差压计、压力计和温度计等部分组成。孔板式差压流量计的节流装置由孔板和孔板夹持部分组成，其组成示意图如图 6-20 所示。

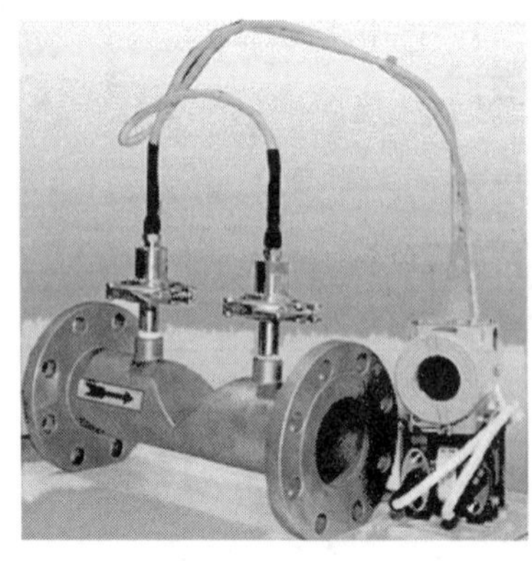

图 6-19　差压式流量计

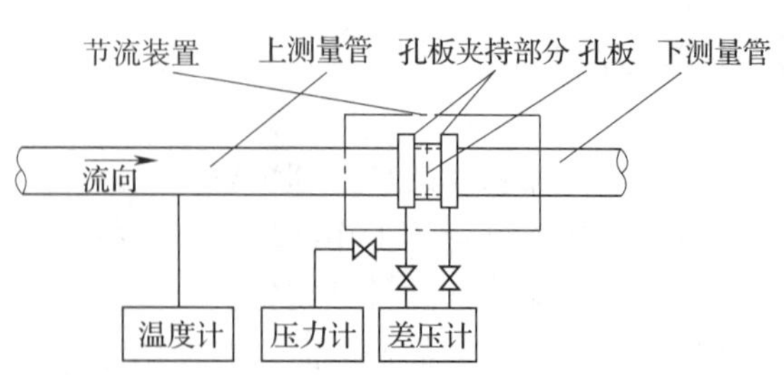

图 6-20　孔板式差压流量计的组成示意图

二、差压式流量计的工作原理及主要特点

1. 工作原理

当充满管道的流体流经管道内的节流装置时，将在节流装置处形成局部收缩，在节流装置前，流速降低，压力增大；在节流装置后，流速迅速增加，压力降低，于是在节流装置前后产生压差，流体流量越大，产生的压差越大。找到流量和压差的关系式，就可以用压差衡量流量的大小。

压差的大小除与流量密切相关外，还与其他许多因素有关。例如，当节流装置形式或管道内流体的物理性质（密度、黏度）不同时，在同样大小的流量下产生的压差也是不同的。因此，流量和压差的关系式是在一定条件下，针对某种节流装置得到的。为了避免对每款流量计进行实验标定，相关标准对常用流量计的节流装置及其取压方式、管道条件、测量范围、流量计算方法等设定了条件，如果这些条件均满足要求，流量与压差之间便有确定的数值关系，不必再进行实验标定。

2. 主要特点

（1）差压式流量计应用范围广泛。全部单相流体，包括液体、气体、蒸汽皆可测量，部分混相流体，如气固、气液、液固等也可应用，一般管径、工作状态（压力、温度）下皆有产品可供选用。

（2）该流量计的检测件与差压显示仪表可分开由不同生产厂家生产，它们的连接也非常灵活、方便，便于专业化形成规模经济。

（3）检测件（特别是标准型的）全世界通用，并得到国际标准组织的认可。

（4）差压式流量计还存在一些缺点，如测量的重复性、精确度在流量计中属中等水平，由于众多因素的影响，精确度提高比较困难；范围度窄，一般 3∶1 或 4∶1；现场安装条件要求较高，如需较长直管段长度（如孔板、喷嘴等），一般较难满足；检测元件与差压显示仪表之间的引压管线易产生泄漏、堵塞、冻结及信号失真等故障；压损大（如孔板、喷嘴等）。

三、差压式流量计的类型

差压式流量计的分类原则和具体类型见表 6-3。

表 6-3　差压式流量计的分类原则和具体类型

分类原则	具体类型
按产生差压的作用原理分类	节流式、动压头式、水力阻力式、离心式、动压增益式、射流式流量计等
按结构形式分类	标准孔板式、标准喷嘴式、经典文丘里管式、文丘里喷嘴式、V 型内锥式、1/4 圆孔板式、圆缺孔板式、偏心孔板式流量计等
按用途分类	标准式、低雷诺数式、脏污流式、低压损式、小管径式、宽范围度式、临界流式流量计等

1. 按产生差压的作用原理分类

（1）节流式：依据流体通过节流装置使部分压力能转变为动能而产生差压的原理工作，其减压节流检测件称为节流装置，节流式流量计是差压式流量计的主要品种。

（2）动压头式：依据动压转变为静压的原理工作，如均速管流量计。

（3）水力阻力式：依据流体阻力产生差压的原理工作，检测件为毛细管束。该流量计又称层流流量计，一般用于微小流量测量。

（4）离心式：依据弯曲管或环状管产生离心力而形成差压的原理工作，如弯管流量计、环形管流量计等。

（5）动压增益式：依据动压放大原理工作，如皮托-文丘里管流量计。

（6）射流式：依据流体射流撞击产生差压的原理工作，如射流式流量计。

2. 按结构形式分类

按结构形式分类主要是指按节流装置的结构分类，主要有标准孔板式、标准喷嘴式、经典文丘里管式、V 型内锥式流量计等类型。

（1）标准孔板式：又称同心直角边缘孔板，是测量流量的差压发生装置，如图 6-21 所示。标准孔板结构易于复制，简单、牢固，性能稳定、可靠，使用期长，价格低廉。标准型检测元件得到国际标准化组织和国际法制计量组织的认可，无须校准即可投用。

（2）标准喷嘴式：主要有 ISA 1932 喷嘴和长径喷嘴两类。

（3）经典文丘里管式：由四部分组成，一是入口段，1 个圆柱管；二是圆锥收缩段，1 个锥型段；三是圆筒形喉道，1 个短的直管段；四是圆锥扩散段，1 个稍微倾斜的管道，如图 6-22 所示。文丘里管的这种结构特点，使之在使用过程中不存在类似孔板节流件的锐缘磨蚀与积污问题，并能对节流管内流体速度分布进行有效的流动调整，实现高精确度与高稳定性的流量测量。文丘里流量计与孔板流量计相比有着明显的优势，其优点主要有精度高，压损小，耐磨损，使用寿命长，维护量小。

图 6-21　标准孔板

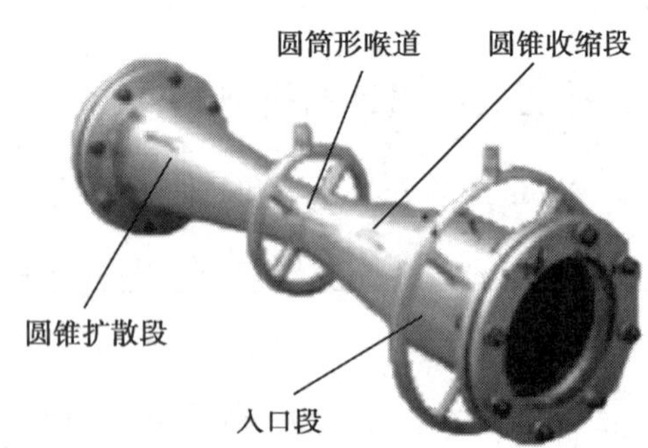

图 6-22　经典文丘里管式流量计

（4）V 型内锥式：是一种通过节流取差压以反映流量大小的流量计，如图 6-23 所示。节流件为一个悬挂在管道中央的锥形体，高压 p_1 取自锥体前流体未扰动的管壁（未形成节流，流体未加速）；低压 p_2 取自后锥体中央，并通过引压管引至管外，其差压 Δp 的平方根与流量成正比，计算方式与孔板、喷嘴等类似。由于V型圆锥节流体具有独特的整流和自清洁功能，使得内锥式流量计具有前后安装直管段更短、可自清洁（导压管不易堵塞）、压损小等优点。

此外，一体化差压式流量计得到越来越广泛的应用（图6-24）。它除具有传统节流装置的特点外，还可实现高精度、宽范围的流量测量；现场安装方便，可用电缆直接远传或就地指示，减少了管路过长或安装不准确带来的误差；具有方便的网络通信功能等。

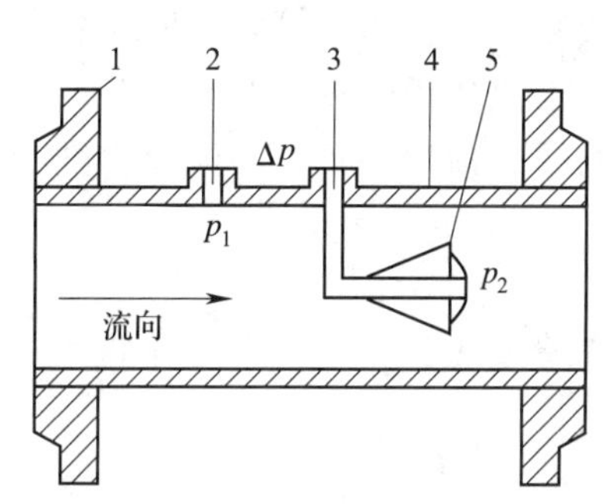

图6-23　V型内锥式流量计结构
1—法兰　2—高压取压口　3—低压取压口
4—管道　5—锥形体

图6-24　一体化差压式流量计

四、差压式流量计的选取原则

以孔板、喷嘴和文丘里管为代表的差压式流量计（统称标准节流装置）在流量领域已应用近百年，其优点是已标准化，结构简单、牢固，易于加工制造，价格低廉，通用性强。但是孔板、喷嘴等在测量性能和结构上存在着严重的缺陷，所以近百年来人们从未间断过对它们的研究和改善工作，但是由于先天结构上的缺陷，其本身固有的一些缺点至今仍然没能得到很好的解决。例如，流出系数不稳定，线性差，重复性不好，准确度不高，孔板入口锐角这个关键部位易磨损，前部易积污，量程比小，压力损失大，特别是十分苛刻的直管段要求在实际使用中很难满足等。

选用差压式流量计时考虑的因素主要有仪表性能、压力损失、安装条件、环境条件和经济因素。

1. 仪表性能

差压式流量计的主要性能指标包括精确度、重复性、线性度、流量范围和范围度。

标准节流装置规定有严格的使用范围，包括管径、节流件孔径、直径比、雷诺数范围、管壁粗糙度等，非标准节流装置的使用范围及其计算式应以实流校准为好。差压式流量计的精确度在很大程度上取决于现场的使用条件，除节流装置制造质量外，影响因素主要为流体的物性参数和流体的流动特性。整套流量计的精确度还取决于差压变送器和流量显示仪的精确度，其他参数的精确度不高而只采用高精度差压变送器并不起多大作用，应做全面估计以选择最佳方案。

2. 压力损失

差压式流量计的压力损失大是它的一个缺点，但不同结构间亦有差别。在同样的流量时，喷嘴的压损只为孔板压损的30%~50%。各种流量管（文丘里管、道尔管、罗洛斯管等）则是低压损的节流装置，它们的压损仅为孔板的20%，动压头式差压流量计（均速管流量计）更是以低压损著称。

3. 安装条件

要应用标准文件中规定的系数，必须让使用的节流装置与标准节流装置相似，现场的安装条件是达到相似的重要因素。在安装时节流件前后的必要直管段长度往往令选用者为难。在此情况下有以下方案可供选择：采用直管段长度要求较短的节流装置，如经典文丘里管或其他流量管；用实流校验方法确定现场条件下的流出系数，实流校验可以是在线的或离线的。

4. 环境条件

差压式流量计的差压变送器和流量显示仪两部分有微处理器和电子元器件，它们对环境条件的要求与一般电子仪表是一样的。

5. 经济因素

经济因素包括购置费、安装费、运行费、校验费、维护费和备品备件的费用。

五、差压式流量计的使用注意事项

一台差压式流量计能够可靠地运行、达到设计精确度要求，正确使用很重要，实际应用时应注意以下问题。

（1）差压式流量计标准规定的工作条件在现场完全满足比较困难，偏离标准规定是难免的，重要的是估计偏离的程度。建议进行适当的补偿（修正），否则会加大估计的测量误差。

（2）差压式流量计检测件节流装置安装于严酷的工作场所，长期运行后，管道或节流装置都会发生某些变化，如堵塞、结垢、磨损、腐蚀等。检测件依靠结构形状及尺寸保持信号的准确度，因此几何形状及尺寸的变化会带来附加误差。而且测量误差的变化并不能从信号中觉察到，因此定期检查检测件十分必要。可以根据测量介质的情况确定检查周期，周期长短应根据具体情况确定。

知识应用

差压式流量计在煤气燃烧器中的应用

焦炉煤气管道内壁会产生严重的积结，这势必会使得文丘里管、孔板和圆缺孔板等差压式流量计的节流装置不能进行有效、准确的流量测量；文丘里管或孔板的取压孔也可能被堵塞，从而使得差压的测量变得困难，甚至无法测量。

对此选用V型内锥式差压流量计（图6-25），如直径为150 mm、满刻度差压为110 mm水柱的流量计。由于内锥式差压流量计具有独特的锥形体元件，锥形体与流体相互作用，使锥形体上游的速度分布重新整形，不但创造了最佳的速度分布，而且产生出一个压力区间，阻止污染物的形成与积结。同时高压测量（取压）口也位于此压力区间，因此高压测量（取压）口能保持清洁而不被污染物堵塞。由于锥形体能在其周围及下游产生受控制的紊流区，在此区域能始终保持清洁而不被污染物积结，从而使低压测量（取压）口始终保持干净。

内锥式差压流量计的安装方式如图6-26所示，通过3个月的试运行，发现流量计性能良好，虽然气体是被严重污染的脏污气体，但锥形体表面没有磨损迹象，这种流量计的选用也保证了焦炉煤气流量数据的精确性。

图6-25　V型内锥式差压流量计

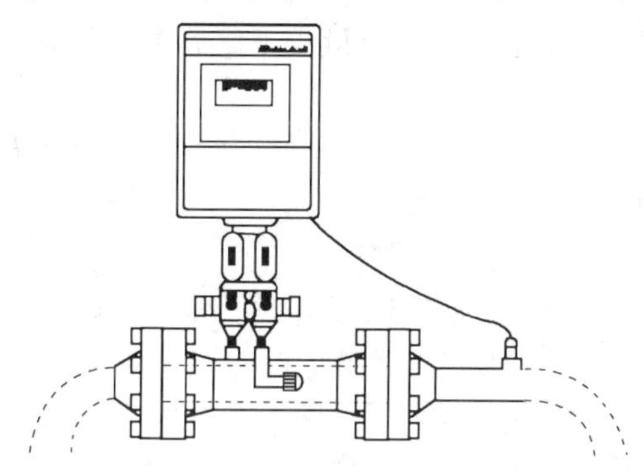

图6-26　内锥式差压流量计的安装方式

课题四　电磁流量计

学习目标

◇了解电磁流量计的工作原理和结构。
◇了解电磁流量计的特点和应用。
◇掌握电磁流量计的安装和使用要求。
◇能根据现场要求正确选择电磁流量计。

知识引入

图6-27　电磁流量计计量供水

自来水公司进、出厂水流量的计量既是水资源管理的重要环节，又是供水行业生存发展的关键。目前，我国城镇供水行业主要使用以电磁流量计为主的流量计进行流量计量，如图6-27所示，这类流量计有一系列优良特性，可以解决其他流量计不易应用的脏污流、腐蚀流的测量，因此各地自来水公司大量使用电磁流量计，且大量更新为智能化、高精度、多功能的流量仪表。

知识讲解

一、电磁流量计的工作原理和结构

1. 工作原理

电磁流量计是根据电磁感应定律，即导体在磁场中做切割磁力线运动时在其两端会产生感应电动势的规律制成的一种测量导电性液体的仪表。

如图 6-28 所示，导电性液体在垂直于磁场的非磁性测量管道内流动，与流动方向垂直的方向上会产生与流量成正比的感应电动势，该电动势的方向按“右手定则”判断，大小按下式计算：

$$E = KBvD$$

式中 K——仪表常数；

B——磁感应强度，T；

v——测量管道截面内的平均流速，m/s；

D——测量管道截面的内径，m。

其感应电压信号通过两个或两个以上与液体直接接触的电极检出，并通过电缆送至转换器，通过处理后送显示仪表显示，并转换成 4~20 mA 标准电流或 0~1 kHz 频率信号输出。

2. 结构

电磁流量计主要用于测量导电液体与浆液的瞬时流量与体积流量，由流量传感器和转换器两大部分组成。流量传感器一般由测量管组件、磁路系统、电极和干扰调整机构等部分组成。这类流量计的典型结构如图 6-29 所示。测量管上下装有励磁线圈，通入励磁电流后会产生穿过测量管的磁场。将一对电极安装在测量管的内壁上，与液体相接触，以便引出感应电动势，送到转换器中。产生励磁电流的电源也是由转换器提供的。

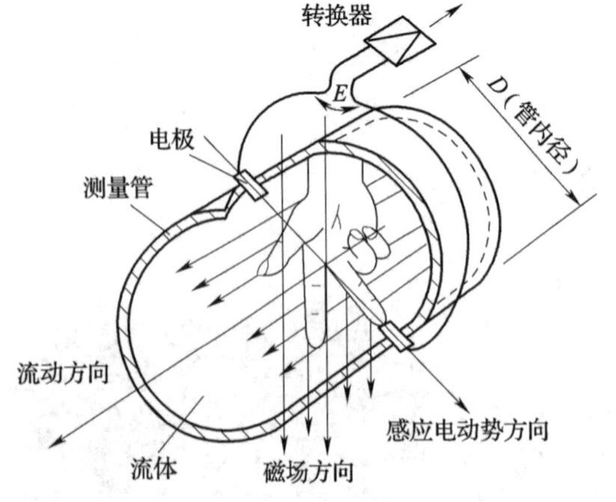

图 6-28 电磁流量计的工作原理

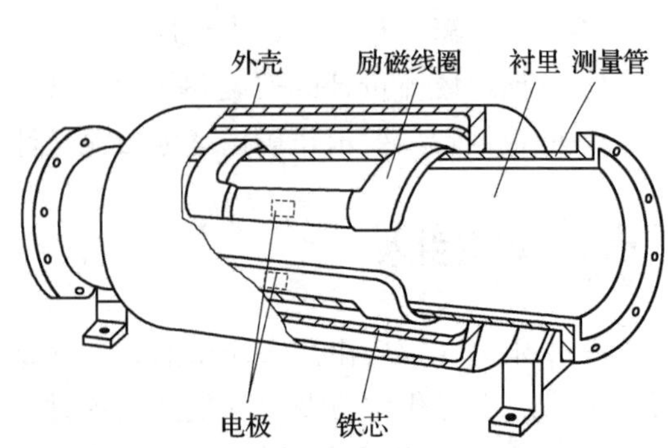

图 6-29 电磁流量计的典型结构

二、电磁流量计的特点和应用

1. 特点

(1) 优点

1) 无可动部件，可靠性高，长期稳定性好。

2) 无附加阻力，压力损失小，节能效果显著，对于大管径供水管道尤为适合。

3) 测量精确度高。典型产品当流体流速在 1 m/s 时，准确度可达±0.3%（读数的百分比）。

4) 测量范围度大。保证准确度的范围度一般可达 40∶1。

5) 测量管道是一段无阻流检测件的光滑直管，不易阻塞，适用于测量含有固体颗粒或纤维的流体，如纸浆、煤水浆、矿浆、泥浆和污水等。

6) 电磁流量计所测得的是体积流量，受流体密度、黏度、温度、压力和电导率（只要保证在某阈值之上）变化的影响不显著。

7) 对直管段要求低。一般要求上游为 5*D*、下游为 3*D*（*D* 为流量计公称内径），适合大口径管路测量。

8) 很多产品为双向测量系统，可进行正、反向总量和差值总量的测量。

9) 可应用于腐蚀性流体的测量。

(2) 缺点

1) 不能测量电导率很低的液体，如石油制品和有机溶剂等；不能测量气体、蒸汽和含有较多较大气泡的液体。

2) 通用型电磁流量计由于衬里材料和电气绝缘材料限制，不能用于较高温度的液体，在测量远低于室温的液体时可能因测量管外凝露（或霜）而破坏绝缘。

2. 应用

电磁流量计在多个行业都获得广泛应用，主要用于封闭管道中的导电液体和浆液的体积流量的测量。严格地说，除了高温流体之外，只要电导率大于 5 μS/cm 的任何流体都可以选用相应的电磁流量计，不导电的气体、油类、丙酮等物质不能选用电磁流量计来测量流量。

大口径电磁流量计多应用于给排水工程；中小口径电磁流量计常用于钢铁厂高炉冷却水的控制、造纸厂纸浆液的检测等高要求、难测量的场合；小口径、微小口径电磁流量计常用于医药、食品等有卫生要求的场所。

三、电磁流量计的安装和使用要求

1. 安装场所要求

通常电磁流量计对安装场所有以下要求。

(1) 测量混合流体时，应选择不会引起流体分离的场所；测量双组分液体时，避免安装在混合尚未均匀的下游；测量化学反应管道时，要安装在反应充分完成段的下游。

(2) 尽可能避免测量管内变成负压。

(3) 选择振动小的场所，特别对于一体式仪表。

（4）避免附近有大电动机、大变压器等，以免引起电磁干扰。

（5）选择易于实现传感器单独接地的场所。

（6）尽可能避开周围有高浓度腐蚀性气体的环境。

（7）环境温度应在-40~50 ℃范围内，一体式结构的流量计，其环境温度还受制于电子元器件，范围要更窄些。环境相对湿度应在10%~90%范围内。

（8）尽可能避免阳光直照，避免雨水浸淋，保证流量计不会被水浸没。

2. 直管段长度要求

为获得正常测量精确度，电磁流量计上游也要有一定长度的直管段，但其长度与大部分其他流量仪表相比要求较低。安装的管道中如有90°弯头、T形管、同心异径管、全开闸阀，通常认为有要离电极中心线（不是传感器进口端连接面）5倍直径（5*D*）长度的直管段，不同开度的阀则需10*D*的通管段；下游直管段为（2~3）*D*或无要求。各标准或检定规程所提出的上下游直管段长度也不完全一致。

3. 安装位置和流动方向要求

传感器安装方向水平、垂直或倾斜均可，不受限制，但测量固、液混合流体时最好垂直安装，使流体相对传感器自下而上流动，以避免水平安装时衬里下半部分局部磨损严重、低流速时固体沉淀等缺点。

水平安装时要使电极轴线平行于地平线，不要垂直于地平线，因为处于底部的电极易被沉积物覆盖，顶部电极易被液体中的气泡遮住电极表面，使输出信号产生波动。图6-30所示管系中，a、b、e为不宜位置。因为a处位于泵后的上升处，易积聚气体，b处位于管道下落段，液体可能无法充满管道，e处位于上升转弯处，易积聚气体，且e处传感器后端平稳管段过短。c、d处管道前后平稳，为适宜位置。

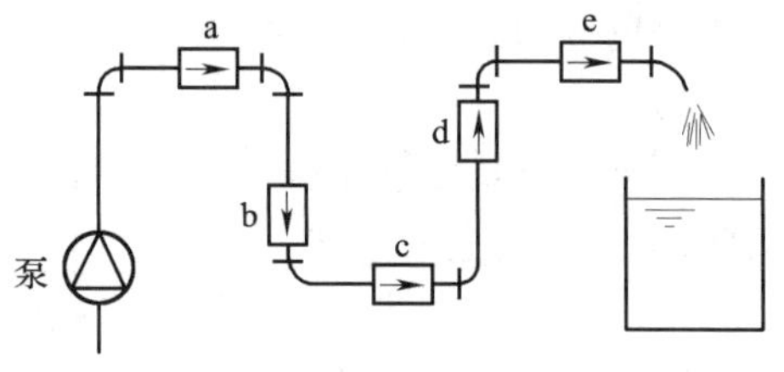

图6-30　传感器安装位置

a、b、e—不宜　c、d—适宜

4. 接地要求

电磁流量计的信号比较微弱，在满量程时，只有2.5~8 mV，流量很小时输出仅有几微伏，外界略有干扰就能影响测量的精度。因此，传感器与变送器的外壳、屏蔽线、测量导管都要接地，并要求单独设置接地点。

知识应用

电磁流量计在供水计量中的应用

一、供水计量对流量计的要求

自来水公司进、出厂水计量所使用的流量计与其他领域所使用的流量计相比有其特殊的要求，具体如下。

（1）流量计的口径比较大，一般大于 DN 1 000 mm，国内使用的最大口径达到 DN 3 000 mm。

（2）水的流量较大，一般为每小时数千到几万立方米。

（3）为满足供水损失率的要求，对流量计的计量准确度要求较高，一般应优于 ±0.5%，甚至达到±0.3%。

（4）因为空间所限，流量计的安装位置对直管段的要求不能过高。

（5）应尽量具备高度智能化和网络化的特点。

二、供水行业电磁流量计的选型

在供水行业选用什么种类的电磁流量计，应根据流体的性质来决定，要使所选流量计的通径、流量范围、衬里材料、电极材料和输出电流等适应流体的性质和流量的要求。

1. 流量计口径的确定

流量计使用流速最好在 0.3～15 m/s 范围内，此时可选择与用户管道口径一致的流量计。使用流速低于 0.3 m/s 时最好在仪表部位局部提高流速，如采用缩管方式。异径管的中心锥角不大于 15°时可视为直管段的一部分。

2. 一体式或分离式的选择

供水流量测量中，在现场环境较好的情况下一般都选用一体式电磁流量计，如图 6-31 所示，即将传感器和转换器组装成一体，以方便使用。

图 6-31　一体式电磁流量计

知识链接

流量传感器的类型和选型中应考虑的因素

一、流量传感器的类型

1. 流量的种类

流量主要有体积流量、质量流量、能量流量等。

（1）体积流量是指单位时间内流过管道或设备某横截面的流体体积。体积流量的单位为 m^3/s（米³/秒）、m^3/h（米³/小时）或 m^3/d（米³/天）。

（2）质量流量是指单位时间内流过管道或设备某横截面的流体质量，单位为 kg/s（千克/秒）。

（3）能量流量是指单位时间内流过管道或设备某横截面的流体能量，单位为 J/s（焦耳/秒）。

各种流量计往往根据不同的工作原理和测量介质确定计量对象，如涡轮流量计、涡街流量计、电磁流量计等常采用体积流量计量，而科里奥利质量流量计、热式质量流量计等常采用质量流量计量。

2. 常用的流量传感器

按测量对象不同，常用的流量传感器可分为封闭管道流量计和明渠流量计；按输出信号不同，可分为脉冲频率型流量计和模拟输出型流量计；按测量原理不同，可分为差压式流量计、速度式流量计、容积式流量计和质量流量计等。

（1）差压式流量计（图 6-32a）

差压式流量计是通过测量安装节流件后的流体中管道不同位置间产生的压差，来间接确定流体流量的传感器，如孔板流量计、文丘里流量计、转子流量计、阿牛巴流量计（又称笛形均速管流量计或托巴管流量计）。

（2）速度式流量计（图 6-32b）

速度式流量计是利用测量管道内部流体速度的大小来测量流体流量的传感器的统称。特点是直接测量流体的流速，测量范围较宽，结构简单，输出为脉冲频率信号，便于总量测量和与计算机连接。常用的速度式流量计有涡轮流量计、涡街流量计、超声波流量计等。

（3）容积式流量计（图 6-32c）

容积式流量计是利用标准容积连续地定排量测量后，根据标准容积的容积值和连续测量次数求得累积流量的传感器，特别适合高黏度液体的流量测量。常用的容积式流量计有椭圆齿轮流量计、刮板流量计、旋转活塞流量计等。

（4）质量流量计（图 6-32d）

质量流量计是直接或单一测量并显示质量流量的流量传感器，有直接式、间接式、补偿式三类。直接式质量流量计有热式、双孔板、双涡轮、科里奥利流量计等；间接式质量流量计是通过测量流体的流速和密度，由运算器得到质量流量的；补偿式质量流量计是利用流体与温度压力的关系，用补偿方式消除流体密度变化的影响，进而得到质量流量的。

a）　　b）　　c）　　d）

图 6-32　常用的流量传感器

a）差压式流量计　b）速度式流量计　c）容积式流量计　d）质量流量计

（5）其他流量传感器

其他流量传感器有电磁流量计、弯管流量计、热风速流量计、激光流量计等。每种流量传感器产品都有特定的适用范围，需要结合测量介质和工况条件才可以发挥正确的作用。

二、流量传感器选型中应考虑的因素

合理选择和使用流量传感器，需要考虑其技术参数、流体特性、安装条件、环境条件和经济性等因素。

1. 技术参数

技术参数也称为仪表的测量特性，包括静态参数和动态参数。静态参数主要包括以下内容。

（1）流量范围

流量范围是指流量传感器可测的最大流量与最小流量的范围。正常使用条件下该范围内的测量误差不应超过允许值。流量范围也常用量程比（范围度）表示，即一定准确度范围内，最大流量与最小流量之比。

（2）准确度（精确度）

精确度用以表征测量结果与被测量真值间的吻合程度。工程测量中，常用%FS（满量程误差或引用误差，即相对误差与测量上限的百分数）和%RD（示值相对误差，即相对误差与被测量值的百分数）表示。

（3）重复性

重复性是指环境条件、介质参数不变时，对同一流量值多次测量所得结果的一致程度。工业过程控制中重复性与准确度一样是重要的指标，但二者含义并不相同，准确度是指测量值与真值间的偏差，而重复性则用以表明测量值的分散程度。

（4）线性度

线性度是指整个流量范围内的流量特性曲线与规定直线之间的一致程度。

（5）稳定性

稳定性是指在规定工作条件内，流量传感器的某些性能随时间保持不变的能力，是评价流量装置性能优劣的一项重要参数。

此外还有灵敏度、压力损失、输出信号等特性参数。

动态参数中最典型的是响应时间，是指输出信号随流量参数变化而做出反应的时间，可用于表征控制系统的快速性。

2. 流体特性

流体特性即流体的物理性质，对流量测量的准确度及流量传感器选用有较大影响，主要物性参数如下。

（1）流体类型

流体类型是指流量测量对象的类型，如液体、气体、蒸汽等。有些流量传感器（如电磁流量计）不能测量气体，而插入式热流量计则不能测量液体。

（2）黏性

黏性是指流体本身阻止其质点发生相对滑移的性质，流体黏性的大小常用黏度来度量（又分为动力黏度和运动黏度），黏度随流体温度和压力不同而变化。流体黏性大小会影响传感器的选型，如黏性大的液体宜用容积式流量计，不宜选用涡轮、转子、涡街等流量计。

温度、压力、密度等也是选择传感器时的重要参数，对于气体还应了解其体积流量是工作状态还是标准状态。

3. 安装条件

安装条件中需要考虑的因素包括管道布置方向，流动方向，检测件上下游侧、直管段长度，管道口径，维修空间，电源，接地条件，辅助设备（过滤器、消气器），脉动情况等。

4. 环境条件

环境条件包括环境温度、湿度，电磁干扰，安全性、防爆性，管道振动，腐蚀、结垢、脏污情况等。环境恶劣的应用条件，不宜选用有转动件及检测件的传感器，即使对于超声波、电磁流量计，也会因管道腐蚀带来测量误差。

5. 经济性

经济性包括仪表购置费、安装费、运行费、校验费、维修费、仪表使用寿命、备品备件费用等。

模块七 图像检测

视觉获取的信息占人类所能获得信息总量的80%以上，作为视觉的延伸，图像检测（图7-1）在工业、农业和日常生活中发挥着越来越重要的作用。数码技术、半导体制造技术及网络技术的迅猛发展，使得以图像传感器为核心的图像检测技术日新月异，并通过与跨平台的视频、影音、通信技术整合，为人类未来生活勾勒出更加美好的景象。

a）

b）

图7-1 图像检测实例
a）小包装外观质量在线检测 b）数码相机

课题一 固态图像传感器

学习目标

◇了解图像检测的基本知识。
◇掌握固态图像传感器的分类、原理、结构和功能特点。
◇了解视觉传感器和智能视觉检测的基本知识。
◇能根据需求正确选用固态图像传感器。

知识引入

市场上琳琅满目的数码产品中，无论是小巧迷你的手机摄像头，还是功能齐全的数码相机，都是一套完整的图像检测系统，都能够感受外界图像传递过来的光线，利用转换电路将其转换成数字信号，再经加工处理后得到清晰的图像。

数码相机以其出色的拍摄效果和方便的图像处理将人们带入了电子相册时代。在数码相机的结构中，作为感官的图像传感器起到至关重要的作用。

知识讲解

一、图像检测基本知识

1. 光电效应

人眼会将获得的信息传入大脑，由大脑结合人类知识经验分析并处理信息，完成信息图像记录。光照射在物体上会产生一系列物理或化学效应，如光合作用、人眼的感光效应、取暖时的光热效应等，通常把光照射到某个物体上，物体吸收光的能量而发生相应电效应的物理现象称为光电效应（模块二的课题四已讲解）。

光电效应是图像检测的基础。当光照射到被测目标时，与相机类似，经透镜等成像照射至图像传感器，图像传感器能够感受到摄取目标图像的分布和亮度、颜色等信息，转换电路将这些信息转换成数字信号，通过信息处理系统实现图像记录功能。

2. 图像检测系统的组成

图像检测系统是采用图像传感器摄取图像的相关信息，利用转换电路将其转换为数字信号，再用计算机软、硬件对信号进行处理，得到需要的最终图像或通过识别、计算后获取进一步信息的检测系统，其组成如图 7-2 所示。作为“光→电”转换关键环节的图像传感器，无疑在其中扮演着重要的角色。

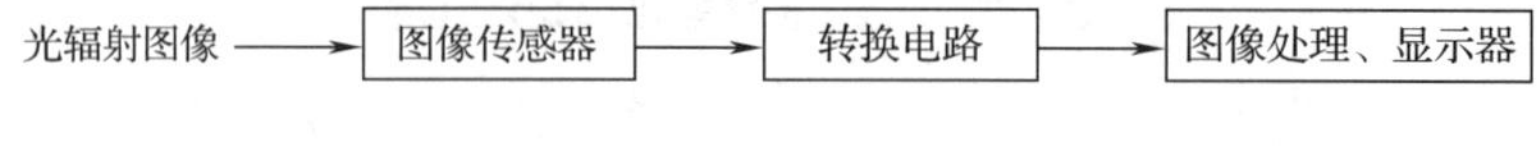

图 7-2　图像检测系统的组成

3. 图像传感器

图像传感器是利用光敏元器件的光电转换功能，将光敏元器件感光面上感受到的光线图像转换为成一定比例关系的电信号并做相应处理后输出的功能器件，它能够实现图像信息的获取、转换和视觉功能的扩展。随着图像检测对图像传感器要求的增强和专门化，图像传感器的结构和功能呈现出较大差别，既有结构简单、芯片级的固态图像传感器，又有功能完善、应用级的光纤图像、红外线图像传感器以及机器视觉传感器等。

二、固态图像传感器

固态图像传感器是数码相机、数码摄像机的关键零件，因常用于摄像领域，又被称为摄像管，如图 7-3 所示。它在工业测控、字符阅读、图像识别、医疗仪器等方面得到广泛应用。

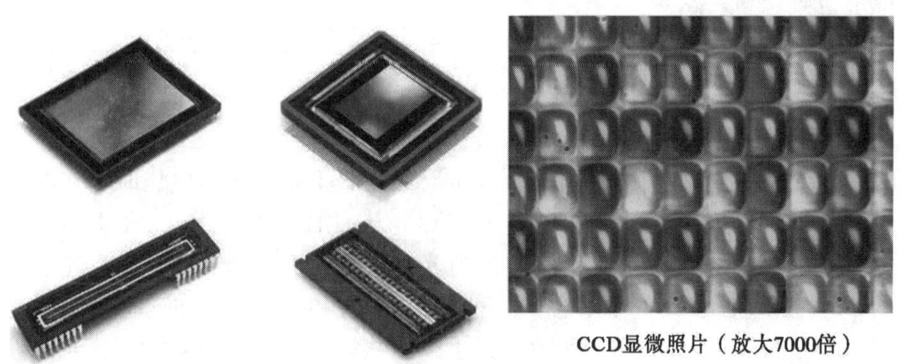

图 7-3 固态图像传感器

固态图像传感器具有两个基本功能：一是具有把光信号转换为电信号的功能；二是具有将平面图像上的像素进行点阵取样，并将其按时间取出的扫描功能。固态图像传感器目前主要分为电荷耦合式图像传感器（CCD 图像传感器）、CMOS 图像传感器和接触式影像传感器（CIS）三类，其中前两种类型占据市场主流。

1. CCD 图像传感器

CCD 图像传感器一般指 CCD 感光元件，又称为电荷耦合元件。CCD 图像传感器是一种半导体器件，能够把光学影像转换为数字信号，是一种在大规模集成电路技术发展的基础上产生的，具有存储、转移并读出信号电荷功能的半导体功能器件，其外形如图 7-4 所示。这种传感器可分为线型与面型两种，前者应用于影像扫描器及传真机上，后者则主要应用于数码相机（DSC）、摄录影机、监控摄影机等影像输入产品中。两种类型的组成单元都是电荷耦合元件。

（1）MOS 电容

MOS 电容是电荷耦合元件的基本组成部分。一般在半导体硅片上制有几百、甚至上千个相互独立的 MOS 电容，它们按线阵或面阵有规则地排列，组成 CCD 图像传感器。日常所说的像素是指构成图像中的最小单位。图像是由很多色点拼凑形成的，将图片在计算机上放大后，可以看见许多小方块，每一个小方块点就是像素，在 CCD 图像传感器中一个像素就是一个 MOS 电容。

图 7-5 所示为 MOS 电容的结构，它是在 P 型半导体基片上形成一层氧化物，在氧化物上再沉积一层金属电极，从而形成金属电极-氧化物-半导体的结构，即 MOS 电容。

图 7-4　CCD 图像传感器

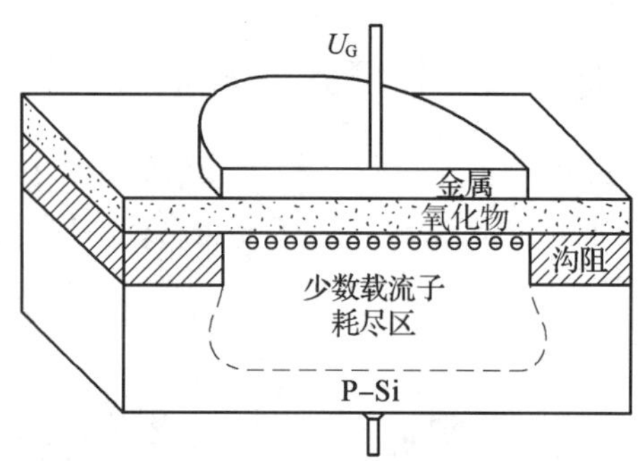

图 7-5　MOS 电容的结构

因 P 型半导体中空穴是多数载流子，当向金属电极上施加正向电压时，在电场力作用下，电极下面的 P 型半导体区域中的空穴被赶尽，从而形成耗尽区。对带电粒子而言，耗尽区是一个势能很低的区域——势阱。如果有光线入射到半导体硅片上，在光线中能量的激发下，硅片上会形成电子（光生电子）和空穴。光生电子被附近的势阱所吸收，空穴则被电场排斥出耗尽区。因为势阱内吸收的光生电子数量与入射到势阱附近的光照强度成正比，通常又称这种 MOS 电容为 MOS 光敏电容，或称像素。因半导体硅片上制有几百、甚至上千个相互独立的 MOS 电容，它们按线阵或面阵有规则地排列，如果在金属电极上施加一正电压，则在该半导体硅片上就形成很多相互独立的势阱。当照射在这些电容上的是一幅明暗起伏的图像时，则在这些电容上就会感应出与光照强度相对应的光生电荷，这就是电荷耦合元件光电效应的基本原理。

读出移位实质上是势阱中电荷转移输出的过程。读出移位寄存器的结构如图 7-6 所示，在半导体的底部覆盖一层遮光层，以防止外来光线的干扰，上部由三个邻近的电极组成一个耦合单元。当在 CCD 芯片上设置扫描电路时，它能在外加时钟脉冲的控制下产生三相时序的脉冲信号，从左到右，由上而下，将存储在整个平面阵列中的电荷耦合元件势阱中的电荷逐位、逐行地以串行脉冲信号的方式输出，转换为数字信号存储，或者输入视频显示器显示出原始的图像。

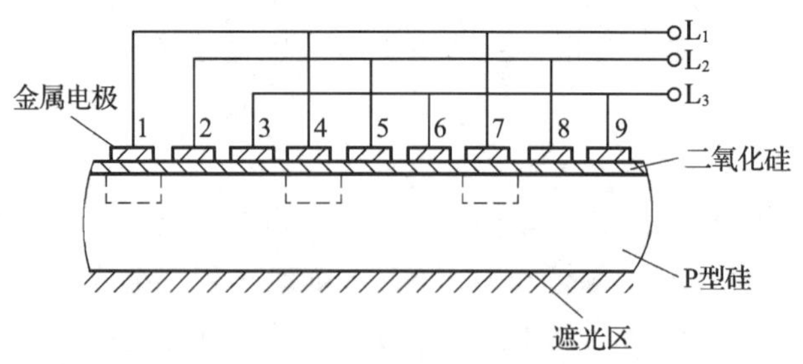

图 7-6　读出移位寄存器的结构

电荷耦合元件在 CCD 图像传感器和模拟信号处理方面有很好的应用价值。

（2）CCD 图像传感器的结构及类型

MOS 电容在光照情况下产生光生电荷，在三相时序脉冲的控制下转移输出的结构实质上是一种电荷耦合元件与移位寄存器合二为一的结构，称为光积蓄式结构。这种结构最简单，但容易产生“拖尾”现象，图像模糊不清，同时灵敏度较低。因此，现在 CCD 图像传感器上更多采用电荷耦合元件与移位寄存器分离的方式。这种结构用光敏二极管阵列作为感光元件。光敏二极管在受到光照时，产生对应于入射光量的电荷，经电注入法引入 CCD 敏感元件阵列的势阱中，便成为用光敏二极管感光的 CCD 图像传感器。它的灵敏度高，在低照度下也能获得清晰的图像，强光下不会烧伤感光面。

按照扫描方式的不同可以将 CCD 图像传感器分为线阵 CCD 图像传感器（一维 CCD）和面阵 CCD 图像传感器（二维 CCD）。前者可以直接将接收到的一维光信号转换为时序的电信号输出，获得一维的图像信号，它对匀速运动物体进行扫描成像非常方便，扫描仪、传真机等采用这种传感器。面阵 CCD 图像传感器则可以将二维图像直接转变为视频信号输出，它是由若干行线阵 CCD 排列在一起组成的，有行转移、帧转移和行间转移方式等多种类型。

（3）CCD 图像传感器的选择

CCD 图像传感器在选择时主要考虑的因素如下。

1）采样频率的选择。根据采样定理，若已知图像的最大空间频率为 k（线/mm），则采样频率应大于 $2k$。

例如，已知 $k=40$ 线/mm，则采样频率>80 线/mm，即采样尺寸 = 1/80 mm = 12.5 μm（分辨率）。

2）合理选择动态特性，保证转换后的图像不失真。若 CCD 的动态响应截止频率为 f，则所测量的图像光强随时间变化的频率不能大于 $2f$。

2. CMOS 图像传感器

（1）CMOS 图像传感器的原理、结构及类型

CMOS 和 CCD 图像传感器使用相同的光敏材料，受光后产生电子的原理相同，并且具有相同的灵敏度和光谱特性。但是，在 CMOS 图像传感器中，势阱中积聚的电荷不是通过移位寄存器读出的，而是立即被 MOS 电容中的放大器检测到，通过直接寻址方式读出信号。它的主要优势是成本低，功耗低，数字接口简单，且通过系统集成可实现小型化和智能化。

CMOS 图像传感器的芯片一般由光敏像素阵列、行选通译码器、列选通译码器、定时与控制电路、模拟信号处理器、列平行模/数转换器（ADC）、存储器与读出译码器等构成，如图 7-7 所示。

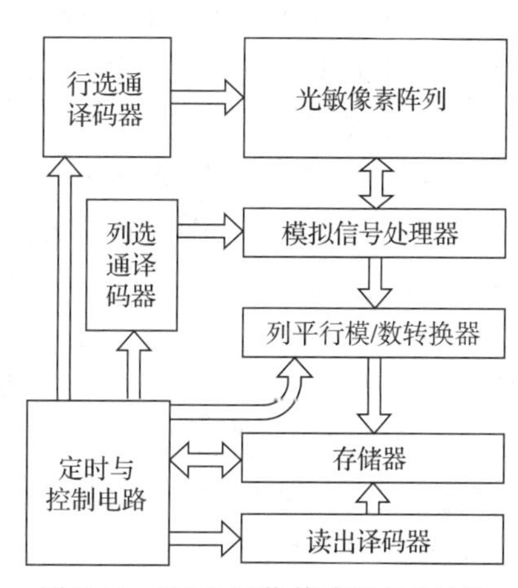

图 7-7 CMOS 图像传感器芯片结构

根据工作原理不同，CMOS 图像传感器主要分为两种类型：无源像素图像传感器（PPS）和有源像素图像传感器（APS）。有源像素图像传感器比无源像素图像传感器有更多的优点，如读出噪声低、读出速度快和能在大型阵列中工作等。

（2）CMOS 图像传感器的主要技术参数

CMOS 图像传感器的暂态读噪声、固定模式噪

声和传感器的感光速度对图像质量有严重影响，因而也影响图像输出显示和打印的效果。

暂态读噪声是与时间无关的信号电平随机波动，它由基本噪声和电路噪声源产生。固定模式噪声是指非暂态空间噪声，产生原因包括像素和色彩滤波器之间的不匹配、列放大器的波动、可编程增益放大器和模/数转换器之间的不匹配等。CMOS 图像传感器的感光速度是由满足给定信噪比的图像质量所需要的曝光等级值估计得到的。

3. 固态图像传感器的比较

CCD 图像传感器一般被认为具有以下优点。

（1）高分辨率：像素大小为 μm 级，可感测及识别精细物体，提高影像品质。

（2）高灵敏度：具有很低的读出噪声和暗电流噪声，信噪比高，从而具有高灵敏度。

（3）动态范围广：可同时感知及分辨强光和弱光，提高系统环境的使用范围。

（4）线性良好：入射光源强度和输出信号大小成良好的正比关系，降低了信号补偿处理的成本。

（5）大面积感光：利用半导体技术已可制造大面积的 CCD 晶片。

（6）低影像失真：使用 CCD 图像传感器，其影像处理不会有失真的情形，可真实反映原始图像。

但是这种传感器的缺点也很明显，表现在 CCD 图像传感器不能提供随机访问，影响了成像速度；需要复杂的时钟芯片，制造成本高；辅助功能电路难以与 CCD 集成到一块芯片上，造成 CCD 图像传感器大多需要三种电源供电，功耗大，体积大。

与 CCD 图像传感器相比，CMOS 图像传感器具有以下优点。

（1）系统集成度高：能在同一个芯片上集成各种信号和图像处理模块，如运算放大器、模/数转换器、彩色处理和数据压缩电路、计算机 I/O 接口等，形成单片数字成像系统。

（2）功耗低：只需单一电压供电，静态功耗几乎为零，其功耗仅相当于 CCD 功耗的 1/8，有利于延长便携式、机载或星载电子设备的使用时间。

（3）成像速度快：CCD 图像传感器采用串行连续扫描的工作方式，必须一次性读出整行或整列的像素值，而 CMOS 图像传感器可以在每个像素扫描的基础上同时进行信号放大，成像速度更快。

（4）响应范围宽：CMOS 图像传感芯片除了可见光外，对红外线等非可见光波也有反应。在 890~980 nm 范围内其灵敏度比 CCD 图像传感芯片的灵敏度要高出许多，随波长增加而衰减的速度也慢一些。

（5）抗辐射性强：由于 CCD 图像传感器的像素由 MOS 电容构成，电荷激发的量子效应易受辐射线的影响，而 CMOS 图像传感器的像素由光电二极管或光栅构成，抗辐射能力比 CCD 图像传感器高数十倍。

（6）成本低：CMOS 图像传感器制造成本低，结构简单，成品率高。

由于 CCD 存在一些技术上无法克服的缺点，且随着 CMOS 工艺和大规模集成电路的发展，因此，CMOS 图像传感器逐渐成为图像显示领域的研究热点。

三、视觉传感器

作为一种应用级的产品，视觉传感器是固态图像传感器成像技术和 Framework 软件结合的产物，它可以识别条形码和任意 OCR 字符，其外形如图 7-8 所示。作为一个独立的视觉系统，它不需要任何计算机或分离型处理器，可选配集成光源和独立的镜头结构，便于安装在狭小的空间，而且能够覆盖大范围的检测。因为具有 35 万~130 万像素的高分辨率，无论距离远近，视觉传感器都能“看到”细腻的目标图像。捕获图像后，视觉传感器能将其与内存中存储的基准图像比较而做出分析判断。

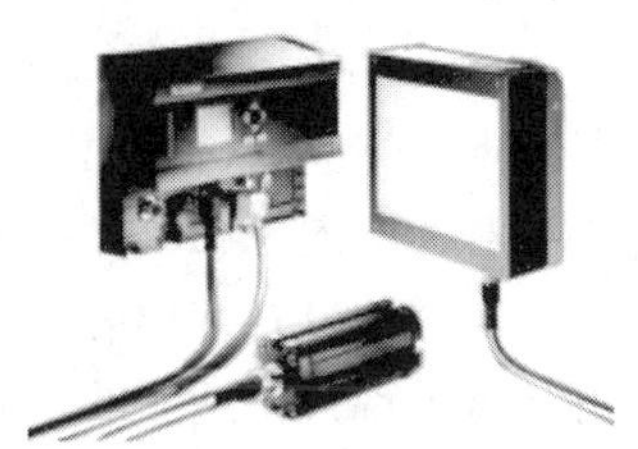

图 7-8 视觉传感器

与传统的光电传感器相比，视觉传感器赋予机器设计者更大的灵活性。光电传感器包含一个光传感元件，而视觉传感器具有从一整幅图像捕获光线的数以千计像素的能力。以往需要多个光电传感器才能完成的工作，现在可以用一个视觉传感器来完成。它能够检验大得多的面积，并实现了更佳的目标位置和方向灵活性。这使视觉传感器在某些只有依靠光电传感器才能解决的应用中受到广泛欢迎。下面用一个例子对其应用进行说明。

图 7-9 所示为烟草包装生产线，它的自动化程度很高，机器包装好的烟盒以 500 盒/分钟的速度经传送带输出。

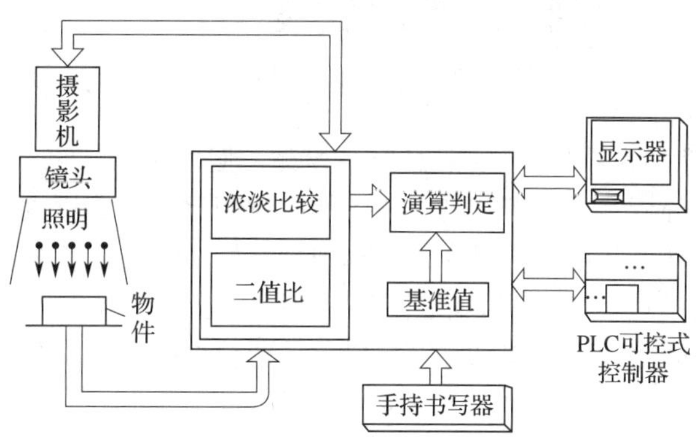

图 7-9 烟草包装生产线

该检测系统中选用了欧姆龙公司的 F150 视觉传感器，其主要性能指标是：像素为 512×480，可以记录 16 个不同物件的标准画面，存储 23 个画面不合格物件图像，即可以确定 23 种不合格的情况，便于在生产中做出比较和反馈；图像处理采用二值化方法；数据及图像的存储通过 RS-232 接口与 PC 相连；摄影机和照明装置为 F150-SL20/50 型，其中摄影机部分为 1/3 寸 CCD 个体摄像元件，带智能照明，脉冲发光（即频闪），电子快门有 1/100 s、1/500 s、1/2 000 s、1/10 000 s 多种选择；检测范围为 50 mm×50 mm，设定距离为 16.5~26.5 mm。由于目前大多数同类生产线还是采用人工筛选包装不合格的产品，如果用上图所示的视觉传感器取代人工进行在线检测，不仅可以减轻工人的劳动强度，而且能减少次品，大大提高生产效率。

四、智能视觉检测

1. 计算机视觉检测

计算机视觉检测技术是建立在计算机视觉研究基础上的一门新兴检测技术。它利用计算机视觉研究成果，采用图像传感器来实现对被测物体的尺寸及空间位置的三维测量，由计算机对标准图像和故障图像进行比对，或直接从图像中提取信息，根据判别结果控制设备动作。这种方式常作为计算机辅助质量系统的信息来源，或者和其他控制系统集成，能较好地满足现代制造业的发展需求。这种基于视觉传感器的智能检测系统具有抗干扰能力强、效率高、组成简单等优点，非常适合生产现场的在线、非接触检测及监控。图 7-10 所示为计算机视觉检测系统。

图 7-10　计算机视觉检测系统

目前这种检测技术的应用领域主要是质量检测、医学辅助诊断、机器人的手眼系统、精确制导、三维形状分析与识别等。与一般图像检测相比，计算机视觉检测技术更强调精度和速度，以及工业现场环境下的可靠性。利用计算机视觉技术来检测产品的质量，能够代替人眼在高速、大批量、连续自动化生产流水线上进行在线检测，具有测量过程非接触，迅速、方便，可视化，自动识别，结果量化，定位准确，自动化程度高等优点，典型应用如邮政自动分拣系统。

2. 机器人视觉检测

机器人视觉检测系统一般指与机器人配合使用的工业视觉检测系统。把视觉检测系统引入机器人以后，可以极大地扩提高机器人的使用性能，使机器人在完成指定任务的过程中具有更好的适应性。机器人视觉检测系统除要求价格合理外，还有对目标的辨别能力、实时性、可靠性等方面的要求。视觉传感器是视觉检测系统的核心，既要容纳进行轮廓测量的各种光学、机械、电子、敏感器等各方面的元器件，又要体积小、质量轻。视觉传感器通常包括激光器、扫描电动机及扫描机构、角度传感器、线性图像传感器及其驱动板和各种光学组件。可以看出，机器人视觉传感器是图像传感器和机电、光学设备的综合部件。机器人视觉传感器是非接触型的，它是电视摄像机等技术的综合，是机器人众多传感器中最稳定的传感器。

图 7-11 所示为机器人视觉检测系统。

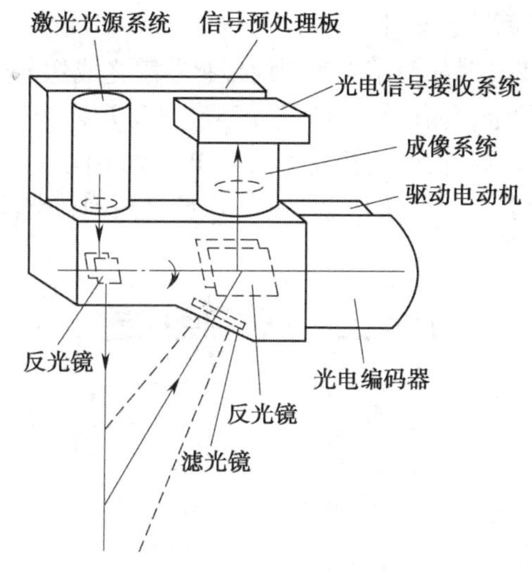

图 7-11 机器人视觉检测系统

知识应用

固态图像传感器在数码相机中的应用

数码相机的基本结构框图如图 7-12 所示，其工作原理可以表述为：外界景物发射或反射的光线通过镜头传播到相机内部的图像传感器上，使用者按动电门，取景器电路锁定信号，彩色图像传感器将感应到的光线强弱转换为连续的电信号输出，经放大、变换成数字信号后存储到存储卡中。

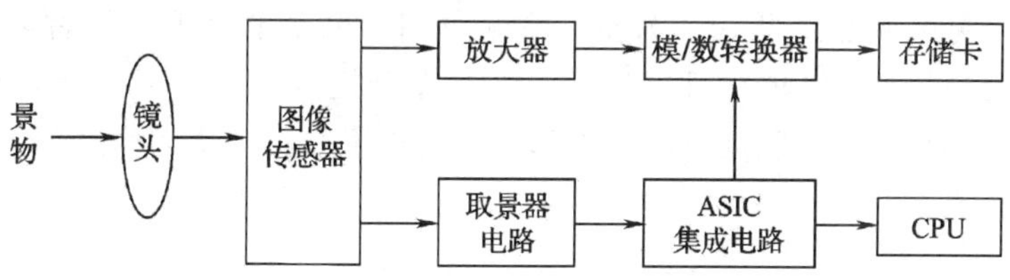

图 7-12 数码相机的基本结构框图

数码相机中使用的图像传感器要求分辨率高，功耗低，尺寸小，使用寿命长，不易损坏。其中，高分辨率是起到决定作用的因素，其次才是价格和功耗。而从上文的分析可知，固态图像传感器中最常用的 CCD 和 CMOS 图像传感器在数码产品中使用得都很广泛，CCD 图像传感器的优势在于用较低的成本获得高分辨率，技术成熟，因此，目前市场上大多数厂家还是选择 CCD 图像传感器生产数码相机；同时要看到，CMOS 图像传感器由于易于实现单片集成，视频速率下读出噪声小，静态功耗低，发展高性能的 CMOS 图像传感器来取代 CCD 图像传感器的时代已经不远了。

具体来讲，数码相机工作时先使用固态图像传感器感光成像，光线通过透镜系统和滤色器投射到传感器的光敏元件上，光敏元件将其光强和色彩转换为电信号，然后通过模/数转换器转换为数字信号，送入具有信号处理能力的 DSP（数字信号处理器），信号进一步送给离散余弦变换部件进行 JPEG 压缩，最后通过接口电路记录到存储器（存储卡）中。

课题二　光纤传感器

学习目标

◇了解光纤传递的基本知识。

◇了解光纤传感器的结构、原理及分类。

◇能正确选择光纤传感器。

知识引入

光纤传感器是 20 世纪 70 年代中期发展起来的一种基于光导纤维的新型传感器。它是光纤和光通信技术迅速发展的产物，与以电为基础的传感器有着本质区别。光纤传感器用光作为敏感信息的载体，用光纤作为传递敏感信息的媒介，具有电绝缘性能好、抗电磁干扰能力强、高灵敏度、容易实现远距离监控等特点，适用于测量位移、速度、加速度、液位、应变、压力等物理量。

光纤传感器可在人无法到达的地方（如高温区）或对人有害的地区（如核辐射区）发挥探测作用，可以超越人的感官界限，接收无法感受到的外部信息，利用成像、传像技术，使原本不可见区域变为可见。例如，检测薄钢管内部的划痕，探查腔体铸件内部缺陷，检查高辐射区核电设备的内部状况等。汽车发动机汽油燃烧不充分会产生积炭现象，导致发动机动力不足，为了确定发动机内部是否清洗干净，经常用光纤传感器探入发动机内部进行检测。

知识讲解

一、光纤传递的基本知识

1. 光纤的结构

光纤的结构如图 7-13 所示，光纤呈圆柱形，它由玻璃纤维芯（纤芯）和玻璃包皮（包层）两个同心圆柱的双层结构组成。纤芯位于光纤的中

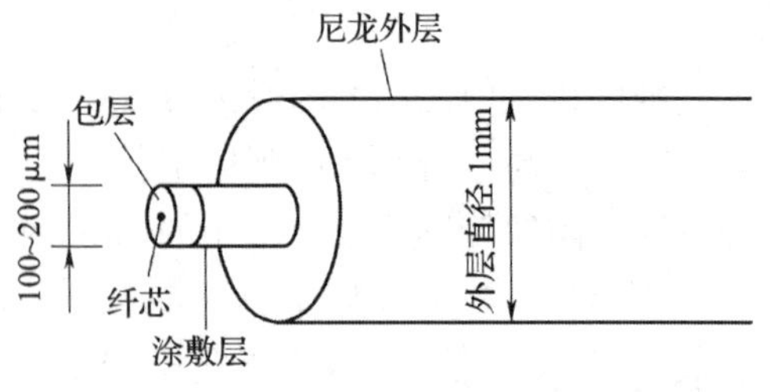

图 7-13　光纤的结构

心部位，光主要在此传输。包层材料一般为 SiO_2，可以是单层，也可以是多层，取决于光纤的应用场所，但总直径控制在 100~200 μm。上述双层结构间可形成良好的光学界面。

2. 光纤导光原理

对于多模光纤，可以用几何光学的方法分析光的传播现象。此时，光在两层结构之间的界面上靠全反射进行传播，由于光线基本上全部在纤芯区进行传播，没有跑到包层中去，所以可以大大降低光的衰耗。

光缆由多根光纤组成，光纤间填入阻水油膏以保证传光性能，主要用于光纤通信。

二、光纤传感器的结构、原理及分类

光纤传感器是一种把被测量的状态转变为可测的光信号的装置。它由光发送器、敏感元件（光纤或非光纤的）、光接收器、信号处理系统以及光纤电缆构成，如图 7-14 所示。由光发送器发出的光源经光纤传导至敏感元件，这时，光的某一性质受到被测量的调制，经接收光纤耦合到光接收器，使光信号变为电信号后经信号处理得到期望的被测量。与以电为基础的传统传感器相比，光纤传感器在测量原理上有本质的差别，它以光学测量为基础，其前端感光元件大多使用前文所述的固态图像传感器完成。

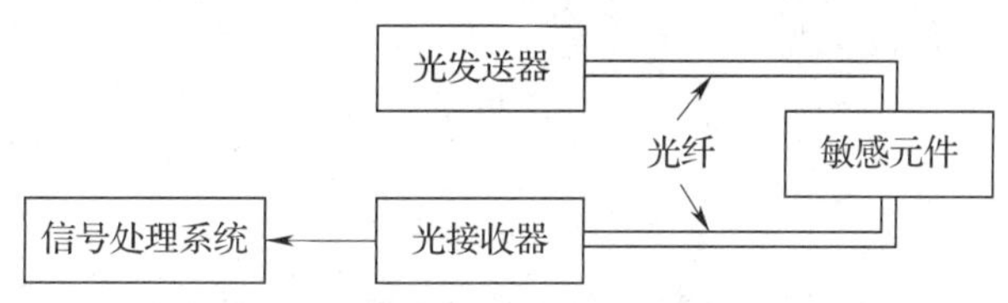

图 7-14　光纤传感器的结构框图

根据光纤在传感器中的作用，光纤传感器分为功能型、非功能型和拾光型三大类。

1. 功能型（全光纤型）光纤传感器

功能型光纤传感器是指利用对外界信息具有敏感能力和检测能力的光纤（或特殊光纤）作为传感元件，将“传”和“感”合为一体的传感器，如图 7-15 所示。光纤不仅起传光作用，还利用光纤在外界因素（弯曲、相变）的作用下，其光学特性的变化来实现“感”的功能。传感器中的光纤是连续的，增加其长度可以提高灵敏度。

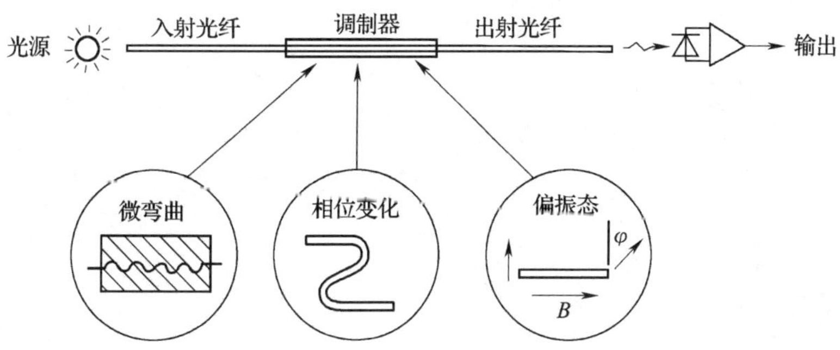

图 7-15　功能型光纤传感器

2. 非功能型（或称传光型）光纤传感器

该类光纤传感器中的光纤仅起导光作用，只“传”不“感”，对外界信息的“感觉”功能依靠其他物理性质的功能元件完成，光纤不连续，如图 7-16 所示。此类光纤传感器无须特殊光纤及其他特殊技术，比较容易实现，成本低，但灵敏度也较低，用于对灵敏度要求不太高的场合。

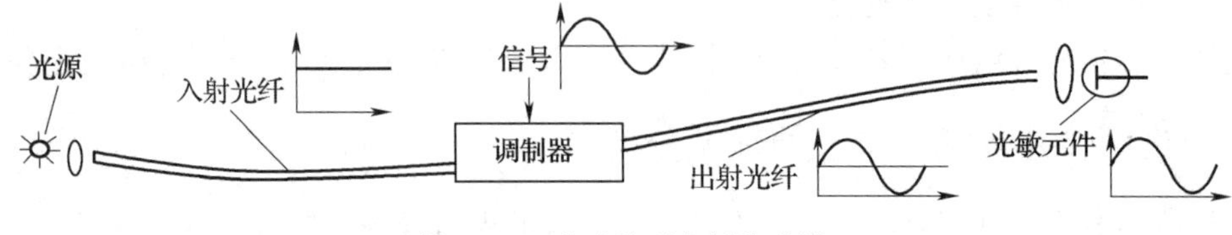

图 7-16　非功能型光纤传感器

3. 拾光型光纤传感器

该类传感器用光纤作为探头，接收由被测对象辐射的光或被其反射、散射的光，其典型例子如光纤激光多普勒速度计、辐射式光纤温度传感器等。

根据光受被测对象的调制形式，光纤传感器又可分为强度调制型、偏振调制型、频率调制型、相位调制型等几种类型。

知识应用

光纤传感器在汽车检查中的应用

目前，竞争日益激烈的汽车维修店经常遇到如下问题：汽车经过免拆清洗后很难直观显现出性能的改善。当车主问及此类问题时，维修工只能从汽车更省油、加速性能加强、尾气合格、发动机内部积炭清除等方面进行说明。至于能不能达到预期效果，还要靠司机一段时间的驾驶或凭主观感觉判断。不能直观地看出汽车何处的性能得到加强是令维修工倍感头疼的问题。

图 7-17 所示的工业内窥镜可以成为解决问题的关键。使用工业内窥镜，穿过火花塞

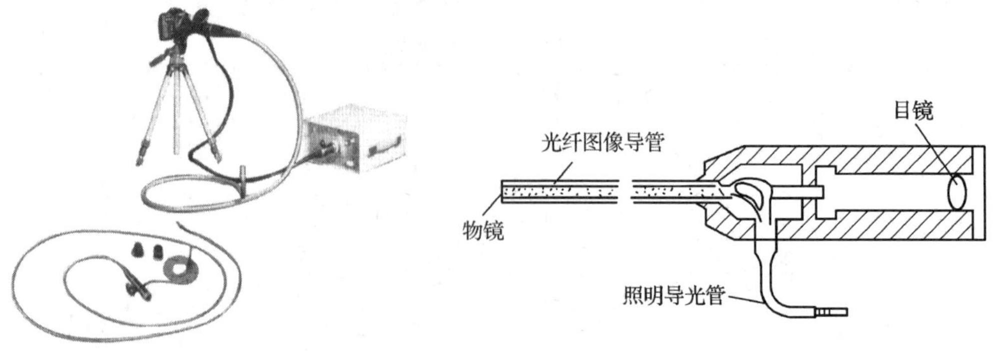

图 7-17　工业内窥镜的外形与结构

孔或喷油嘴，可以直接观察到气缸内部的各种故障，如积炭、异物等，同时还可用于水箱、油箱、齿轮箱的检测和诊断，大大提高了工作效率。

工业内窥镜一般可选用光纤图像传感器作为敏感元件。这种传感器利用光敏元件作为光电转换器件，用光纤作为传输介质，实现将不便观察的远方图像传递到观测点的目的。

现在，国内生产的工业内窥镜大体有以下三种。

（1）光导纤维内窥镜：它通过目镜来观察发动机内部的状况，维修工用眼睛目视观察，工作易疲劳。

（2）光导纤维内窥镜+专用接口+数码相机：它能直接在数码相机的显示屏上显示发动机内部的状况，并能拍下当时的观察结果，而且价格也非常合理。

（3）视频电子内窥镜：它采用数字式彩色 CCD 成像器件，具有图像清晰、性能稳定、操作方便、适用范围广等特点，但是价格偏高，一般用于汽车制造甚至飞机工业上。

汽车检修中推荐使用第二种内窥镜，当汽车做发动机免拆清洗前，用内窥镜先观察发动机内部状况，并拍下来，对有积炭的地方着重观察，让车主看清楚。当汽车经过清洗后，再次观察发动机内部状况，并拍下来，让车主与此前未清洗时的照片对比。当然，这样做的前提是发动机免拆清洗机质量可靠，清洗液质量也必须过关。如此一来，即使车主不在现场，取车的时候也能看到汽车清洗前后的效果对比。

模块八　现代测量技术

科技发展的脚步越来越快，人类已经置身于信息时代，而作为信息获取最重要和最基本的技术——传感器技术，也得到了极大的发展。传感器信息获取技术已经从过去的单一化逐渐向集成化、微型化和网络化方向发展，促进现代测量技术手段更快、更广泛发展，测量技术将在网络时代发生革命性变化。

课题一　智能传感器

学习目标

◇了解智能传感器的概念和组成。

◇熟悉智能传感器的功能特点。

◇熟悉智能传感器的适用场合。

◇了解智能传感器在胎压监测中的应用。

知识引入

据调查统计表明，全球每年有 26 万起交通事故是由于轮胎故障引起的，而 75% 的轮胎故障是由轮胎气压不足或轮胎渗漏造成的爆胎，导致巨大的经济损失。因此，多数新型汽车都要安装轮胎压力监视系统，图 8-1 所示为远程轮胎压力监测传感器。汽车轮胎压力监视系统主要用于在汽车行驶过程中实时监测轮胎气压，并对轮胎漏气和低气压进行报警，预防爆胎，保障行车安全。

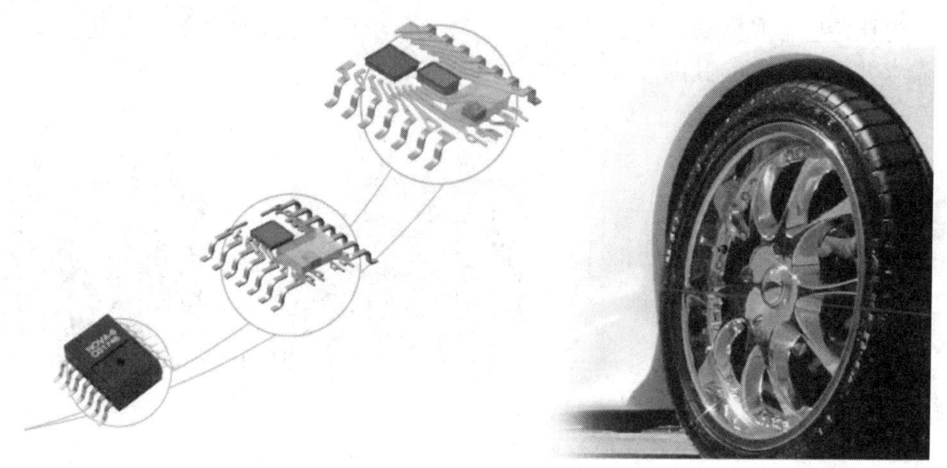

图 8-1 远程轮胎压力监测传感器

知识讲解

一、智能传感器的基本知识

智能传感器是具备了某些人工智能的一种带有微处理机的，兼有信息检测、信息处理、信息记忆、逻辑思维与判断功能的传感器。它将机械系统及结构、电子产品和信息技术完美结合，使传感器技术有了本质性的提高。传统的传感器功能单一，体积大，功耗高，已不能满足多种多样控制系统的要求，先进的智能传感器技术由此得到广泛应用。智能传感器必须具备通信功能，不具备通信功能的传感器，就不能称之为智能传感器。

智能传感器主要由四部分构成：电源、敏感元件、信号处理单元和通信接口，其原理框图如图 8-2 所示。敏感元件将被测物理量转换为电信号，通过放大、模/数转换成数字信号，再经过微处理器进行数据处理（校准、补偿、滤波），最后通过通信接口，与网络数据进行交换，完成测量与控制功能。

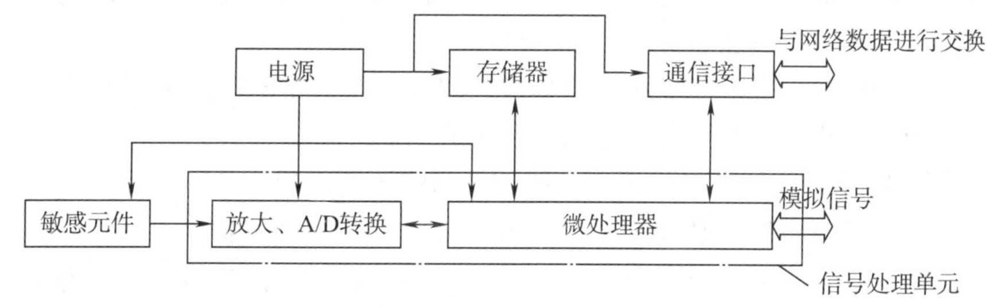

图 8-2 智能传感器原理框图

美国通用公司的智能传感器 NPXⅡ代表了世界上最新一代的远程轮胎压力监测传感器，其外形如图 8-3 所示。NPXⅡ智能传感器集成了硅压力传感器、加速度传感器、温度传感器、电压传感器和低功耗 8 位微处理器，以及一个低频触发输入级，以灵活满足客户的特殊需求并降低成本，其内部各元件的功能详见表 8-1。

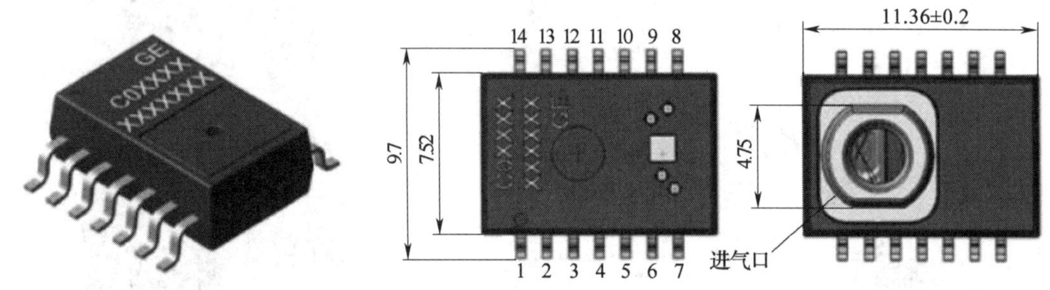

图 8-3　NPX Ⅱ 智能传感器

表 8-1　NPX Ⅱ 智能传感器内部元件功能分配表

内部元件	功　　能
电源	提供所有电路需要的电能
压力传感器	用于监测轮胎内部压力
温度传感器	用于监测轮胎内部温度
加速度传感器	用于车辆移动检测，提供触发模块工作信号
微处理器	管理所有外围设备，进行压力、温度、加速度和电池电压的测量、补偿、校准等工作，以及 RF 发射控制和电源管理
RF 发射电路	将检测的压力、温度、加速度和电池电压等数据信息，用 RF 信号发射出去
LF（低频）天线	接收微处理器送来的 LF 开关信号，并可实现与微处理器的双向通信功能

轮胎压力监测传感器是安装在汽车四个轮胎中的高灵敏智能传感器，在汽车行驶状态下实时、动态地监测轮胎温度和压力，然后将数据通过无线数字信号发射到主机（接收器）进行处理，并在主机液晶显示屏上以数字加图案的形式同时显示出四个轮胎中的温度和气压值，驾驶者可以直观地了解各个轮胎的温度和气压状况。当出现轮胎气压过低、过高或温度过高等异常情况时，系统都能够自动报警，从而使驾驶员及时发现问题，避免轮胎非正常损伤，有效预防爆胎，保障行车安全。

NPX Ⅱ 智能传感器体现了传统压力传感器与微处理器数字电路的完美结合，具有适合轮胎监测应用的独特优势，具体体现在以下几个方面。

（1）带加速度传感器的智能传感器：能够输出连续的加速度值，使用者可以灵活地选择触发阈值，即使用者可以任意设定启动监测轮胎压力系统的速度。

（2）更加安全、智慧的气压检测算法：当汽车时速超过设定速度时，传感器马上发射轮胎信息。时速越高，检测次数越多，高度智能，使行车更加安全。

（3）静态智能监测：当车辆静止时，如果轮胎充放气或温度发生变化，可触发监测系统，进行轮胎压力监测。

（4）发射传感器电池容量监测：对发射传感器电池容量直接进行监测，如电池容量消耗到不能支持发射传感器的正常工作，显示器会有信息通知用户更换电池，确保安全。

（5）智能识别码设置：用户不再需要慢慢设置各个轮胎的发射传感器的识别码，系统会自动接收并显示各个发射传感器的识别码和状态，用户只需把相应的发射传感器设置对应的轮胎位置即可。

在数据处理方面，智能传感器一方面根据实际的需要对敏感元件的输出进行处理、变换、校准和补偿；另一方面，微处理器可存储传感器的物理特征，包括零点、灵敏度、校准参数、补偿参数以及传感器厂家信息（维护信息）等。

例如，传感器的线性度会直接影响传感器的精度，通过对采样数据进行处理可以消除非线性，一般可采用查表法和插值法。查表法是将采样数据与被测物理量的对应关系编制成表格，存放在存储器内，对应每一个输入，可查表相应得到一个输出。插值法是将所得数据曲线分段线性化，在分段区间内，得到相应数据与被测物理量的对应关系，该方法可以大大节约存储器的空间。

NPXⅡ智能传感器中固化了压力传感器的测量、补偿和校准程序。每一个芯片在生产时，由工厂在不同温度点（25 ℃和 75 ℃）、不同压力点（满量程的 0%、50%、100%）和不同电池电压点（2.3 V、3.1 V）采集 12 组数据，经校准公式计算，将补偿和校准参数保存在存储器中。在测量时，由固化的压力补偿校准程序自动地对测量的数据进行计算，获得一个准确的测量值。在生产过程中，每一个传感器还将在 25 ℃和 125 ℃下进行验证测试，以保证可靠性。

二、智能传感器的功能特点

智能传感器与传统的传感器相比，最突出的特点是数字化、智能化、阵列化、微小型化和微系统化。它具有以下功能。

（1）具有逻辑思维与判断、信息处理功能，可对检测数值进行分析、修正和误差补偿，如非线性修正、温度误差补偿、响应时间调整等，提高了传感器的测量准确度。

（2）具有自诊断、自校准功能，如在接通电源时可以进行自检，温度变化时可以进行自校准等，提高了传感器的可靠性。

（3）可以实现多传感器多参数复合测量，如能够同时测量声、光、电、热、力、化学等多个物理和化学量，给出比较全面反映物质运动规律的信息，同时集成了测量介质的温度、流速、压力和密度的复合传感器等，扩大了传感器的检测与使用范围。

（4）内部设有存储器，检测数据可以存取，并可固化压力、温度和电池电压的测量、补偿和校准数据，以得到最好的测量结果，使用方便。

（5）具有数字通信接口，能与计算机直接联机，相互交换信息。利用双向通信网络，可设置智能传感器的增益、补偿参数、内检参数，并输出测试数据。这是智能传感器与传统传感器的关键区别之一。

（6）最新开发的智能传感器还增加了传感器故障检测功能，能自动检测外部传感器（也称远程传感器）的开路或短路故障。

（7）一些智能传感器还增加了静电保护电路，智能传感器的串行接口端、中断/比较器信号输出端和地址输入端一般可承受 1 000~4 000 V 的静电放电电压。

三、智能传感器的适用场合

智能传感器可应用于各种领域、各种环境的自动化测试和控制系统，使用方便、灵活，测试精度高，优于任何传统的数字化、自动化测控设备，特别是在以下场合使用非常广泛。

（1）在分布式多点测试、集中控制采集、测试现场远离集中控制中心的场合。如果采用传统的传感器，将造成技术复杂、设备成本高、数据传输易受干扰、测量精度低、系统误差大等缺陷。而智能传感器能解决上述问题，它将计算机与自动化测控技术相结合，直接将物理量变换为数字信号并传送到计算机进行数据处理。

（2）在安装现场受空间条件限制的场合，如大型电动机绕线内部、通风道内部、电子组合件内部等场合。如果采用传统的传感器，需要定期校验、检测，但是由于空间的限制很难完成，而智能传感器具有自检测、自诊断、定期自动零点复位、消除零位误差等功能。独立的内部诊断功能可避免代价高昂的拆机校验，从而迅速收回投资。

（3）在自动化程度高、规模大的自动化生产线上，如工业生产过程控制、发电厂、热电厂、大型中央空调设备用户端等场合。这些场合测量、控制点多，且远距离分散，数据量大，人工处理不现实，采用智能传感器可解决这一错综复杂的问题，它能从测量过程中收集大量的信息，以提高控制质量。

（4）在经常无人看守，但需要检测的场合，如农业养殖场、温棚、温室、干燥房、粮食仓库等场合。这些场合的测试属于远距离、分散式、多点测试，采用智能传感器能监视自身及周围的环境，通过监视情况决定是否对变化进行自动补偿或对相关人员发出警告。

知识应用

智能传感器在胎压监测中的应用

轮胎压力监测可以有两种方案：一种是间接式轮胎压力监测，它通过汽车 ABS 的轮速传感器来比较各个轮胎之间的转速差别，以达到监视胎压的目的，其缺点是无法对两个以上轮胎同时缺气的状况和速度超过 100 km/h 的情况进行判断。另一种是直接式轮胎压力监测，以锂离子电池为电源，利用安装在每一个轮胎里的压力传感器来直接测量轮胎的气压，通过无线调制发射到安装在驾驶台的监视器上。监视器随时显示各轮胎气压，驾驶者可以直观地了解各个轮胎的气压状况，当轮胎气压太低、太高或温度太高时，系统就会自动报警。经试验证明，直接方式提供了更为精确的轮胎压力监视，而且胎压监测传感器具有体积小、安装方便的优点，在更换轮胎时，不需要拆除传感器，方便了用户。图 8-4 所示为安装在轮胎内的胎压监测传感器。

图 8-4　安装在轮胎内的胎压监测传感器

课题二　总线式传感器

学习目标

◇了解现场总线技术的基本知识。
◇了解现场总线的核心与基础。
◇熟悉有线和无线网络传感器的功能和应用。
◇能根据应用场合，正确选择总线式传感器。

知识引入

现代汽车中所使用的电子控制系统和通信系统越来越多，如发动机的电控系统、自动变速器的控制系统、防抱死制动系统、自适应巡航控制系统和车载多媒体系统等，这些系统之间、系统和汽车的显示仪表之间、系统和汽车故障诊断系统之间均需要进行数据交换，如此巨大的数据交换量，如仍然采用传统数据交换的方法，即用导线进行点对点连接的传输方式，其设备复杂度和工作量将是难以想象的。据统计，如果采用普通数据传输方式，一个中级轿车就需要电缆插头300个左右，接插件插针总数将是2 000个左右，电缆总长超过1.6 km，不但装配复杂、占用空间大，而且故障率会很高。因此，用串行数据传输系统（即现场总线系统）取而代之就成为必然的选择。用串行数据传输系统进行数据传输，要用到各种总线式传感器。

知识讲解

一、现场总线技术

生产过程控制仪表是工业自动化中最常用的、不可缺少的一部分，多数仪表输出为DC 4~20 mA标准信号。但是这种基于模拟信号的测量仪表暴露出许多缺点，已不能满足现场的需要。如一台仪表，一条传输线，单向传输，采用一个信号的一对一结构（图8-5a），将使接线复杂，工程周期长，安装费用高，维护困难。由于模拟信号在传输过程中精度低且易受干扰，因此，为改善可靠性而采取相应措施会造成成本增加。此外，仪表还存在智能化程度低、参数不易调整、现场人员不易控制、互换性差等缺点。

随着微处理技术的迅速发展，在工业控制仪表和智能传感器中大量采用微机技术，现场总线技术在此背景下应运而生，即所有传感器都挂在一条数据线上，如图8-5b所示，传感器通过这条数据线与控制仪表进行信息的传输、交流。

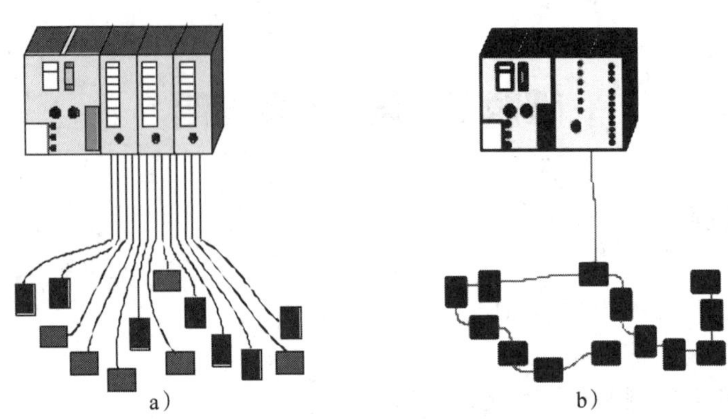

图 8-5　传统控制系统接线方式和现场总线系统接线方式比较
a）传统的接线方式　b）现场总线接线方式

现场总线系统是用于现场仪表与控制室主机系统之间的一种开放的、全数字化、双向、多站的通信系统。国际电工委员会 IEC1158-2 将现场总线定义为安装在制造或生产过程区域的现场测量装置与控制室内的自动控制装置之间的数字式、串行、多点通信的数据总线。

现场总线包括三部分：数据传输线、地址传输线以及发送单元和接收单元之间的传送控制线。测量数据按 CPU 的指令以一定的模式传输到指定的地址，而传输模式是由软件控制的。

现场总线技术将专用的微处理器置入传统的测量传感器及仪表中，使它们各自具有数字计算和通信能力，利用普通的双绞线作为总线，把多个测量控制仪表连接成网络系统，并按公开、规范的通信协议，在位于现场的多个带有微型计算机的测量控制设备之间以及现场仪表与远程监控计算机之间，实现数据传输与信息交换，形成各种自动控制系统。简而言之，现场总线把单个分散的测量控制仪表变成网络节点，以现场总线为纽带，将各测量控制仪表连接成可以相互沟通信息、共同完成自控任务的网络通信系统与控制系统。

使用现场总线技术给用户带来了许多好处，具体如下。

（1）节省了硬件成本。

（2）设计组态安装、调试简便。

（3）系统的安全性和可靠性好。

（4）减少了故障停机时间。

（5）用户对系统配置及设备选型有最大的自主权。

（6）系统维护、设备更换和系统扩充简单、方便。

（7）完善了企业信息系统，为实现企业综合自动化提供了基础。

现场总线与控制系统、现场测量仪表联用，组成现场总线控制系统，也叫作“通用现场通信系统”，它是一种生产现场中各测量设备之间的通信方式，如机器上的传感器、执行器等设备间的通信方式，以及传感器与控制设备之间的通信方式等，信息传输的范围已远远超出传统的 DC 4~20 mA 信号的限制，具有高度的灵活性和适用性。

二、现场总线的核心与基础

1. 现场总线的核心——总线协议

总线协议技术是“信息时代”的高新技术，它可应用于不同的领域，但在各自领域中是完全独立的。例如，火力发电、核电、冶金、油田、石化、汽车制造、机械制造、楼宇，以及农田企业化、节水灌溉、水电、风力发电、酿造、轻工等，在不同的应用领域可以用不同的总线协议，即不同的总线类型。在每个应用领域中都有一种最为适用的总线协议。

对于各类总线而言，其核心是各类总线协议，而这些协议的本质就是数据传输的标准。各种总线，不论应用于什么领域，每种总线协议都有一套软件、硬件的支撑，它们能够形成独立的系统，形成相应的产品。由于现场总线是众多仪表之间的接口，因此希望现场总线满足可互操作性的要求。对于一个开放的总线而言，具有一种总线协议，亦即各种测量仪表具有统一的数据传输标准尤为重要。

2. 现场总线的基础——智能测量仪表

现场测量仪表包括多类工业测量装置，流量、压力、温度、振动、转速等传感器或变送器，射频发射电路和电子开关，以及控制阀和执行器等。用于现场总线中的现场测量装置，与以往的现场测量仪表有着本质上的差别，它必须符合下列要求。

（1）无论是哪个公司生产的现场测量装置，它必须与其所处的现场总线控制系统具有统一的总线协议，或者是必须遵守相关的通信规约。只有遵循统一的总线协议或通信规约，才能进行信息交流，做到完全开放的互操作。

（2）用于现场总线系统的现场测量装置必须是多功能、智能化的。这是因为现场总线的一大特点就是要增加现场的控制功能，简化系统集成，方便设计，利于维护。正是由于现场测量装置智能化的进步与完善，它已成为现场总线控制系统有力的硬件支撑，是现场总线控制系统的基础。

在各种应用领域采用不同的现场总线技术，产生了许多专业化的解决方案，如 CAN 总线、ASI 总线等，这些解决方案统称为“传感器/控制器总线技术”。应用典型、影响深远的现场总线主要有 CAN 总线、HART 总线、LonWorks 总线、基金会现场总线、Profibus 总线。不同类型的现场总线在功能、性能和价格上有很大区别，各有自己的适用范围，但总线协议的基本原理都是一样的，都是以能够实现双向串行数字化通信为基本依据。

三、网络传感器（有线）

虽然总线式仪器、虚拟仪器等微机化仪器技术的应用使组建集中式或分布式测控系统变得更为容易，但集中测控越来越满足不了复杂的、远程（异地）的和范围较大的测控任务的需求，因此，组建网络化的测控系统非常有必要。利用现有 Internet 资源而不建立专门的拓扑网络，组建测控网络、企业内部网络以及它们与 Internet 的互联，实现测控网络化。

网络传感器是包含数字传感器、网络接口和处理单元的新一代智能传感器，如图 8-6

所示。数字传感器首先将被测量转换成数字量，再送给计算机做数据处理，最后将测量结果通过网络传输给控制仪表，实现了各传感器之间、传感器与执行器之间、传感器与系统之间的数据交换及资源共享，可做到“即插即用”，极大地方便了用户。

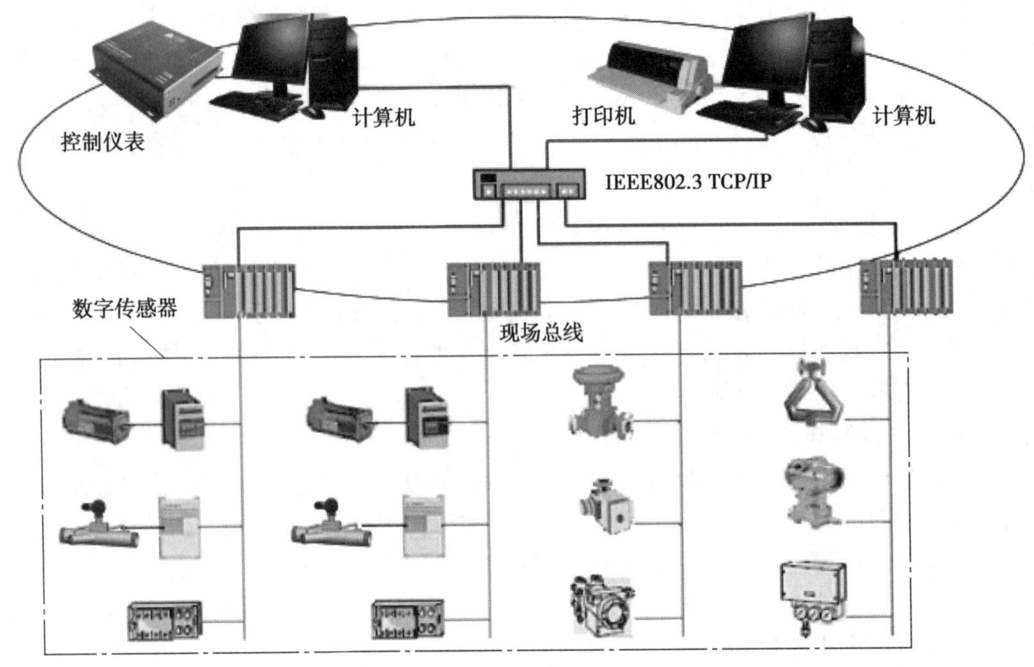

图 8-6　网络传感器

使用网络传感器，人们可以从任何地点、在任意时间获取到测量信息（或数据），与传统的仪器、测量、测试相比，这又是一个质的飞跃。在网络化仪器环境下，被测对象可通过测试现场的仪器设备，将测得数据（信息）通过网络传输给异地的精密测量设备或高档次的微机化仪器去分析、处理，从而实现测量信息的共享，掌握网络节点处信息的实时变化情况。另外也可通过网络将数据传至现场的网络传感器。

目前，国外著名仪器厂商以及一些大的公司已在积极研制和开发新型网络化仪器。自动抄表系统就是网络传感器的典型应用，如图 8-7 所示。

自动抄表系统用于水、电、气不同行业的自动抄表与收费管理。在某种意义上，可以称之为网络化仪器。因为自动抄表系统虽然没有连接 Internet，但它采用电话网方式，即管理中心与小区电话有线连接，经公用电话网对异地用电、用气等信息进行测取和监控，为管理部门提供各种信息。

采用自动抄表系统，可以提高抄表的准确性，减少因估计或誊写而可能出现的账单错误，供电、水、燃气、热能等的管理部门能及时获得准确的数据信息，用户也不再需要与抄表员预约上门抄表时间，还能迅速查询账单。采用网络测量技术、使用网络化仪器，能显著提高测量功效，有效降低监测、测控工作的人力和财力投入，缩短完成一些计量测试工作的周期，并增强测量需求客户的满意程度。

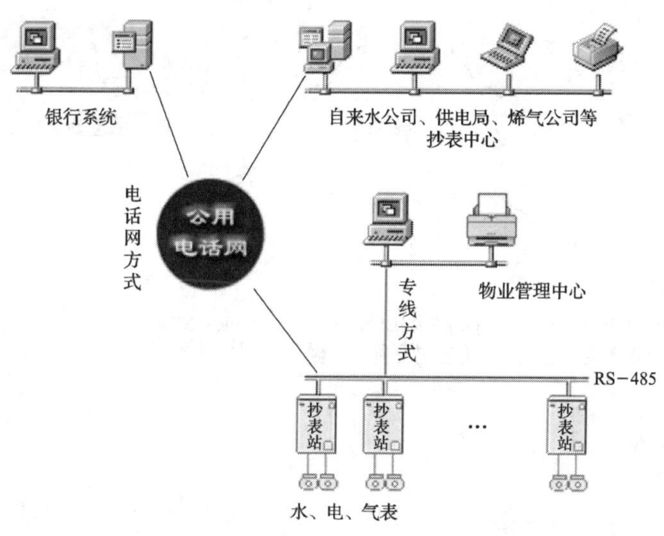

图 8-7　自动抄表系统

四、无线网络传感器

无线网络传感器是低成本的、具有传感数据处理和无线通信能力的智能传感器。通过基站或移动路由器等基础通信设施，以自组织方式形成传感器网络，可以将几百甚至几千个传感器部署在监测地域。

无线网络传感器由许多个功能相同或不同的无线智能传感器组成。每个传感器除了包含智能传感器所必备的功能外，还具有无线通信功能（具有无线收发器模块），且自带供电模块。

无线网络传感器可以安装在危险工作环境，如煤矿、石油钻井、核电站等工作环境；也可以安装在野外无人看守的恶劣环境中工作，如对自然环境的监控、野外传输管道流量的监测等；还可以安装在工厂的排放口，实时检测工厂的废水、废气等污染源。这样就把操作人员从高危环境中解放出来，提高险情的反应速度和精度，大大降低煤矿、石油化工、冶金等行业对易燃、易爆、有毒物质监测的成本。

由于传感器测试单元一般部署在环境恶劣中，因此，无线网络传感器必须具有良好的抗毁能力，如果某一传感器测试单元损坏，可以利用其他节点完成信息采集、处理和传输。由于无线传感器网络的节点数量巨大，因此传感器的成本必须尽可能低。同时无线网络传感器的工作环境和工作方式要求传感器必须做到体积小、功耗低、工作时间长。

自动抄表系统也可以采用无线网络传感器。该系统由营业中心管理系统、远程数据传输网络、现场抄表网络三大部分组成，如图 8-8 所示。该系统采用 GPRS 作为远程传输网络，即管理中心与小区 GPRS 无线连接。系统实时监控，可实现预收费功能和欠费控制功能。远程采用 GPRS 传输网路，施工简单，维护方便，数据传送快捷，安全可靠，总成本低。

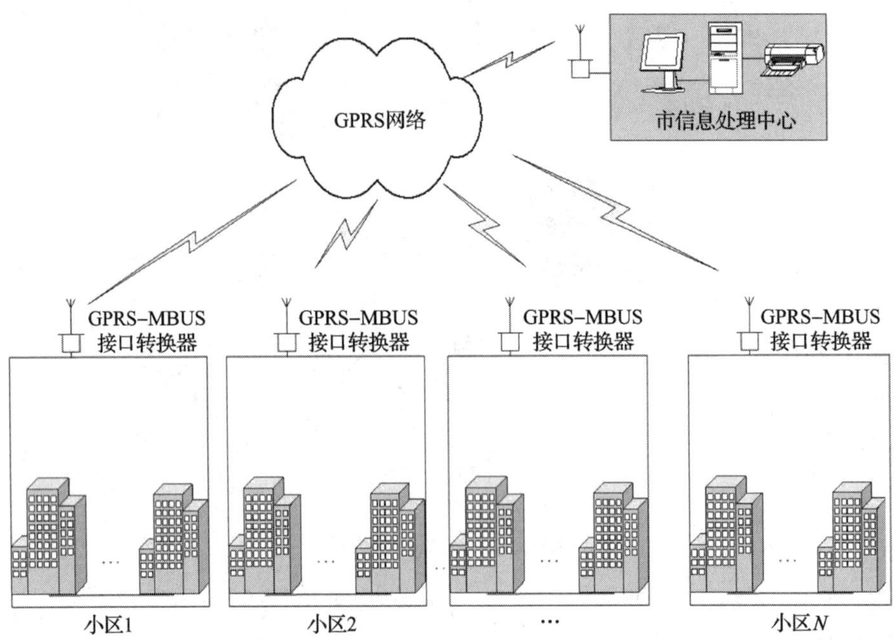

图 8-8　无线自动抄表系统

知识应用

总线式传感器在现场总线系统中的应用

一、汽车 CAN 总线系统架构

汽车 CAN 总线系统架构如图 8-9 所示。

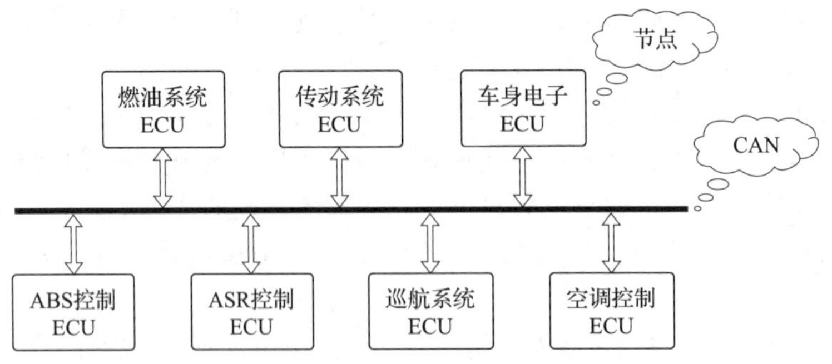

图 8-9　汽车 CAN 总线系统架构

所有参与现场总线（CAN 总线）的分系统都可以通过其控制单元上的现场总线接口进行数据的发送和接收，数据在串联总线上可以一个接一个地传送。现场总线是一个多路传输系统，当某一单元出现故障时不会影响其他单元的工作。根据需要，现场总线对不同数据的传输速率不一样，对发动机电控系统和 ABS 等实时控制用数据实施高速传输，速率为125 KB~1 MB，对车身调节系统（如空调）的数据实施低速传输，速率为 10~125 KB，其他如多媒体系统和诊断系统则实施中速传输，速率在两者之间，这样的区分提高了总线的传输效率。

二、传感器的选择

在组成总线式测量系统时，要根据测量参数及功能选择智能传感器。在不同领域的现场总线系统结构中，选择传感器时所考虑的因素不同。

1. 模拟连续信号测量系统

（1）要求传感器具有本安防爆功能。

（2）基本测控对象如流量、料位、温度、压力的变化是缓慢的，还有滞后效应，因此对传感器的响应时间不做要求，但要求传感器具有复杂的模拟量处理能力，做到技术上合理、经济上有利。

（3）流量、料位、温度、压力传感器测量的物理原理是基于经典物理学原理的，但要求传感器是智能传感器，且具有通信功能。

（4）在模拟连续工业过程控制类的现场总线中，数据传输速率要求不高，一般为30 KB/s。

2. 数字式动作控制系统

（1）对传感器的响应时间要求较高，如汽车制造机器人流水线，每一个机器人的每一个动作稍有差错，如不及时发现并快速纠正，整个流水线就会出问题，因此需要传感器能快速响应，同时要求测量系统有快速的巡回检测与控制能力。

（2）现场总线系统在进行数据传输时，不能用时间表轮询制，要用减少排队或等待时间等其他方式，如采用总线仲裁技术，优先级高的节点优先传输数据，而优先级低的节点则主动让行，避免总线冲突。

（3）传感器的工作原理基于各种物理效应，输出为模拟量，但在现场总线系统中最终要数字化，且要高速传输，一般为 12 MB/s。

不同的应用领域采用不同的仪器仪表、不同的总线。在安装时应注意，总线电缆最好采用屏蔽双绞线，以增强总线的抗干扰能力。总线的两根信号线分别接到标有正负的两个接线端子上，屏蔽线接到标有大地符号的端子上。注意不要接反，反接不会损坏变送器，但变送器将不能工作。

发生故障时，可按下列方法进行检查。

（1）如不能上线，应检查总线电源是否供电及是否工作正常，检查总线电缆连接，检查终端匹配器。

（2）如读数有误差，应首先检查安装方法是否正确，再检查是否正确校准，并检查量程是否设置正确。

如果传感器发生故障，不能正常工作，需及时更换传感器，返厂维修。

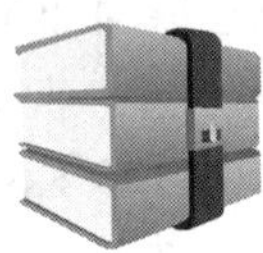

附　录

附录1　Pt100型铂热电阻分度表

温度/℃	阻值/Ω　R_0=100.00 Ω									
	0	1	2	3	4	5	6	7	8	9
-200	18.49	—	—	—	—	—	—	—	—	—
-190	22.8	22.37	21.94	21.51	21.08	20.65	20.22	19.79	19.36	18.93
-180	27.08	26.65	26.23	25.8	25.37	24.94	24.52	24.09	23.66	23.23
-170	31.32	30.9	30.47	30.05	29.63	29.2	28.78	28.35	27.93	27.5
-160	35.53	35.11	34.69	34.27	33.85	33.43	33.01	32.59	32.16	31.74
-150	39.71	39.3	38.88	38.46	38.04	37.63	37.21	36.79	36.37	35.95
-140	43.87	43.45	43.04	42.63	42.21	41.79	41.38	40.96	40.55	40.13
-130	48	47.59	47.18	46.76	46.35	45.94	45.52	45.11	44.7	44.28
-120	52.11	51.7	51.2	50.88	50.47	50.06	49.64	49.23	48.82	48.41
-110	56.19	55.78	55.38	54.97	54.56	54.15	53.74	53.33	52.92	52.52
-100	60.25	59.85	59.44	59.04	58.63	58.22	57.82	57.41	57	56.6
-90	64.3	63.9	63.49	63.09	62.68	62.28	61.87	61.47	61.06	60.66
-80	68.33	67.92	67.52	67.12	66.72	66.31	65.91	65.51	65.11	64.7
-70	72.33	71.93	71.53	71.13	70.73	70.33	69.93	69.53	69.13	68.73
-60	76.33	75.93	75.53	75.13	74.73	74.33	73.93	73.53	73.13	72.73
-50	80.31	79.91	79.51	79.11	78.72	78.32	77.92	77.52	77.13	76.73
-40	84.27	83.88	83.48	83.08	82.69	82.29	81.89	81.5	81.1	80.7
-30	88.22	87.83	87.43	87.04	86.64	86.25	85.85	85.46	85.06	84.67
-20	92.16	91.77	91.37	90.98	90.59	90.19	89.8	89.4	89.01	88.62
-10	96.09	95.69	95.3	94.91	94.52	94.12	93.75	93.34	92.95	92.55
0	100	99.61	99.22	98.83	98.44	98.04	97.65	97.26	96.87	96.48
0	100	100.39	100.78	101.17	101.56	101.95	102.34	102.73	103.12	103.51
10	103.9	104.29	104.68	105.07	105.46	105.85	106.24	106.63	107.02	107.4
20	107.79	108.18	108.57	108.96	109.35	109.73	110.12	110.51	110.9	111.28
30	111.67	112.06	112.45	112.83	113.22	113.61	113.99	114.38	114.77	115.15
40	115.54	115.93	116.31	116.7	117.08	117.47	117.85	118.24	118.62	119.01

续表

温度/℃	阻值/ Ω R_0 = 100.00 Ω									
	0	1	2	3	4	5	6	7	8	9
50	119.4	119.78	120.16	120.55	120.93	121.32	121.7	122.09	122.47	122.86
60	123.24	123.62	124.01	124.39	124.77	125.16	125.54	125.92	126.31	126.69
70	127.07	127.45	127.84	128.22	128.6	128.98	129.37	129.75	130.13	130.51
80	130.89	131.27	131.66	132.04	132.42	132.8	133.18	133.56	133.94	134.32
90	134.7	135.08	135.46	135.84	136.22	136.6	136.98	137.36	137.74	138.12
100	138.5	138.88	139.26	139.64	140.02	140.39	140.77	141.15	141.53	141.91
110	142.29	142.66	143.04	143.42	143.8	144.17	144.55	144.93	145.31	145.68
120	146.06	146.44	146.81	147.19	147.57	147.94	148.32	148.7	149.07	149.45
130	149.82	150.2	150.57	150.95	151.33	151.7	152.08	152.45	152.83	153.2
140	153.58	153.95	154.32	154.7	155.07	155.45	155.82	156.19	156.57	156.94
150	157.31	157.69	158.06	158.43	158.81	159.18	159.55	159.93	160.3	160.67
160	161.04	161.42	161.79	162.16	162.53	162.9	163.27	163.65	164.02	164.39
170	164.76	165.13	165.5	165.87	166.14	166.61	166.98	167.35	167.72	168.09
180	168.46	168.83	169.2	169.57	169.94	170.31	170.68	171.05	171.42	171.79
190	172.16	172.53	172.9	173.26	173.63	174	174.37	174.74	175.1	175.47
200	175.84	176.21	176.57	176.94	177.31	177.68	178.04	178.41	178.78	179.14
210	179.51	179.88	180.24	180.61	180.97	181.34	181.71	182.07	182.44	182.8
220	183.17	183.53	183.9	184.26	184.63	184.99	185.36	185.72	186.09	186.45
230	186.82	187.18	187.54	187.91	188.27	188.63	189	189.36	189.72	190.09
240	190.45	190.81	191.18	191.54	191.9	192.26	192.63	192.99	193.35	193.71
250	194.07	194.44	194.8	195.16	195.52	195.88	196.24	196.6	196.96	197.33
260	197.69	198.05	198.41	198.77	199.13	199.49	199.85	200.21	200.57	200.93
270	201.29	201.65	202.01	202.36	202.72	203.08	203.44	203.8	204.16	204.52
280	204.88	205.23	205.59	205.95	206.31	206.67	207.02	207.38	207.74	208.1
290	208.45	208.81	209.17	209.52	209.88	210.24	210.59	210.95	211.31	211.66
300	212.02	212.37	212.73	213.09	213.44	213.8	214.15	214.51	214.86	215.22
310	215.57	215.93	216.28	216.64	216.99	217.35	217.7	218.05	218.41	218.76
320	219.12	219.47	219.82	220.18	220.53	220.88	221.24	221.59	221.94	222.29
330	222.65	223	223.35	223.7	224.06	224.41	224.76	225.11	225.46	225.81
340	226.17	226.52	226.87	227.22	227.57	227.92	228.27	228.62	228.97	229.32
350	229.67	230.02	230.37	230.72	231.07	231.42	231.77	232.12	232.47	232.82
360	233.17	233.52	233.87	234.22	234.56	234.91	235.26	235.61	235.96	236.31
370	236.65	237	237.35	237.7	238.04	238.39	238.74	239.09	239.43	239.78

续表

温度/℃	阻值/ Ω　R_0 = 100.00 Ω									
	0	1	2	3	4	5	6	7	8	9
380	240.13	240.47	240.82	241.17	241.51	241.86	242.2	242.55	242.9	243.24
390	243.59	243.93	244.28	244.62	244.97	245.31	245.66	246	246.35	246.69
400	247.04	247.38	247.73	248.07	248.41	248.76	249.1	249.45	249.79	250.13
410	250.48	250.82	251.16	251.5	251.85	252.19	252.53	252.88	253.22	253.56
420	253.9	254.24	254.59	254.93	255.27	255.61	255.95	256.29	256.64	256.98
430	257.32	257.66	258	258.34	258.68	259.02	259.36	259.7	260.04	260.38
440	260.72	261.06	261.4	261.74	262.08	262.42	262.76	263.1	263.43	263.77
450	264.11	264.45	264.79	265.13	265.47	265.8	266.14	266.48	266.82	267.15
460	267.49	267.83	268.17	268.5	268.84	269.18	269.51	269.85	270.19	270.52
470	270.86	271.2	271.53	271.87	272.2	272.54	272.88	273.21	273.55	273.88
480	274.22	274.55	274.89	275.22	275.56	275.89	276.23	276.56	276.89	277.23
490	277.56	277.9	278.23	278.56	278.9	279.23	279.56	279.9	280.23	280.56
500	280.9	281.23	281.56	281.89	282.23	282.56	282.89	283.22	283.55	283.89
510	284.22	284.55	284.88	285.21	285.54	285.87	286.21	286.54	286.87	287.2
520	287.53	287.86	288.19	288.52	288.85	289.18	289.51	289.84	290.17	290.5
530	290.83	291.16	291.49	291.81	292.14	292.47	292.8	293.13	293.46	293.79
540	294.11	294.44	294.77	295.1	295.43	295.75	296.08	296.41	296.74	297.06
550	297.39	297.72	298.04	298.37	298.7	299.02	299.35	299.68	300	300.33
560	300.65	300.98	301.31	301.63	301.96	302.28	302.61	302.93	303.26	303.58
570	303.91	304.23	304.56	304.88	305.2	305.53	305.85	306.18	306.5	306.82
580	307.15	307.47	307.79	308.12	308.44	308.76	309.09	309.41	309.73	310.05
590	310.38	310.7	311.02	311.34	311.67	311.99	312.31	312.63	312.95	313.27
600	313.59	313.92	314.24	314.56	314.88	315.2	315.52	315.84	316.16	316.48
610	316.8	317.12	317.44	317.76	318.08	318.4	318.72	319.04	319.36	319.68
620	319.99	320.31	320.63	320.95	321.27	321.59	321.91	322.22	322.54	322.86
630	323.18	323.49	323.81	324.13	324.45	324.76	325.08	325.4	325.72	326.03
640	326.35	326.66	326.98	327.3	327.61	327.93	328.25	328.56	328.88	329.19
650	329.51	329.82	330.14	330.45	330.77	331.08	331.4	331.71	332.03	332.34
660	332.66	332.97	333.28	333.6	333.91	334.23	334.54	334.85	335.17	335.48
670	335.79	336.11	336.42	336.73	337.04	337.36	337.67	337.98	338.29	338.61
680	338.92	339.23	339.54	339.85	340.16	340.48	340.79	341.1	341.41	341.72
690	342.03	342.34	342.65	342.96	343.27	343.58	343.89	344.2	344.51	344.82
700	345.13	345.44	345.75	346.06	346.37	346.68	346.99	347.3	347.6	347.91

续表

温度/℃	阻值/ Ω $R_0 = 100.00$ Ω									
	0	1	2	3	4	5	6	7	8	9
710	348. 22	348. 53	348. 84	349. 15	349. 45	349. 76	350. 07	350. 38	350. 69	350. 99
720	351. 3	351. 61	351. 91	352. 22	352. 53	352. 83	353. 14	353. 45	353. 75	354. 06
730	354. 37	354. 67	354. 98	355. 28	355. 59	355. 9	356. 2	356. 51	356. 81	357. 12
740	357. 42	357. 73	358. 03	358. 34	358. 64	358. 95	359. 25	359. 55	359. 86	360. 16
750	360. 47	360. 77	361. 07	361. 38	361. 68	361. 98	362. 29	362. 59	362. 89	363. 19
760	363. 5	366. 82	364. 1	364. 4	364. 71	365. 01	365. 31	365. 61	365. 91	366. 22
770	366. 52	368. 8	367. 12	367. 42	367. 72	368. 02	368. 32	368. 63	368. 93	369. 23
780	369. 53	369. 83	370. 13	370. 43	370. 73	371. 03	371. 33	371. 63	371. 93	372. 22
790	372. 52	372. 82	373. 12	373. 42	373. 72	374. 02	374. 32	374. 61	374. 91	375. 21
800	375. 51	375. 81	376. 1	376. 4	376. 7	377	377. 2	377. 59	377. 89	378. 19
810	378. 48	378. 78	379. 08	379. 37	379. 67	379. 97	380. 26	380. 56	380. 85	381. 15
820	381. 45	381. 74	382. 04	382. 33	382. 63	382. 92	383. 22	383. 51	383. 81	384. 1
830	384. 4	384. 69	384. 98	385. 28	385. 57	385. 87	386. 16	386. 45	386. 75	387. 04
840	387. 34	387. 63	387. 92	388. 21	388. 51	388. 8	389. 09	389. 39	389. 68	389. 97
850	390. 26	—	—	—	—	—	—	—	—	—

附录2　镍铬-镍硅（K型）热电偶分度表（参考端温度为0 ℃）

温度/℃	热电动势/mV									
	0	1	2	3	4	5	6	7	8	9
-270	-6. 458	—	—	—	—	—	—	—	—	—
-260	-6. 441	-6. 444	-6. 446	-6. 448	-6. 450	-6. 452	-6. 453	-6. 455	-6. 456	-6. 457
-250	-6. 404	-6. 408	-6. 413	-6. 417	-6. 421	-6. 425	-6. 429	-6. 432	-6. 435	-6. 438
-240	-6. 344	-6. 351	-6. 358	-6. 364	-6. 371	-6. 377	-6. 382	-6. 388	-6. 394	-6. 399
-230	-6. 262	-6. 271	-6. 280	-6. 289	-6. 297	-6. 306	-6. 314	-6. 322	-6. 329	-6. 337
-220	-6. 158	-6. 170	-6. 181	-6. 192	-6. 202	-6. 213	-6. 223	-6. 233	-6. 243	-6. 253
-210	-6. 035	-6. 048	-6. 061	-6. 074	-6. 087	-6. 099	-6. 111	-6. 123	-6. 135	-6. 147
-200	-5. 891	-5. 907	-5. 922	-5. 936	-5. 951	-5. 965	-5. 980	-5. 994	-6. 007	-6. 021
-190	-5. 730	-5. 747	-5. 763	-5. 780	-5. 796	-5. 813	-5. 829	-5. 845	-5. 860	-5. 876
-180	-5. 550	-5. 569	-5. 587	-5. 606	-5. 624	-5. 642	-5. 660	-5. 678	-5. 695	-5. 712
-170	-5. 354	-5. 374	-5. 394	-5. 414	-5. 434	-5. 454	-5. 474	-5. 493	-5. 512	-5. 531
-160	-5. 141	-5. 163	-5. 185	-5. 207	-5. 228	-5. 249	-5. 271	-5. 292	-5. 313	-5. 333
-150	-4. 912	-4. 936	-4. 959	-4. 983	-5. 006	-5. 029	-5. 051	-5. 074	-5. 097	-5. 119
-140	-4. 669	-4. 694	-4. 719	-4. 743	-4. 768	-4. 792	-4. 817	-4. 841	-4. 865	-4. 889
-130	-4. 410	-4. 437	-4. 463	-4. 489	-4. 515	-4. 541	-4. 567	-4. 593	-4. 618	-4. 644
-120	-4. 138	-4. 166	-4. 193	-4. 221	-4. 248	-4. 276	-4. 303	-4. 330	-4. 357	-4. 384
-110	-3. 852	-3. 881	-3. 910	-3. 939	-3. 968	-3. 997	-4. 025	-4. 053	-4. 082	-4. 110
-100	-3. 553	-3. 584	-3. 614	-3. 644	-3. 674	-3. 704	-3. 734	-3. 764	-3. 793	-3. 823
-90	-3. 242	-3. 274	-3. 305	-3. 337	-3. 368	-3. 399	-3. 430	-3. 461	-3. 492	-3. 523
-80	-2. 920	-2. 953	-2. 985	-3. 018	-3. 050	-3. 082	-3. 115	-3. 147	-3. 179	-3. 211
-70	-2. 586	-2. 620	-2. 654	-2. 687	-2. 721	-2. 754	-2. 788	-2. 821	-2. 854	-2. 887
-60	-2. 243	-2. 277	-2. 312	-2. 347	-2. 381	-2. 416	-2. 450	-2. 484	-2. 518	-2. 552
-50	-1. 889	-1. 925	-1. 961	-1. 996	-2. 032	-2. 067	-2. 102	-2. 137	-2. 173	-2. 208
-40	-1. 527	-1. 563	-1. 600	-1. 636	-1. 673	-1. 709	-1. 745	-1. 781	-1. 817	-1. 853
-30	-1. 156	-1. 193	-1. 231	-1. 268	-1. 305	-1. 342	-1. 379	-1. 416	-1. 453	-1. 490
-20	-0. 777	-0. 816	-0. 854	-0. 892	-0. 930	-0. 968	-1. 005	-1. 043	-1. 081	-1. 118
-10	-0. 392	-0. 431	-0. 469	-0. 508	-0. 547	-0. 585	-0. 624	-0. 662	-0. 701	-0. 739
0	0. 000	-0. 039	-0. 079	-0. 118	-0. 157	-0. 197	-0. 236	-0. 275	-0. 314	-0. 350
0	0. 000	0. 039	0. 079	0. 118	0. 158	0. 198	0. 238	0. 277	0. 317	0. 357
10	0. 397	0. 437	0. 477	0. 517	0. 557	0. 597	0. 637	0. 677	0. 718	0. 758

续表

温度/℃	热电动势/mV									
	0	1	2	3	4	5	6	7	8	9
20	0. 798	0. 838	0. 879	0. 919	0. 960	1. 000	1. 041	1. 081	1. 122	1. 162
30	1. 203	1. 244	1. 285	1. 326	1. 366	1. 407	1. 448	1. 489	1. 529	1. 570
40	1. 611	1. 652	1. 693	1. 734	1. 776	1. 817	1. 858	1. 899	1. 939	1. 981
50	2. 022	2. 064	2. 105	2. 147	2. 188	2. 229	2. 270	2. 312	2. 353	2. 394
60	2. 436	2. 477	2. 519	2. 560	2. 601	2. 643	2. 684	2. 726	2. 767	2. 809
70	2. 850	2. 892	2. 933	2. 975	3. 016	3. 058	3. 099	3. 141	3. 182	3. 224
80	3. 266	3. 307	3. 349	3. 390	3. 432	3. 473	3. 515	3. 556	3. 598	3. 639
90	3. 681	3. 722	3. 764	3. 805	3. 847	3. 888	3. 930	3. 971	4. 012	4. 054
100	4. 095	4. 137	4. 178	4. 220	4. 261	4. 302	4. 343	4. 384	4. 426	4. 467
110	4. 508	4. 549	4. 590	4. 631	4. 673	4. 714	4. 755	4. 796	4. 837	4. 878
120	4. 919	4. 960	5. 001	5. 042	5. 083	5. 124	5. 164	5. 205	5. 246	5. 287
130	5. 327	5. 368	5. 409	5. 450	5. 490	5. 531	5. 571	5. 612	5. 652	5. 693
140	5. 733	5. 774	5. 814	5. 855	5. 895	5. 936	5. 976	6. 016	6. 057	6. 097
150	6. 137	6. 177	6. 218	6. 258	6. 298	6. 338	6. 378	6. 419	6. 459	6. 499
160	6. 539	6. 579	6. 619	6. 659	6. 699	6. 739	6. 779	6. 819	6. 859	6. 899
170	6. 939	6. 979	7. 019	7. 059	7. 099	7. 139	7. 178	7. 218	7. 258	7. 298
180	7. 338	7. 378	7. 418	7. 458	7. 498	7. 538	7. 578	7. 618	7. 658	7. 697
190	7. 737	7. 777	7. 817	7. 857	7. 897	7. 937	7. 977	8. 017	8. 057	8. 097
200	8. 137	8. 177	8. 216	5. 256	5. 296	4. 436	3. 576	2. 716	1. 856	0. 997
210	8. 537	8. 577	8. 617	8. 657	8. 697	8. 737	8. 777	8. 817	8. 857	8. 898
220	8. 938	8. 978	9. 018	9. 058	9. 099	9. 139	9. 179	9. 220	9. 260	9. 300
230	9. 341	9. 381	9. 421	9. 462	9. 502	9. 543	9. 583	9. 624	9. 664	9. 705
240	9. 745	9. 786	9. 826	9. 867	9. 907	9. 948	9. 989	10. 029	10. 070	10. 111
250	10. 151	10. 192	10. 233	10. 274	10. 315	10. 355	10. 396	10. 437	10. 478	10. 519
260	10. 560	10. 600	10. 641	10. 682	10. 723	10. 764	10. 805	10. 846	10. 887	10. 928
270	10. 969	11. 010	11. 051	11. 093	11. 134	11. 175	11. 216	11. 257	11. 298	11. 339
280	11. 381	11. 422	11. 463	11. 504	11. 546	11. 587	11. 628	11. 669	11. 711	11. 752
290	11. 793	11. 835	11. 876	11. 918	11. 959	12. 000	12. 042	12. 083	12. 125	12. 166
300	12. 207	12. 249	12. 290	12. 332	12. 373	12. 415	12. 456	12. 498	12. 539	12. 581
310	12. 623	12. 664	12. 706	12. 747	12. 789	12. 831	12. 872	12. 914	12. 955	12. 997
320	13. 039	13. 080	13. 122	13. 164	13. 205	13. 247	13. 289	13. 331	13. 372	13. 414
330	13. 456	13. 497	13. 539	13. 581	13. 623	13. 665	13. 706	13. 748	13. 790	13. 832
340	13. 874	13. 916	13. 957	13. 999	14. 041	14. 083	14. 125	14. 167	14. 208	14. 250

续表

温度/℃	热电动势/mV									
	0	1	2	3	4	5	6	7	8	9
350	14.292	14.334	14.376	14.418	14.460	14.502	14.544	14.586	14.628	14.670
360	14.712	14.754	14.796	14.838	14.880	14.922	14.964	15.006	15.048	15.090
370	15.132	15.174	15.216	15.258	15.300	15.342	15.384	15.426	15.468	15.510
380	15.552	15.594	15.636	15.679	15.721	15.763	15.805	15.847	15.889	15.931
390	15.974	16.016	16.058	16.100	16.142	16.184	16.227	16.269	16.311	16.353
400	16.395	16.438	16.480	16.522	16.564	16.607	16.649	16.691	16.733	16.776
410	16.818	16.860	16.902	16.945	16.987	17.029	17.072	17.114	17.156	17.199
420	17.241	17.283	17.326	17.368	17.410	17.453	17.495	17.537	17.580	17.622
430	17.664	17.707	17.749	17.792	17.834	17.876	17.919	17.961	18.004	18.046
440	18.088	18.131	18.173	18.216	18.258	18.301	18.343	18.385	18.428	18.470
450	18.513	18.555	18.598	18.640	18.683	18.725	18.768	18.810	18.853	18.895
460	18.938	18.980	19.023	19.065	19.108	19.150	19.193	19.235	19.277	19.320
470	19.363	19.405	19.448	19.490	19.533	19.576	19.618	19.661	19.703	19.746
480	19.788	19.831	19.873	19.916	19.959	20.001	20.044	20.086	20.129	20.172
490	20.214	20.257	20.299	20.342	20.385	20.427	20.470	20.512	20.555	20.598
500	20.640	20.683	20.725	20.768	20.811	20.853	20.896	20.938	20.981	21.024
510	21.066	21.109	21.152	21.194	21.237	21.280	21.322	21.365	21.407	21.450
520	21.493	21.535	21.578	21.621	21.663	21.706	21.749	21.791	21.833	21.876
530	21.919	21.962	22.004	22.047	22.090	22.132	22.175	22.218	22.260	22.303
540	22.346	22.388	22.431	22.473	22.516	22.559	22.601	22.644	22.687	22.729
550	22.772	22.815	22.857	22.900	22.942	22.985	23.028	23.070	23.113	23.156
560	23.198	23.241	23.284	23.326	23.369	23.411	23.454	23.497	23.539	23.582
570	23.624	23.667	23.710	23.752	23.795	23.837	23.880	23.923	23.965	24.008
580	24.050	24.093	24.136	24.178	24.221	24.263	24.306	24.348	24.391	24.434
590	24.476	24.519	24.561	24.604	24.646	24.689	24.731	24.774	24.817	24.859
600	24.902	24.944	24.987	25.029	25.072	25.114	25.157	25.199	25.242	25.284
610	25.327	25.369	25.412	25.454	25.497	25.539	25.582	25.624	25.666	25.709
620	25.751	25.794	25.836	25.879	25.921	25.964	26.006	26.048	26.091	26.133
630	26.176	26.218	26.260	26.303	26.345	26.387	26.430	26.472	26.515	26.557
640	26.599	26.642	26.684	26.726	26.769	26.811	26.853	26.896	26.938	26.980
650	27.022	27.065	27.107	27.149	27.192	27.234	27.276	27.318	27.361	27.403
660	27.445	27.487	27.529	27.572	27.614	27.656	27.698	27.740	27.783	27.825
670	27.867	27.909	27.951	27.993	28.035	28.078	28.120	28.162	28.204	28.246

续表

温度/℃	热电动势/mV									
	0	1	2	3	4	5	6	7	8	9
680	28.288	28.330	28.372	28.414	28.456	28.498	28.540	28.583	28.625	28.667
690	28.709	28.751	28.793	28.835	28.877	28.919	28.961	29.002	29.044	29.086
700	29.128	29.170	29.212	29.254	29.296	29.338	29.380	29.421	29.463	29.505
710	29.547	29.589	29.631	29.673	29.715	29.756	29.798	29.840	29.882	29.924
720	29.965	30.007	30.049	30.091	30.132	30.174	30.216	30.257	30.299	30.341
730	30.383	30.424	30.466	30.508	30.549	30.591	30.632	30.674	30.716	30.757
740	30.799	30.840	30.882	30.924	30.965	31.007	31.048	31.090	31.131	31.173
750	31.214	31.256	31.297	31.339	31.380	31.422	31.463	31.504	31.546	31.587
760	31.629	31.670	31.712	31.753	31.794	31.836	31.877	31.918	31.960	32.001
770	32.042	32.084	32.125	32.166	32.207	32.249	32.290	32.331	32.372	32.414
780	32.455	32.496	32.537	32.578	32.619	32.661	32.702	32.743	32.784	32.825
790	32.866	32.907	32.948	32.990	33.031	33.072	33.113	33.154	33.195	33.236
800	33.277	33.318	33.359	33.400	33.441	33.482	33.523	33.564	33.604	33.645
810	33.686	33.727	33.768	33.809	33.850	33.891	33.931	33.972	34.013	34.054
820	34.095	34.136	34.176	34.217	34.258	34.299	34.339	34.380	34.421	34.461
830	34.502	34.543	34.583	34.624	34.665	34.705	34.746	34.787	34.827	34.868
840	34.909	34.949	34.990	35.030	35.071	35.111	35.152	35.192	35.233	35.273
850	35.314	35.354	35.395	35.435	35.476	35.516	35.557	35.597	35.637	35.678
860	35.718	35.758	35.799	35.839	35.880	35.920	35.960	36.000	36.041	36.081
870	36.121	36.162	36.202	36.242	36.282	36.323	36.363	36.403	36.443	36.483
880	36.524	36.564	36.604	36.644	36.684	36.724	36.764	36.804	36.844	36.885
890	36.925	36.965	37.005	37.045	37.085	37.125	37.165	37.205	37.245	37.285
900	37.325	37.365	37.405	37.445	37.484	37.524	37.564	37.604	37.644	37.684
910	37.724	37.764	37.803	37.843	37.883	37.923	37.963	38.002	38.042	38.082
920	38.122	38.162	38.201	38.241	38.281	38.320	38.360	38.400	38.439	38.479
930	38.519	38.558	38.598	38.638	38.677	38.717	38.756	38.796	38.836	38.875
940	38.915	38.954	38.994	39.033	39.073	39.112	39.152	39.191	39.231	39.270
950	39.310	39.349	39.388	39.428	39.467	39.507	39.546	39.585	39.625	39.664
960	39.703	39.743	39.782	39.821	39.861	39.900	39.939	39.979	40.018	40.057
970	40.096	40.136	40.175	40.214	40.253	40.292	40.332	40.371	40.410	40.449
980	40.488	40.527	40.566	40.605	40.645	40.684	40.723	40.762	40.801	40.840
990	40.879	40.918	40.957	40.996	41.035	41.074	41.113	41.152	41.191	41.230
1 000	41.269	41.308	41.347	41.385	41.424	41.463	41.502	41.541	41.580	41.619

续表

温度/℃	热电动势/mV									
	0	1	2	3	4	5	6	7	8	9
1 010	41.657	41.696	41.735	41.774	41.813	41.851	41.890	41.929	41.968	42.006
1 020	42.045	42.084	42.123	42.161	42.200	42.239	42.277	42.316	42.355	42.393
1 030	42.432	42.470	42.509	42.548	42.586	42.625	42.663	42.702	42.740	42.779
1 040	42.817	42.856	42.894	42.933	42.971	43.010	43.048	43.087	43.125	43.164
1 050	43.202	43.240	43.279	43.317	43.356	43.394	43.432	43.471	43.509	43.547
1 060	43.585	43.624	43.662	43.700	43.739	43.777	43.815	43.853	43.891	43.930
1 070	43.968	44.006	44.044	44.082	44.121	44.159	44.197	44.235	44.273	44.311
1 080	44.349	44.387	44.425	44.463	44.501	44.539	44.577	44.615	44.653	44.691
1 090	44.729	44.767	44.805	44.843	44.881	44.919	44.957	44.995	45.033	45.070
1 100	45.108	45.146	45.184	45.222	45.260	45.297	45.335	45.373	45.411	45.448
1 110	45.486	45.524	45.561	45.599	45.637	45.675	45.712	45.750	45.787	45.825
1 120	45.863	45.900	45.938	45.975	46.013	46.051	46.088	46.126	46.163	46.201
1 130	46.238	46.275	46.313	46.350	46.388	46.425	46.463	46.500	46.537	46.575
1 140	46.612	46.649	46.687	46.724	46.761	46.799	46.836	46.873	46.910	46.948
1 150	46.985	47.022	47.059	47.096	47.134	47.171	47.208	47.245	47.282	47.319
1 160	47.356	47.393	47.430	47.468	47.505	47.542	47.579	47.616	47.653	47.689
1 170	47.726	47.763	47.800	47.837	47.874	47.911	47.948	47.985	48.021	48.058
1 180	48.095	48.132	48.169	48.205	48.242	48.279	48.316	48.352	48.389	48.426
1 190	48.462	48.499	48.536	48.572	48.609	48.645	48.682	48.718	48.755	48.792
1 200	48.828	48.865	48.901	48.937	48.974	49.010	49.047	49.083	49.120	49.156
1 210	49.192	49.229	49.265	49.301	49.338	49.374	49.410	49.446	49.483	49.519
1 220	49.555	49.591	49.627	49.663	49.700	49.736	49.772	49.808	49.844	49.880
1 230	49.916	49.952	49.988	50.024	50.060	50.096	50.132	50.168	50.204	50.240
1 240	50.276	50.311	50.347	50.383	50.419	50.455	50.491	50.526	50.562	50.598
1 250	50.633	50.669	50.705	50.741	50.776	50.812	50.847	50.883	50.919	50.954
1 260	50.990	51.025	51.061	51.096	51.132	51.167	51.203	51.238	51.274	51.309
1 270	51.344	51.380	51.415	51.450	51.486	51.521	51.556	51.592	51.627	51.662
1 280	51.697	51.733	51.768	51.803	51.838	51.873	51.908	51.943	51.979	52.014
1 290	52.049	52.084	52.119	52.154	52.189	52.224	52.259	52.294	52.329	52.364
1 300	52.398	52.433	52.468	52.503	52.538	52.573	52.608	52.642	52.677	52.712
1 310	52.747	52.781	52.816	52.851	52.886	52.920	52.955	52.989	53.024	53.059
1 320	53.093	53.128	53.162	53.197	53.232	53.266	53.301	53.335	53.370	53.404
1 330	53.439	53.473	53.507	53.542	53.576	53.611	53.645	53.679	53.714	53.748

续表

温度/℃	热电动势/mV									
	0	1	2	3	4	5	6	7	8	9
1 340	53. 782	53. 817	53. 851	53. 885	53. 920	53. 954	53. 988	54. 022	54. 057	54. 091
1 350	54. 125	54. 159	54. 193	54. 228	54. 262	54. 296	54. 330	54. 364	54. 398	54. 432
1 360	54. 466	54. 501	54. 535	54. 569	54. 603	54. 637	54. 671	54. 705	54. 739	54. 773
1 370	54. 807	54. 841	54. 875	—	—	—	—	—	—	—